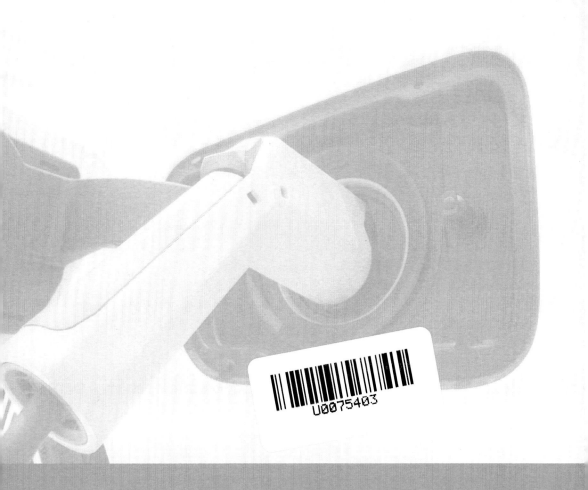

電動汽車
主動安全駕駛系統

田彥濤，廉宇峰，王曉玉　著

崧燁文化

智　慧　製　造

前言

　　交通安全一直備受矚目。　自主車輛應用資訊、傳感與控制技術來提高駕駛安全和效率，被認為是提高交通安全行之有效的解決方法。　自主車輛按其功能可分為輔助駕駛和自動駕駛。　輔助駕駛主要是改進車輛安全性與舒適性，先進駕駛輔助系統（Advanced Driver Assistance Systems，ADAS）的出現使輔助駕駛功能得以實現，主要有自適應巡航控制（Adaptive Cruise Control，ACC）、縱向主動避撞（Forward Collision Avoidance，FCA）和車道偏離報警系統（Lane Departure Warning System，LDWS）等。　自動駕駛是自主車輛功能的最高水準，在智慧交通系統領域中被認為是自主車輛研發最具有挑戰性的功能之一。　自動駕駛控制系統包括縱向和側向運動控制，其根本任務是在確保自主車輛安全、穩定、舒適駕駛的前提下自動精確地追蹤期望軌跡。　由此可見，車輛安全性始終是自主車輛研究與開發的前提，而車輛主動安全系統又是車輛安全性的有力保障。　車輛主動安全系統具有調整車輛行駛狀態，提高道路通行能力的功能；避免人為失誤，提高車輛安全性的功能；增強人機交互，提高車輛舒適性的功能等，促進了多學科交叉與融合，推進了智慧交通系統的現代化與智慧化進程。　車輛主動安全駕駛系統關鍵技術的研究是其研發的主要內容，也一直是企業界和學術界研究的焦點。　因此，深入研究與開發車輛主動安全系統的關鍵技術，提高汽車的安全性，從根本上解決交通安全問題，在工程應用和科學研究上具有重要意義。

　　本書是著者自 2012 年以來，結合中國電動汽車國家重點科技計劃項目、2016 年新能源汽車試點專項、吉林省科技項目及吉林大學「985 工程」科技創新平台，從事新能源汽車，特別是純電動汽車主動安全駕駛系統關鍵技術的教學和研究成果累積撰寫而成。　為了便於讀者深入理解和快速掌握電動汽車主動安全駕駛系統領域的最新

技術，結合近年來電動汽車主動安全駕駛系統飛速發展形勢，編著了此書。書中很多應用技術和進展是筆者及所在課題組多年研究和開發成果的匯集，旨在為讀者提供一本適合當前電動汽車主動安全駕駛系統發展水準的專業參考書籍。本書可供從事電動汽車主動安全系統研究的科研人員、相關專業的研究生或高年級本科學生使用。

本書由吉林大學田彥濤教授、長春工業大學廉宇峰博士、東軟睿馳汽車技術（瀋陽）有限公司王曉玉工程師著，在寫作過程中，吉林大學洪偉副教授、隋振副教授，長春工業大學劉帥師副教授、孫中波博士，一汽-大眾汽車有限公司胡蕾蕾工程師，吉林大學趙雲碩士為本書的部分章節提供了寶貴素材和意見，為本書的撰寫與修改給予了很大幫助。在此表示感謝！

由於水準有限，書中難免存在疏漏之處，敬請廣大讀者批評指正。

著　者

目錄

100　第6章　四驅電動汽車縱向穩定性研究

第3篇　電動汽車側向主動避撞系統關鍵技術

120　第7章　車輛狀態與車路耦合特徵估計

137 第 8 章　基於車輛邊緣轉向軌跡的側向安全
距離模型

152 第 9 章　基於半不確定動力學的直接橫擺力
矩魯棒控制

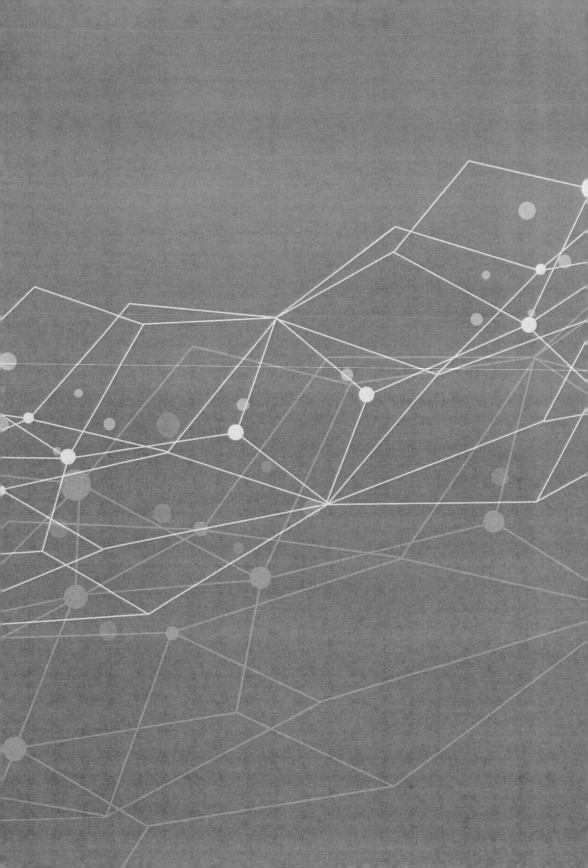

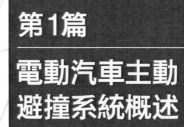

第1篇
電動汽車主動
避撞系統概述

第1章

緒論

　　車輛主動避撞系統採用資訊與傳感技術使駕駛員的感知能力得以擴展，並透過獲取的外界資訊（如車速、行人或其他障礙物距離等）判斷車輛是否存在安全隱患，給駕駛員提供相應的報警與提示資訊。在緊急情況下駕駛員沒有及時採取措施時，車輛主動避撞系統將自動接管車輛，使車輛能夠自動避開危險，保證車輛安全行駛，從而避免交通事故的發生。現有的車輛主動避撞系統大致分為以下幾種類型。

　　① 縱向制動避撞系統。若駕駛員對前方的緊急狀況未及時做出相應反應，該系統能夠自動使車輛進行制動，避免追尾事故的發生或減輕追尾事故的碰撞程度。

　　② 側向轉向避撞系統。該系統能夠自動控制車輛轉向，繞過前方障礙物，並且當車輛超過障礙物時，避免車輛發生側面碰撞。

　　③ 複合型智慧避撞系統。當車輛前方遇到障礙物時，系統自動控制車輛繞過障礙物，並且當車輛不滿足實施轉向要求時能夠自動控制車輛進行制動，避免交通事故的發生或減輕碰撞事故的程度。

1.1　車輛主動避撞系統研究現狀

　　國際上先進的汽車生產國早在 20 世紀末就開始了車輛主動避撞系統的研究與開發，如德國、日本和美國。德國賓士公司率先和科研機構聯合開展防撞雷達的研製。防撞雷達是車輛主動避撞系統的關鍵部分，其檢測範圍與精度直接影響車輛主動避撞系統的安全。德國將人工智慧技術、傳感技術和資訊技術融為一體研製了新型雷達，其可以測量目標車與自車的間距，並透過車間距離判斷車輛是否存在安全隱患，根據實際情況自動控制車輛的行駛狀態，防止交通事故的發生。該系統已經應用在賓士 S 級轎車上。日本多家大型汽車公司和相關研究機構提出了先進汽車安全（Advanced Safety Vehicle，ASV）計畫，豐田公司開發的車輛安全系統可以預測事故發生可能性。該系統裝有毫米波雷達，主要檢測車輛前方障礙物或兩車之間的距離，同時系統還可以檢測駕駛員和乘客

的安全帶狀況資訊,透過系統的控制算法計算來自動實施制動。在車輛主動安全技術方面,美國相對於德國和日本起步較晚,但發展非常迅猛。天合汽車集團(TRW Automotive Holdings Corp.)所研製的24GHz波段雷達具有實用性強、成本低等優點,並應用於商用車和公車。福特公司研製的車輛主動避撞系統,其探測距離可達106m。系統針對縱向行駛工況的同時考慮了側向行駛工況,檢測容許角度範圍內的車輛資訊,使車輛在行駛過程中避免受到其他車道車輛的影響,從而降低車輛安全系統的誤報警率。

中國在車輛主動避撞系統方面的研究,主要集中在汽車企業和相關科研院所。清華大學侯德藻針對汽車制動過程的動力學特性,提出了反映駕駛員特性的車間距保持安全距離模型,並研究了車輛的避撞控制方法。吉林大學運用現代控制理論,設計了車輛主動避撞系統的最優控制器。清華大學汽車安全與節能國家重點實驗室、吉林大學、重慶汽車研究所與中國第一汽車集團公司等單位共同承擔的「汽車安全輔助裝置開發」項目,就是針對主動避撞控制系統的研究。還有武漢理工大學、北京理工大學、同濟大學、上海交通大學等高校都在研究車輛安全系統。

車輛主動避撞系統作為車輛安全領域中的一個研究課題,存在許多尚未解決的問題。這些問題主要圍繞車輛主動避撞系統的關鍵技術展開,即行駛環境中目標車輛識別及運動資訊的獲取、安全距離模型的建立、動力學系統建模和車輛動力學控制。

1.1.1 行車資訊感知及處理

車輛行車資訊感知及處理就是利用安裝在汽車上的各種傳感器,實時地對車輛運行參數進行檢測,並透過必要的訊號處理獲得準確、可靠的行車資訊。汽車傳感器是車輛主動避撞系統中重要的組成部分,為車輛制動避撞和轉向避撞提供必要資訊。

(1)傳感器

隨著先進電腦視覺技術和雷達傳感器芯片的進步,激光雷達成為自動駕駛技術體系中日益重要的一部分。激光雷達是一類使用激光進行探測和測距的設備,它能夠每秒向環境發送數百萬光脈冲,它的內部是一種旋轉的結構,其掃描一次的結果為密集的點,每個點具備(x, y, z)資訊,這個圖被稱為點雲圖。這使得激光雷達能夠實時地建立起周圍環境的三維地圖。德國漢堡一家公司在無人駕駛汽車「Shelley」上應用先進的激

光傳感器技術，隱藏在前燈和尾燈附近的激光攝影機隨時探測汽車周圍180m 內的道路情況，並透過全球定位儀路面導航系統構建三維道路模型。在現實使用中激光雷達並不是完美的，往往存在點雲過於稀疏甚至丟失部分點的問題，尤其對於不規則的物體表面，使用激光雷達很難辨別其模式，而且成本高昂，在雨雪大霧天氣效果不好。紅外線技術比較成熟，一般用於短距離防碰撞系統，還不能滿足長距離的精度要求，多用於倒車雷達等。超聲波雷達成本低廉但是探測距離近，在倒車提醒等短距離測距領域優勢明顯。

毫米波雷達由於頻率高、波長短，以解析度高、精度高、對天氣情況不敏感等性能被廣泛地應用於汽車避撞系統中。第一代汽車防撞雷達在 1998 年問世，Daimler 公司所生產的 S 級轎車配備了 77GHz 頻段的車距控制系統。隨後，Jaguar、Nissan 和 BMW 等公司也相繼研究車載雷達。對毫米波雷達的研究主要集中在歐洲、美國和日本，並已經形成商業化產品。2005 年歐盟將 24GHz 頻段劃撥給短距雷達使用。從 2013 年起，規定車輛必須配備工作在 79GHz 頻段短距雷達以保證車輛安全。美國 Delphi 公司長期致力於汽車主動安全防禦措施的研究，其研發的防撞雷達中，長距雷達的覆蓋距離可達 174m，短距雷達的寬度可達 90°。Ford 公司為汽車配備了自適應巡航系統、前端防撞系統、刹車輔助系統、盲點監測系統、停車輔助系統等安全系統。1995 年日本將自適應巡航系統投入商業使用。Toyota、Honda 等系統轎車中配備了基於雷達的自適應巡航系統。2003 年，Toyota、Honda 在自適應巡航系統中採用了工作在 77GHz 的長距雷達作為刹車輔助系統。中國對毫米波雷達的研究還處於起步階段。中國關於車載防撞雷達的研究基本可以分為對於天線結構的設計和 FMCW 算法的研究。中國科學院上海系統與資訊技術研究所於 2007 年研製出了採用連續調頻波體制的工作在 36GHz 頻段的毫米波小型雷達前端系統。

在汽車智慧化發展的過程中，僅用一種傳感器是不能滿足需求的，多種傳感系統的交互融合是未來發展的主要趨勢。為實現傳感器融合，車載單元中的定位模塊需要有效地估計解決方案，所以需要高效地集成架構以達到所需的安全性能水準。因此，狀態估計是實現傳感器融合的關鍵。在現有的多傳感器資訊融合方法中，基於濾波器的估計是一個重要的方法。集成卡爾曼濾波器（Ensemble Kalman Filter，EnKF）是1994 年首次被提出的，但它只能針對線性方程。針對它的局限性，人們開始對濾波算法的逼近、估計精度、計算效率和魯棒性等問題進行全面的研究。擴展卡爾曼濾波器（Extended Kalman Filter，EKF）方法在實

際應用中當非線性觀測方程的 Taylor 展開式中的高次項不能忽略時，會導致很大的線性化誤差，造成濾波器難以穩定。針對 EKF 的不足，近幾年出現了一套全新的非線性濾波方法，即 Sigma-Point 卡爾曼濾波（Spafsimulation Processor and Kalman Filter，SPKF），其利用加權統計線性化回歸技術（Weighted Statistical Linearization Regression，WSLR），透過一組確定性採樣點（Sigma）來捕獲系統的相關統計參量。根據 Sigma 點選取的不同，主要分為無跡卡爾曼濾波（Unscented Kalman Filter，UKF）和中心差分卡爾曼濾波（Center Difference Kalman Filter，CDKF）。CDKF 濾波算法的優勢在於它克服了 EKF 濾波時不需要系統模型的具體解析形式的缺點，並充分考慮了隨機變數的噪聲統計特性，具有比 EKF 更小的線性化誤差和更高的定位精度，它對狀態協方差的敏感性要低得多，且逼近速度快於 UKF。研究發現 CDKF 的另一個優點是只使用一個參數 h，相對於需要確定三個參數的 UKF，在實際應用中更便於實現。CDKF 方法明顯優於 EKF 和 UKF 方法，是車輛組合導航中一種更理想的非線性濾波方法，從而真正實現了車輛低成本、高精度的實時定位。

（2）陀螺儀

陀螺儀是一種用來測量慣性導航系統在移動過程中的角速度的感測裝置，它是一個慣性導航傳感器。陀螺儀由一個圍繞中心軸線旋轉的輪子組成，當陀螺儀開始工作的時候，有角動量產生，並且作用在輪子上，它具有自動調節運行方向的能力。陀螺儀在慣性導航系統以及航天、航海等方面應用得尤為廣泛。隨著陀螺儀技術的發展，已經研製出各種各樣不同原理與功能的陀螺儀，它們在不同領域內得到了廣泛的應用。一般來說，陀螺儀有兩大分類：一類是以傳統力學為基礎研製出來的；另一類則是以近代物理學為基礎研製出來的。其中針對以近代物理學為基礎研製出來的 MEMS（Micro Electromechanical System）陀螺儀的研究最多，應用最廣泛。在工程實際項目中，包括航天等方面往往就是利用陀螺儀進行姿態定位。一個導航系統的精度一般可以用陀螺儀的精度來衡量，鑒於此，如何改善陀螺儀的精度，從而提高整體系統的精度成為專家學者逐漸深入研究的焦點問題。1985 年，在美國政府的支持下，美國 Draper 實驗室開始著手研究滿足軍用的慣性導航傳感器，不久之後，該實驗室研製出世界上第一款 MEMS 陀螺儀。隨後，Draper 實驗室又研製出一種音叉線振微機械陀螺儀，它透過內部結構產生的靜電力來激勵音叉，該陀螺儀的精度已經達到軍用的要求，在一定程度上提高了陀螺儀的靈敏度。隨著科技發展的突飛猛進，一些國家已經研製出精度更高、

性能更好的 MEMS 陀螺儀，並且可以滿足慣性導航系統的性能要求。目前由美國 Draper 實驗室研製的 MEMS 陀螺儀代表著陀螺儀的最高水準。從 1980 年代起，中國相關科研單位展開對 MEMS 陀螺儀的研究工作。清華大學控制與導航實驗室的陀螺技術相對來說比較成熟。東南大學機械系科學研究所也在不斷地進行微機械陀螺儀的開發研究。國防科工委於 1995 年末開始投入了大量的科研費用於在 MEMS 陀螺儀方面的研究探索，同時把對 MEMS 陀螺儀的技術研究作為 863 重大研究專項。有關陀螺儀的技術一直在快速並持續的發展當中，同時清華大學、國防科技大學、中科院、國家自然基金委員會等機構的研究人員利用卡爾曼濾波等方法對 MEMS 陀螺儀的零點漂移和隨機噪聲進行去噪處理，取得了比較好的效果。

MEMS 陀螺儀的精度較低，通常直接使用無法滿足實際工作的需求，因此在用前必須對其輸出數據進行必要的訊號處理，從而使其精度能夠滿足工作的要求。目前辨識陀螺儀隨機誤差的方法主要有阿倫（Allan）方差分析法、自回歸滑動平均（ARMA）模型法、功率譜密度（PSD）分析法。Allan 方差分析法是由 David Allan 提出來的，開始它主要用來分析頻率與相位的不穩定性，Allan 方差在分析振盪器的頻域特性時有很好的效果。由於陀螺儀也具有振盪特性，因此可以用 Allan 方差分析法辨別陀螺儀的隨機漂移誤差。時間序列分析法主要有三種模型：AR（自回歸）模型、MA（滑動平均）模型、ARMA（自回歸滑動平均）模型，它由美國的統計學家 Jen Kins 和 Box 提出並得到廣泛的應用。採用該方法的前提是，陀螺儀的輸出數據必須是一個平穩、正態、零均值的隨機過程，然而陀螺儀的輸出數據並不滿足這三個特性，因此在使用時間序列分析法之前必須對陀螺儀的輸出數據進行預處理，然後利用該方法才可以建立其陀螺儀輸出數據的誤差模型。功率譜密度分析法是隨機過程裡一種對隨機過程統計特性描述的方法，它是對隨機變數數學期望的估計，通常用來分析隨機過程的振動特性，它的數學理論基礎是傅立葉變換，透過在頻域內對隨機序列進行分析，因此也通常利用該方法對 MEMS 陀螺儀的隨機漂移誤差進行辨識。近年來，很多中國國內及國外專家學者透過採用不同數字濾波算法對 MEMS 陀螺儀的隨機漂移進行處理，並取得了一定的成果，這些都為我們的探索提供了很好的理論支持。另外，很多中國國內及國外的專家學者提出了一系列新的對 MEMS 陀螺儀的隨機漂移誤差進行處理的濾波算法，並透過仿真驗證了算法的可行性，然而這些算法基本上都是在理論層面上進行研究，並沒有在實際工作中進行驗證，具有一定的局限性。

1.1.2　安全距離模型

　　車輛主動避撞系統控制器根據車輛狀態及行車環境資訊，透過安全狀態判斷邏輯對車輛的行車安全狀態進行實時判斷，並給出相應的操作指令。

　　跟車過程中安全狀態判斷大致分為兩類。一類是透過比較安全時間門檻值與系統計算車間碰撞時間的大小，確定車輛行駛的安全狀態，此種算法稱為安全時間邏輯算法。由於駕駛員的駕駛習慣大不相同，安全時間邏輯算法中的安全時間門檻值很難符合駕駛員的駕駛習慣，即在舒適度方面難以滿足駕駛員的駕駛要求。因此，安全時間邏輯算法在實際中很少使用。另一類是透過比較安全距離實時計算值與實際的車間距離的大小判斷車輛行駛的安全狀態，當安全距離實時計算值小於實際距離時，車輛行駛狀態判斷車輛為安全行駛狀態，反之則判斷車輛為危險行駛狀態，此種算法稱為安全距離邏輯算法。

　　安全距離邏輯算法主要是針對安全距離模型的研究。安全距離是指在車輛行駛時避開前方車輛或障礙物需要保持的車輛間的最小距離。典型的跟車安全距離模型有以下幾種。

　　① 固定的安全距離模型。報警的界限值設置為固定距離，當實際車間距離小於該固定值時，系統產生報警資訊。該模型應用方便，能在一定程度上確保車間的安全距離，容易實現。但固定的安全距離模型有一定的局限性。由於前車的運動狀態與行駛路面的工況各不相同，所對應的安全距離也應該各不相同，而固定的安全距離不能隨車速或是路面工況的變化而實時變化，對行駛環境的適應能力比較差，因此，固定安全距離的實用性較差，固定值的確定也比較困難。安全距離設置過大，雖能夠確保車輛間的安全，但會造成車間距離過大，系統會頻繁報警且道路利用率大大降低；安全距離設置過小，易發生交通事故。

　　② 基於制動過程的安全距離模型。基於制動過程的安全距離模型根據車輛制動特性計算車輛減速行駛過程中制動所需的實際距離，在一定程度上能夠描述車輛真實的制動狀態，適用於目標車靜止或是緊急減速到零的情況。車輛在該模型下能夠安全行駛，並且安全距離模型的計算採用相對速度，使得安全距離的計算結果更加貼近真實的交通環境。該模型主要考慮了車輛行車的安全要求，全忽略了對道路交通效率方面的影響，從而導致計算的安全距離比較保守。此外，模型也沒有考慮駕駛員特性，在一般交通情況下，該模型所計算的安全距離將會大於駕駛員

實際主觀感覺的距離。

③ 基於車間時距的安全距離模型。車間時距為車間距離與車輛速度的比值。基於車間時距的安全距離模型主要解決道路交通效率問題，全忽略了車間有較大相對速度時的安全性問題。在車間有較大相對速度時，模型所計算的安全距離較小，車輛的安全性得不到有效的保證。

④ 駕駛員預估安全距離模型。駕駛員預估安全距離模型是依據駕駛員的預估行為來確定車輛行駛的安全距離。模型主要考慮了駕駛員對車輛行駛工況的主觀判斷，考察駕駛員對危急情況的判斷過程。但模型中一些相關參數的數值難以確定，從而影響安全距離計算的準確性。

⑤ 改進的駕駛員預估安全距離模型。相對於駕駛員預估安全距離模型來說，改進模型的制動系統啓動時刻和報警起始時刻均容易記錄，其延遲時間可以直接透過實驗比較準確地獲得。該模型繼承了駕駛員預估模型的優點，在考慮駕駛員駕駛特性方面尤為突出，充分考慮了駕駛員主觀感受，對於比較冒進的駕駛員來說該模型是較好的選擇。

相對於跟車過程，換道過程比較複雜。換道過程不僅涉及車輛側向動力學與控制，而且還與車輛縱向動力學與控制有關，因此，換道安全距離模型的研究相對於跟車安全距離模型來說難度比較大。目前，跟車安全距離模型的研究比較成熟，而換道安全距離模型的研究相對滯後。典型的換道安全距離模型大致有以下幾種。

① NETSIM 模型。NETSIM（NET work Simulation）模型是由美國聯邦公路署（FHWA）開發的微觀仿真模型，用來描述城市道路的交通現象。NETSIM 模型由兩部分組成：換道動機和間隙檢測。換道動機主要受車輛速度和相對間距的影響；間隙檢測主要透過比較自車與目標車各自所需的減速度和可接受的減速度的大小來判斷換道過程是否安全。

② FRESIM 模型。FRESIM（Freeway Simulation）模型是由 FHWA 開發的仿真模型，用來描述高速公路的交通現象。FRESIM 模型由三個因素組成：動機、利益和緊急。動機因素由速度的極限值決定，速度的極限值定義為不可忍受的速度，當車速小於這個極限值時，駕駛員可產生換道動機；利益因素代表換道過程所獲得的利益；緊急因素是指換道意圖程度的大小，其與駕駛員可接受的減速度有關。

③ MITSIM 模型。MITSIM（Microscopic Traffic Simulation）模型是在 Gipps 模型的基礎上提出來的。該模型將換道過程分為三步：第一步是判斷是否有換道的必要，如果有必要換道則選擇換道的類型；第二步是檢測車間距離並確定換道方向；第三步是執行換道。

④ MRS 模型。MRS（Multi-Regime Simulation）模型是在行為閾值模型的基礎上提出的。這一模型認為駕駛員執行任意性換道的行為是為了獲得或維持使駕駛員比較滿意的車輛行駛狀態，目的是以最高速度繞過前方車輛以防止受到交織車輛的干擾。

⑤ 南加州大學最小安全距離模型。基於先進的道路運輸運行仿真平台，南加州大學交通運輸係的 Hossein Jula 等人提出了車輛實施換道和併道時不發生碰撞事故的安全距離模型。

1.1.3　車輛動力學系統建模

車輛主動避撞系統是透過車輛動力學模型來實現其避撞功能，因此，建立準確、合理的車輛動力學模型是系統避撞功能實現的基礎。

在縱向動力學模型研究方面，日本東京大學藤岡研究室提出了車輛正向模型和逆向模型。車輛正向模型用來設計車輛縱向動力學控制器；車輛逆向模型用來對車輛的縱向動力學進行實時控制。該模型利用了車輛動力學總成的標準數據，模型簡單，參數比較容易獲得，但在建模過程中忽略了發動機和變速機構的動特性，模型精度較差。韓國 K. Yi 等人使用相同的方法建立了車輛逆縱向動力學模型，並應用於車輛走-停（Stop and Go）系統。美國加州大學柏克萊分校建立了車輛縱向動力學模型，並將該模型應用於自動公路系統當中。車輛動力學總成被劃分為三部分：發動機、變速機構和車輛傳動行駛系統。這三個部分之間是透過力矩和轉速傳遞連接的。發動機部分由發動機及其控制系統組成；變速機構部分由液力變矩器和自動變速器組成；車輛傳動行駛系統由傳動軸、主減速器、半軸、車輪及制動系統組成。有學者在研究車輛縱向運動時簡化了車輛縱向動力學模型，並將其分為驅動部分和制動部分。驅動部分和制動部分可分別簡化為一個二階系統。對於電動汽車來說，車輛動力學總成中的發動機將被電動機所取代。Chen 等人提出了新的實時輪胎與路面摩擦係數的估計方法。在車輛縱向動力學模型研究中使用自行車模型，忽略了車輛左右兩側差別；輪胎模型使用 LuGre 輪胎模型；電動機採用直流無刷輪轂電機，並給出了驅動和制動過程的運動方程。Dardanelli Andrea 等人針對兩輪電動汽車進行建模與參數辨識，並設計了速度和加速度控制器。

在側向動力學模型研究方面，結構最簡單應用最廣的模型為二自由度（Degree-of-freedom，DOF）二維平面模型，即自行車模型。該模型考慮了車輛側向和橫擺運動，集中反映了汽車的主要性能，並且汽車性

能參數最少。其運動方程為兩個一階微分方程，並可求其解析解，可以從理論的角度分析車輛操縱性能，得到的結論具有普遍性和實用性。車輛 2DOF 模型理論分析與試驗結構在定性方面和定量方面都有較好的一致性，是其他多自由度車輛模型所無法比擬的。韓國的 K. Yi 等人使用車輛 2DOF 模型研究了前後輪獨立驅動電動汽車的操縱性、側向穩定性和防側翻等性能。日本東京大學 Hori 教授使用車輛 2DOF 模型，結合側向輪胎力傳感器所獲取的側向輪胎力資訊和車身側偏角非線性觀測器來估計車身側偏角，並設計了側向穩定控制系統。Du 等人出於對參數不確定和控制飽和因素的考慮，基於車輛 2DOF 模型設計了車輛魯棒橫擺力矩控制器以改善車輛操縱性和穩定性。Geng 等人針對輪轂電機電動汽車設計車身側偏角模糊觀測器，並實現了車輛的直接橫擺力矩控制，在車身側偏角模糊觀測器的設計中使用了車輛的 2DOF 線性模型。車輛 2DOF 模型涉及的汽車性能參數較少，模型的推導只考慮車輛轉向時其縱向速度恆定不變或變化很小的情況。當考慮縱向速度變化時，便建立了 3DOF 車輛模型，即涉及車輛的縱向、側向和橫擺運動，該模型實際上仍為二維平面模型。考慮車輛傾翻危險的側傾運動，再結合側向和橫擺運動，則可建立三維平面的 3DOF 車輛模型。Wilkin 等人基於 3DOF 車輛模型設計了輪胎力估計器。Sangoh Han 等人設計了車輛側向運動的監測系統。該監測系統由三部分組成：第一部分使用車輛 2DOF 模型設計了滑模觀測器來估計側向速度；第二、三部分基於車輛的 3DOF 模型開展了對車身側偏角估計的研究。為了更好地瞭解車輛動力學特性以及設計穩定可靠的控制器以提高車輛操縱穩定性，考慮多因素、多自由度的車輛模型至關重要。美國的 Ray 基於車輛 5DOF 模型設計了一個擴展卡爾曼濾波器來獲得車輛側向動力學和輪胎力的歷史數據。隨後，Ray 基於車輛 9DOF 模型估計了每個軸上的車輛動力學狀態和側向輪胎力。針對四輪轉向系統，華南理工大學建立了多自由度車輛非線性模型，並推導出動力方程，具有一定的實用性。

1.1.4　車輛動力學控制策略

關於車輛動力學控制方面的研究，按其控制結構可分為兩類：直接式控制結構和分層式控制結構。直接式控制結構是指用一個控制器來實現車輛動力學控制的目的。美國加州大學柏克萊分校在研究車輛縱向控制時採用直接式控制結構。設計控制器時先後採用反饋線性化方法、Lyapunov 控制理論、滑模變結構方法和複合控制器方法。採用相同方法進行研究的還有美國俄亥俄州立大學、南加州大學和意大利學者。北京

理工大學李果與國防科技大學張良起等人在設計車輛控制器時採用直接式控制結構,並考慮到車輛縱向動力學中存在著非線性和不確定性,提出了具有自學習功能的 PD 控制律。中國科學院自動化研究所智慧控制與系統工程中心與美國亞利桑那大學系統工業工程系聯合開展的自動駕駛汽車的研究,採用直接式控制結構,設計了模糊神經網路自動駕駛系統。在設計控制器時,除控制精度和穩定性外,主動避撞系統還需體現駕駛員特性,考慮行駛環境變化等因素,設計要求複雜多樣,透過單一控制器的設計來滿足多而複雜的控制要求比較困難。因此,直接式控制結構在主動避撞系統中應用範圍比較小。

相比之下,分層式控制結構針對複雜多樣的設計要求能夠使上下位控制器分工明確、控制結構清晰,滿足多種控制要求,在主動避撞系統中應用廣泛。上位控制器根據當前的行駛環境計算期望的加速度、橫擺角速率或是車身側偏角,使車輛按照期望的加速度進行制動或牽引、按照期望的橫擺角速率或是車身側偏角進行轉向運動;下位控制器依據上位控制器計算的期望加速度、橫擺角速率或是車身側偏角,透過控制執行機構使被控變數的實際值和上位控制器計算出的期望值一致。

（1）縱向動力學控制

在上位控制器設計方面,美國學者 Zhang 和 Petros 等人使用 PID 算法調整車間距離誤差和相對速度,並採用零極點配置理論選取算法中的參數。日本學者 Yamamura 等人設計了二自由度上位控制器,使車輛的行駛行為接近實際的車輛運動特性。韓國學者 Chong 應用 Lyapunov 第二分析方法設計了上位控制器,並透過仿真試驗驗證了控制器對車輛動力學模型的參數攝動和外界環境擾動的魯棒性較好。韓國 K. Yi 等人利用線性最優控制理論設計了上位控制器並將其應用在車輛走-停系統中。德國寶馬汽車公司的 Paul 設計了自校正 PID 算法來計算期望的加速度,計算過程中使用了相對速度、間距誤差、自車加速度以及一個與目標車狀態有關的補償項等相關資訊,使車間距離和車速均能夠快速地調整到期望值。中國科學技術大學姜銳等人利用元胞自動機模型設計上位控制器,並透過仿真試驗研究了車流特性。吉林大學管欣等人將穩態預瞄動態校正理論應用在上位控制器中,構建了基於駕駛員最優預瞄加速度模型的車輛自適應巡航控制系統機構。除此以外,清華大學劉中海、武漢理工大學朱曉宏均對上位控制器進行了相關研究。

在下位控制器設計方面,日本東京大學藤岡研究室針對執行機構的延時干擾,設計了基於前饋、H_∞ 協調控制的二自由度下位控制器。日立公司 Kuragaki 等採用 PID 理論分別設計了驅動和制動控制算法,實

現了車輛對期望加速度的追蹤。清華大學侯德藻設計了模型匹配魯棒控制器，並在反饋補償器中引入加權限制，使控制器避免了因外部高頻擾動引起的控制量的抖動。

(2) 側向動力學控制

日本東京大學 Hori 教授使用估計的輪胎側偏剛度和車身側偏角資訊，設計了側向穩定控制系統。在上位控制器設計中，設計了具有自適應功能的前饋控制器來改善追蹤性能，使用解耦反饋控制器消除車身側偏角與橫擺角速率之間的耦合影響。在下位控制設計中，針對 PMSM 設計了電子助力轉向電機控制器和後輪轉矩分配策略，分別透過電腦仿真和實車試驗驗證了側向穩定控制系統的有效性和穩定性。J. Gutierrez 等人針對四輪獨立驅動輪轂電機電動汽車，設計了直接橫擺力矩控制系統。系統採用分層控制結構，上位控制器用來監測駕駛員意圖和車輛行駛狀態，並以此來計算橫擺力矩來追蹤期望的車輛運動；下位控制器則由防鎖死煞車系統、轉矩分配器和牽引控制系統組成。

吉林大學設計的上位控制器由兩部分組成：參考模型和直接橫擺力矩控制器。參考模型用來提供期望的車身側偏角和橫擺角速率資訊；直接橫擺力矩控制器根據期望的車身側偏角和橫擺角速率資訊計算車輛所需的直接橫擺力矩。下位控制器由兩部分組成：主動制動輪選擇策略和制動控制器。主動制動輪選擇策略針對不足轉向和過度轉向工況來選擇相應的主動制動輪；制動控制器採用滑模方法來控制縱向滑移率。賀鵬等人針對四輪獨立驅動的電動汽車設計了基於前饋、反饋協調控制的二自由度控制器來計算電動汽車側向穩定運動所需的總控制量，使用過自由度控制法設計下位控制器來動態分配各個輪胎的縱向力，從而完成動力最優分配。

1.2 車輛穩定性研究現狀

1.2.1 車輛縱向穩定性

對於路面車輛行駛的安全性和穩定性而言，其很大程度上依賴於輪胎與路面的摩擦係數。當路面濕滑時，車輛的駕駛危險將顯著上升。因為輪胎與路面的摩擦係數直接影響著汽車輪胎可提供的輪胎力（包含縱向力和側向力），而輪胎力對車輛運動過程和性能起著決定性的作用。所以輪胎與

路面摩擦係數的研究對車輛控制系統的分析與設計，特別是車輛的主動安全系統，是非常重要的。如果能夠得到精確的路面摩擦係數，那麼車輛的縱向穩定性控制性能會更好。由於影響輪胎與路面摩擦係數的因素包括輪胎及路表面粗糙度、路表面積水、輪胎路面的接觸壓力、車輛行駛速度等，因此輪胎與路面摩擦係數不是固定不變的，這也給研究帶來了一定的難處。

車輛縱向穩定性控制系統主要包含 TCS（牽引力控制系統）和 ABS（防鎖死煞車系統）。車輛縱向穩定控制系統主要是透過滑移率與路面摩擦係數之間的關係來分析和設計控制策略。對於滑移率和路面摩擦係數的估計在文獻上可以分為「基於原因」和「基於效果」兩種途徑，如表 1.1 所示。

表 1.1 外路面附著係數估算方法優勢與不足

	類別	使用的傳感器	傳感器的可靠性	弱點與不足
基於原因	基於視覺/溫度	光學和溫度傳感器	對環境光線要求高	在下雪,結冰路面
基於效果	基於輪胎面	力學應變傳感器	能量和通訊問題	
	基於輪胎動力學			需辨識許多輪胎參數
	基於車輛動力學	力學傳感器		需要外加傳感器
		GPS	受 GPS 訊號接收影響	昂貴

Holzmann 利用相機對路面拍照並透過道路圖像紋理分析對道路類型進行分類，主要的思想是粗糙的路面比光滑的路面能提供更大的摩擦係數。Sato 和 Yamada 利用光學傳感器來測量路面的濕度，這些方法的性能受到了光照的強度和方向的影響。因此，Sato 融合這三種資訊：質地、反射光和濕度，使用模糊邏輯控制方法來保證估計的可靠性。用圖像處理只能對路面類型分類，所以只能進行大致估計，不能較精確地估計。Gurkan Erdogan 在輪胎處採用無線壓電式傳感器測量輪胎的縱向和側向應變，然後結合側偏角和輪胎側向力，調整時刻和 BRUSH 模型計算出路面摩擦係數。Yan Chen 和 Jagat Jyoti Rath 採用了 LuGre 輪胎動力學模型，透過模型中反映路面條件的參數來估算路面摩擦係數。G. A. Magallan 提出了使在獨立後驅電動汽車加速時牽引力最大的新的控制策略。這種方法是在滑模觀測器（SMO）的車輛縱向動力學和 LuGre 摩擦動力學的基礎上設計的。此方法只需要測量電動汽車車輪的角速度，從估計的狀態搜索每個工作點和道路條件下的最大摩擦係數獲得可傳送的最大轉矩，再透過動態飽和度來限制由每個牽引電機產生的轉矩，從而使驅動輪驅動力不超過最大牽引力，保證車輛的縱向穩定性。

路面摩擦係數也可以透過與車輛動力學有關的輸入和輸出來估計。例

如，相比於乾燥的瀝青路，在結冰路面上車輛會有一個更大的滑移率。許多研究基於車輛的側向動力學模型和輪胎動力學模型來估計路面摩擦係數。這需要知道車輛的橫擺角速率、側偏角、轉向角和車速等，因此需要安裝一些傳感器來測量。Hahn 採用 GPS、車輛側向速度傳感器和 BRUSH 模型來估計路面摩擦係數。Yung-Hsiang Judy Hsu 利用 GPS 和 INS 訊號還有線控轉向系統，採用最小二乘法估計輪胎路面附著係數。法國訊號與系統實驗室的 Marcel Stefan Geamanu 等人提出一種基於車輪加速度和轉矩控制器的道路條件估計法。本方法適用於未知環境下道路路面狀態估計。利用代數方法進行數值計算和分析，並利用反饋滑模控制方案來保證車輪在加速和制動階段均可工作在最大摩擦區範圍內。Y. Hori 提出了模型追蹤控制系統，這裡的車輪動力學被看成是一個變慣性系統，車輪的滑移率越大則其慣性越小。這個動力學系統與標稱對象對比，它們之間的誤差是用來限制驅動電動機施加的轉矩，以保持車輪與路面之間的附著力。H. Sado 和 V. Colli 提出最佳滑移率控制，透過控制 $\partial\mu/\partial Slip$ 來限制滑移率在所希望的取值範圍內。這種控制策略保持摩擦係數的斜率（例如正斜率），這保證了輪胎工作在穩定的滑移區。基於這些概念，D. Yin 採用牽引力的控制是基於控制汽車和車輪的加速度的比值。這種方法透過一個松弛因子來間接控制車輪的滑移，松弛因子的值小於 1。即使這些透過限制滑移的控制方法能夠使汽車牽引力在一個特定的滑移值上時有一個良好的性能，但是對於一個給定的道路，在其牽引力的範圍內並沒有利用到最大的可傳遞的驅動力。此外，這些策略的調整依賴於具體的道路狀況。在其他的研究中，牽引力從一個完整的車輛模型中估計而來。這種方法使汽車能更好地適應不同的道路條件，但是這種方法需要一些昂貴的傳感器（加速度傳感器、力傳感器、橫擺傳感器等）和很強的運算能力。為實現 ABS，一些基於車輛模型的簡單估計方案被提出來。C. Canudas-de Wit 和 W-Y. Wang 提出了基於四分之一車輛模型和 LuGre 輪胎動力學模型的自適應非線性觀測器，這種方法能適應路面條件變化的情況。基於這些模型，N. Patel 和 A. Rabhi 在 ABS 中提出了對輪胎摩擦力估計的滑模觀測器（SMO），SMO 對非線性系統中的狀態估計展示了良好的性能，例如抑制參數的不確定性的魯棒性。H. Shraim 提出了基於 SMO 和簡化的車輛模型的其他方法。然而雖然透過簡化四分之一車輛模型使估計方法簡化，但這個模型並不能代表在實際車輛中有足夠精確度。

中國一些大學和汽車研發部門也開展了面向 ABS 和 TCS 等電子控制裝置應用的關於路面附著係數識別的研究，同時提出了一些路面識別算法。清華大學汽車安全與節能國家重點實驗室李亮等，提出了基

於橫擺角速率和側向加速度的車輛非線性度雙表徵量法。該方法反映車輛轉向時的側偏角與橫擺角速率的響應呈非線性狀態，並根據這種非線性度與路面摩擦係數之間的關係設計出了路面摩擦係數的估算偏差的補償算法。同實驗室的楊財利用輪速訊號來對路面條件進行識別判斷。南京航空航天大學的趙又群，首先採用卡爾曼濾波結合滑模觀測器對車輛輪胎縱向力估計，然後在此基礎上利用 CUSUM 變化檢測算法結合帶遺忘因子的遞推最小二乘法對路面摩擦係數進行估計。吉林大學汽車仿真與控制國家重點實驗室的鄭宏宇，提出了結合整車動力學模型和卡爾曼濾波算法設計的觀測器，使估計系統不依賴於制動系統路面摩擦係數的估計。

1.2.2　車輛側向穩定性

電動汽車的側向穩定控制系統主要是阻止車輛出現側滑飄移現象。目前許多側向穩定性控制系統主要採取控制車輛的橫擺角速率，使其能夠追蹤由駕駛員輸出的轉向角得到的期望橫擺角速率。但是當車輛行駛在較低摩擦係數的路面時，車輛轉向時會產生很大的側偏角，這對系統的側向穩定性帶來很不利的影響，如圖 1.1 所示。

因為車輛的側偏角過大，會降低輪胎產生側向力的能力，明顯降低車輛控制系統的性能。所以在控制車輛的橫擺角速率的同時也需要考慮車輛質心側偏角的影響。

（1）車輛側偏角的估計

由於車輛側偏角直接測量所需的傳感器太過昂貴，一般會根據車輛其他的狀態變數來估計，目前側偏角估計有以下幾種方法，如表 1.2 所示。

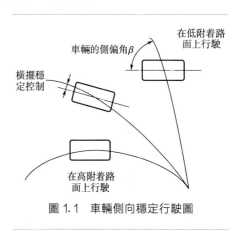

圖 1.1　車輛側向穩定行駛圖

表 1.2　側偏角估計方法

類別		使用的傳感器	傳感器的可靠性	弱點與不足
基於原因	基於視覺	光學傳感器	對環境要求高	精度差
基於效果	基於輪胎動力學			需辨識許多輪胎參數
	基於車輛動力學	力學傳感器		需外加傳感器
		GPS	受 GPS 訊號接收影響	昂貴

在車輛穩定性控制系統中，需要精確地測量車輛側偏角和橫擺角速率。橫擺角速率的測量能夠用廉價的陀螺儀傳感器獲得，但是由於直接測量車輛側偏角的傳感器太昂貴了，故側偏角不能直接測量獲取，因此側偏角需要透過現有的一般的傳感器（陀螺儀、加速度傳感器、轉向角傳感器等）和車輛模型來估算。D. Piyabongkarn 提出了結合基於車輛動力學模型理論和運動學理論的一個新的電動汽車動力學模型，並通過了試驗驗證。M. Doumiati 提出了利用擴展和無跡卡爾曼濾波器估計側向力和側偏角的非線性的動力學模型，並通過了現場試驗驗證。A. von Vietinghoff 設計了一個基於雙軌車輛模型的非線性觀測器並用實際測量數據驗證。M. Hiemer 提出了基於使非線性估計動力學誤差的動力學來跟隨線性動力學模型。Wang Yafei 提出了車輛動力學線性自行車模型結合視覺模型，透過視覺測量車輛與路面的位置資訊，然後用卡爾曼濾波對車輛側偏角估計，取得了不錯的效果，但是這種視覺受環境影響較大。B. M. Nguyen、D. M. Bevly 和 R. Daily 提出了用全球定位系統（GPS）的測量數據的估計方法來克服一些傳統方法的缺點（例如，車輛模型理論和基於運動學理論的動力學模型）。但是基於 GPS 的估算方法需要衛星訊號，而在農村和森林地區可能會接收不到衛星訊號或訊號差。K. Nam 和 H. Fujimoto 提出了應用輪胎的側向力傳感器來估算車輛側偏角的動力學模型，估計算法用到車輛動力學的模型過於複雜，需要先估計輪胎的側偏剛度。吉林大學廉宇峰提出了在最小二乘法（RLS）估計輪胎側偏剛度的基礎上，利用一階斯梯林插值濾波器來估計車輛質心側偏角。

（2）車輛側向穩定性控制方法

目前車輛的穩定性控制方法有很多，應用較多的有控制車輛側向運動系統（四輪轉向和主動前/後輪轉向系統）和直接橫擺力矩控制方法。直接橫擺力矩控制（DYC）是透過控制同軸車輪產生不同的縱向力而產生的橫擺力矩，使車輛在大側偏角或者有很大的側向加速度時，能保證車輛的操縱穩定性和主動安全性。四驅輪轂電機電動汽車，由於每個車輪都有獨立的驅動電機系統，能更好地實現驅動力矩的優化分配，能在直接橫擺力矩控制（DYC）下更好地控制車輛側向穩定性。

大多的車輛側向穩定控制系統的目的是控制車輛的側偏角和橫擺角速率。直接橫擺力矩控制的控制變數有多種方法，一般可選單獨控制橫擺角速率、單獨控制車輛質心側偏角以及橫擺角速率和車輛質心側偏角聯合控制。由於車輛質心側偏角（下文都統一稱為車輛側偏角）

越小車輛行駛越平穩,因此車輛控制目標是盡量保持車輛質心側偏角在合理的範圍內,保證車輛穩定的同時使橫擺角速率追蹤給定的期望值,以實現駕駛員的駕駛意圖。車輛側偏角與橫擺角速率聯合控制策略,能夠很好地追蹤車輛的期望橫擺角速率,同時也能很好地將車輛側偏角控制在穩定的範圍內。車輛側偏角與橫擺角速率聯合控制策略,雖然能夠很好地追蹤期望的軌跡,同時也能很好地控制車輛的穩定性,但是為了實現車輛側偏角的控制,必須採用主動轉向系統(如線控轉向系統),這就增加了控制成本和計算量,同時系統的可靠性還有待進一步的驗證。

車輛側向穩定性控制策略從被控量方面進行分類,如表 1.3 所示。

表 1.3 車輛側向穩定性控制方法分類

類別	被控量	控制的優勢和弱點
直接橫擺轉矩	橫擺角速率	大側偏角時易失穩
	側偏角	需要對側偏角估計
	橫擺角速率和側偏角	控制效果好,但需要採用線控系統
側向力控制	輪胎側偏力	需要外加傳感器

電動汽車運動控制系統,也就是橫擺穩定控制或車輛穩定控制,透過獨立的控制輪轂電機來實現。基於車身側偏角估計和橫擺角速率的直接橫擺力矩控制方案來改善輪轂電機電動汽車的穩定性。結合模糊控制和滑模控制來加強車輛的穩定性並通過了試驗的評估驗證。Y. Yamaguchi, T. Murakami 和 H. Ohara 提出了主動轉向控制的車輛運動控制理論,並通過了試驗的驗證。主動轉向的潛在優勢是透過線控轉向(SBW)系統來改善正常駕駛期間的車輛的操縱性,同時這種方法得到了汽車廠商的很大的認可。還有一種基於二自由度轉向控制結構的橫擺穩定魯棒控制方法,並且 B. A. Guvenc 用硬體在仿真環境中證實了它的有效性,K. Nam 在現場測試中證實了它的有效性。運用線控轉向的主動轉向控制系統,實現了期望的車輛動態性能而不引起駕駛的不舒適感。J. Ahmadi 提出了自適應非線性控制方案來改善車輛的操縱性,這種方法是基於主動轉向控制和車輪力矩控制。Y. Yamauchi 提出了基於車輛橫擺運動的觀測器和側向力矩觀測器的車輛運動控制方法,並和傳統的解耦控制進行了比較。K. Nam 等提出了一種基於擴展卡爾曼濾波器技術,利用輪胎側向力傳感器估計側偏角的新的觀測器。並將估計的結果與運動學理論方法進行比較,得出了所提出的觀測器的優點和好處。在現場測試中運用了作者自行研製的輪轂電機電動汽

車進行驗證。穩定控制系統中應用了狀態和參數的估計，這種控制系統是基於主動轉向控制和獨立的輪轂電機控制，並通過了電腦仿真和實驗室的驗證。文獻［31］提出了結合主動轉向和直接橫擺力矩控制車輛的橫擺角速率，並透過基於 H_∞ 線性二次規劃（LQR）來解決車輛的網路延遲問題。

參考文獻

［1］ World Health Organization. Global Status Report on Road Safety 2013: Supporting a Decade of Action［R］. Geneva: WHO, 2013.

［2］ EIDEHALL A, POHL J, GUSTAFSSON F, et al. Toward Autonomous Collision Avoidance by Steering[J]. IEEE Transactions on Intelligent Transportation Systems, 2007, 1（8）: 84-94.

［3］ YI K, HONG J, KWON Y D. A Vehicle Control Algorithm for Stop and Go Cruise Control[J]. Proceedings of the Institution of Mechanical Engineers Part D: Journal of Automobile Engineering, 2005, 10（215）: 1099-1115.

［4］ CHEN Y, WANG J M. Adaptive Vehicle Speed Control With Input Injections for Longitudinal Motion Independent Road Frictional Condition Estimation［J］. IEEE Transactions on Vehicular Technology, 2011, 3（60）: 839-848.

［5］ KANG J Y, YOO J, YI K. Driving Control Algorithm for Maneuverability, Lateral Stability, and Rollover Prevention of 4WD Electric Vehicles with Independently Driven Front and Rear Wheels[J]. IEEE Transactions on Vehicular Technology, 2011, 7

（60）: 2987-3001.

［6］ NAM K, FUJIMOTO H, HORI Y. Lateral Stability Control of In-wheel-motor-driven Electric Vehicle Based on Sideslip Angle Estimation Using Lateral Tire Force Sensors［J］. IEEE Transactions on Vehicular Technology. 2012, 5（61）: 1972-1985.

［7］ DU H P, ZHANG N, DONG G M. Stabilizing Vehicle Lateral Dynamics with Considerations of Parameter Uncertainties and Control Saturation through Robust Yaw Control[J]. IEEE Transactions on Vehicular Technology, 2010, 5（59）: 2593-2597.

［8］ GENG C, MOSTEFAI L, DENAI M, et al. Direct Yaw -Moment Control of an In-Wheel-Motored Electric Vehicle Based on Body Slip Angle Fuzzy Observer[J]. IEEE Transactions on Industrial Electronics, 2009, 5（56）: 1411-1419.

［9］ WILKIN M A, MANNING W J, CROLLA D A, et al. Use of an Extended Kalman Filter as A RobustTyre Force Estimator [J]. Vehicle System Dynamics, 2006, Supplement1（44）: 50-59.

［10］ HAN S, HUH K. Monitoring System Design for Lateral Vehicle Motion[J]. IEEE Transactions on Vehicular Technology, 2011,

4（60）: 1394-1403.

[11] 林粵彤，王飛躍，肖靖，等．基於模糊神經元網路的智慧車輛個性自動駕駛系統的設計與實現[J]. 自動化學報，2001，4（27）: 531-542.

[12] ZHANG J L, IOANNOU P A. Longitudinal Control of Heavy Trucks in Mixed Traffic: Environmental and Fuel Economy Considerations[J]. IEEE Transactions on Intelligent Transportation Systems, 2006, 1（7）: 92-104.

[13] RAUH J, AMMON D. System Dynamics of Electrified Vehicles: Some Facts, Thoughts, and Challenges[J]. Vehicle System Dynamics, 2011, 7（49）: 1005-1020.

[14] Nagai M. The Perspective of Research for Enhancing Active Safety Based on Advanced Control Technology[J]. Vehicle System Dynamics, 2007, 5（45）: 413-431.

[15] 馬雷，劉晶，於福瑩，等．四輪獨立驅動電動汽車驅動力最優控制方法[J]. 汽車工程，2010，12（32）: 1057-1062.

[16] MAGALLAN G A, DE ANGELO H C, GARCIA G O. Maximization of the traction forces in a 2WD electric vehicle[J]. IEEE Transactions on Vehicular Technology, 2011, 60（2）: 369-380.

[17] CHEN Y, WANG J. Adaptive vehicle speed control with input injections for longitudinal motion independent road frictional condition estimation[J]. IEEE Transactions on Vehicular Technology, 2011, 60（3）: 839-848.

[18] RATH J J, VELUVOLU K C, DEFOORT M, et al. Higher-order sliding mode observer for estimation of tyre friction in ground vehicles[J]. Control Theory & Applications, IET, 2014, 8（6）: 399-408.

[19] AHN C, PENG H, TSENG H E. Robust estimation of road frictional coefficient[J]. IEEE Transactions on Control Systems Technology, 2013, 21（1）: 1-13.

[20] WANG R, WANG J. Tire-road friction coefficient and tire cornering stiffness estimation based on longitudinal tire force difference generation[J]. Control engineering practice, 2013, 21（1）: 65-75.

[21] YIN D, OH S, HORI Y. A novel traction control for EV based on maximum transmissible torque estimation[J]. IEEE Transactions on Industrial Electronics, 2009, 56（6）: 2086-2094.

[22] HSU L Y, CHEN T L. Vehicle full-state estimation and prediction system using state observers[J]. IEEE Transactions on Vehicular Technology, 2009, 58（6）: 2651-2662.

[23] CHO W, YOON J, YIM S, et al. Estimation of tire forces for application to vehicle stability control[J]. IEEE Transactions on Vehicular Technology, 2010, 59（2）: 638-649.

[24] WANG W Y, LI I H, TSAI C P, et al. Dynamic slip-ratio estimation and control of antilock braking systems using an observer-based direct adaptive fuzzy-neural controller[J]. IEEE Transactions on Industrial Electronics, 2009, 56（5）: 1746-1756.

[25] WANG Y, NGUYEN B M, FUJIMOTO H, et al. Multirate estimation and control of body slip angle for electric vehicles based on onboard vision system[J]. IEEE Transactions on Industrial Electronics, 2014, 61（2）: 1133-1143.

[26] NAM K, FUJIMOTO H, HORI Y. Lateral stability control of in-wheel-motor-driven electric vehicles based on sideslip angle estimation using lateral tire force sensors[J]. IEEE Transactions on Vehicular Tech-

nology，2012，61（5）：1972-1985.

[27] NGUYEN B M, WANG Y, FUJIMOTO H, et al. Lateral Stability Control of Electric Vehicle Based On Disturbance Accommodating Kalman Filter using the Integration of Single Antenna GPS Receiver and Yaw Rate Sensor [J]. Journal of Electrical Engineering & Technology（JEET），2013，8（4）：899-910.

[28] KIM J, PARK C, HWANG S, et al. Control algorithm for an independent motor-drive vehicle [J]. IEEE Transactions on Vehicular Technology, 2010, 59（7）: 3213-3222.

[29] NAM K, OH S, FUJIMOTO H, et al. Estimation of sideslip and roll angles of electric vehicles using lateral tire force sensors through RLS and Kalman filter approaches [J]. IEEE Transactions on Industrial Electronics，2013，60（3）: 988-1000.

[30] YAMAUCHI Y, FUJIMOTO H. Vehicle motion control method using yaw-moment observer and lateral force observer for electric vehicle [J]. IEEJ Transactions on Industry Applications, 2010, 130: 939-944.

[31] SHUAI Z, ZHANG H, WANG J, et al. Combined AFS and DYC control of four-wheel-independent-drive electric vehicles over CAN network with time-varying delays [J]. Vehicular Technology, IEEE Transactions on, 2014, 63（2）: 591-602.

第2章

電動汽車主動避撞系統體系結構

2.1 電動汽車硬體體系結構

發展新能源汽車是實現中國能源安全和環境保護的必然趨勢，也是保證中國汽車工業可持續發展的必然要求。本章以四輪獨立驅動輪轂電動汽車為研究對象，對傳感器、執行機構等硬體系統結構和主動安全系統體系結構進行詳細介紹。

2.1.1 毫米波雷達

毫米波雷達測距是利用從目標處反射回來的電磁波發現目標並測定其位置，經過分析判斷，對構成危險的目標按程度不同進行報警，控制車輛自動減速，直到自動刹車。在車輛行進中，雷達窄波束向前發射調頻連續波訊號，當發射訊號遇到目標時，被反射回來為同一天線接收，經混頻放大處理後，可用其差拍訊號間的相差來表示雷達與目標的距離，把對應的脈冲訊號經微處理器處理計算可得到距離數值，由差頻訊號與相對速度關係，計算齣目標對雷達的相對速度，微處理器將上述兩個物理量代入危險時間函數數學模型後，即可算出危險時間，當危險程度達到不同級別時，分別輸出報警訊號或透過車輛控制電路去控制車速或刹車。汽車防撞雷達的主要功能是測速測距，裝有防撞雷達的汽車上了高速公路以後，駕駛員就可以啓動車上的防撞雷達。毫米波雷達克服了其他幾種探測方式在高速公路防撞運用中的缺點，具有穩定的探測性能，不易受被測物體表面形狀、顏色等的影響，調制簡單，價格低廉，可以全天候工作，不受天氣狀況如雨、雪、霧等的影響，探測距離遠，運行可靠，且近年來隨著高頻器件和單片微波集成電路的出現和應用，毫米波雷達的性能有了很大的提高，成本也有所下降，並且雷達的外型尺寸可以做得很小，便於在汽車上安裝，所以成為目前中國國內及國外車用防撞雷達的普遍選擇。智慧汽車的駕駛輔助系統大都將毫米波雷達作為

感知環境的傳感器，利用毫米波雷達實現對車輛前方目標的檢測，透過分析周邊車輛及障礙物與自車的相對距離、相對速度等關係實現控制自車的安全距離與安全速度，實現智慧駕駛的相關功能。

按工作原理的不同，毫米波雷達可以分為脈冲式毫米波雷達與調頻式連續毫米波雷達兩類。脈冲式毫米波雷達透過發射脈冲訊號與接收脈冲訊號之間的時間差來計算目標距離。如果目標距離較近，則發射與接收脈冲訊號之間的時間差相對較小。由於智慧車輛需要根據目標距離計算結果激發相應模塊以實現特定功能，因此要求雷達計算目標距離的時間盡可能短，這種情況下就需要系統採用高速的訊號處理技術，導致脈冲式毫米波雷達的近距離探測技術複雜、成本較高。在實際應用中，智慧車輛一般選擇成本低廉、結構相對簡單的調頻式連續毫米波雷達。調頻式連續毫米波雷達是利用多普勒效應測量得出不同距離目標的速度，它透過發射源向給定目標發射微波訊號，並分析發射訊號頻率和反射訊號頻率之間的差值，精確測量齣目標相對於雷達的運動速度等資訊。

（1）測距原理

雷達調頻器透過天線發射微波訊號，發射訊號遇到目標後，經目標的反射會產生回波訊號，發射訊號與回波訊號相比形狀相同，時間上存在差值。以雷達發射三角波訊號為例，發射訊號與返回的回波訊號對比如圖 2.1(a) 所示。

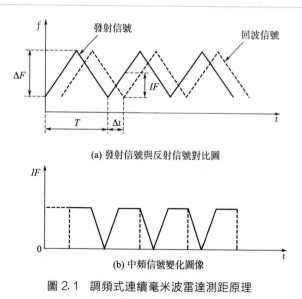

(a) 發射信號與反射信號對比圖

(b) 中頻信號變化圖像

圖 2.1　調頻式連續毫米波雷達測距原理

雷達探測目標的距離半徑為：

$$R = \frac{\Delta t \cdot c}{2} \tag{2.1}$$

式中　Δt——發射訊號與回波訊號的時間間隔，ms；

　　　c——光速。

中頻訊號變化圖像如圖 2.1(b) 所示，發射訊號與回波訊號形狀相同，因此根據三角函數的關係式可得：

$$\frac{\Delta t}{IF} = \frac{T/2}{\Delta F} \tag{2.2}$$

式中　T——發射訊號的週期，ms；

　　　ΔF——調頻帶寬；

　　　IF——發射訊號與回波訊號混頻後的中頻訊號頻率。

根據式（2.1）與式（2.2）可得到目標距離與中頻訊號間的關係式，即

$$R = \frac{cT}{4\Delta F} IF \tag{2.3}$$

（2）測速原理

當目標與雷達訊號發射源之間存在相對運行時，發射訊號與回波訊號之間除存在時間差外，頻率上還會產生多普勒位移 f_d，如圖 2.2 所示。

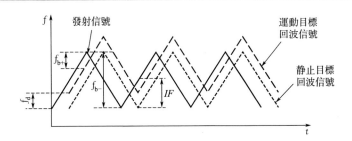

圖 2.2　調頻式連續毫米波雷達測速原理

中頻訊號在訊號上升階段的頻率與下降階段的頻率可分別表示為：

$$f_{b+} = IF - f_d \tag{2.4}$$

$$f_{b-} = IF + f_d \tag{2.5}$$

式中　IF——發射源在目標處於相對靜止狀態時的中頻訊號頻率；

　　　f_d——發射訊號與回波訊號間的多普勒位移。

f_d 的計算公式為：

$$f_d = \frac{f_{b-} - f_{b+}}{2} \tag{2.6}$$

因此，目標與雷達訊號發射源之間的相對運動速度可根據多普勒原理計算，即

$$v = \frac{c(f_{b-} - f_{b+})}{4f_0} = \frac{\lambda(f_{b-} - f_{b+})}{4} \tag{2.7}$$

式中　f_0——發射波的中心頻率；

　　　λ——發射波波長。

(3) 毫米波雷達發展方向

隨著毫米波技術的成熟，毫米波技術在汽車上的應用範圍越來越廣，其功能已從單一的車間距監控、報警的前視雷達發展到自動巡航控制和具有多目標識別的防碰撞系統，目前的發展方向是毫米波技術與其他技術相結合實現雷達三維成像，最終達到汽車的自動駕駛。

① 智慧巡航控制系統。車輛的智慧巡航控制系統是利用雷達系統自行調節汽車的行駛速度，從而實現以設定的速度行駛的一種電子控制裝置。汽車在高速公路上長時間行駛時，打開該系統後，恆速行駛裝置將根據行車阻力自動增減節氣門開度，使汽車行駛速度保持一定，省去了駕駛員頻繁踩油門踏板的動作，在汽車行駛時司機只要把住方向盤即可，可以減輕駕駛員長途行駛的疲勞，也減少了交通事故的發生。同時由於巡航系統自動維持車速，提高了汽車的燃油經濟性，降低發動機的排放。與傳統的汽車巡航控制系統不同的是，當在汽車行駛過程中遇到停止或慢速行駛的車輛時，智慧巡航控制系統將會自動剎車或減速，從而與前導車輛保持一定的距離，並自動跟進。若前導車輛加速，則智慧巡航系統向汽車控制系統發送加速訊號，直至達到預先設定的速度。該系統在國外應用較多，在美國安裝率已達60％以上。

② 防碰撞系統。在交通事故中，尤其是在高速公路上，汽車追尾碰撞事故占很大比例，最主要的原因是司機注意力不集中。在汽車安全行駛方面主要採用的技術有使用安全帶和安全氣囊等。但這僅僅解決了汽車碰撞後的防護問題，而沒有從根本上解決汽車防碰撞的問題。汽車防碰撞報警系統則可以在碰撞事故發生之前向司機發出報警，提醒司機及時做出反應，從而在很大程度上避免了碰撞事故的發生。該系統以雷達系統為基礎，透過探測周圍車輛的距離和速度，來判斷是否存在潛在事故危險，如果存在危險則向司機發出報警資訊，必要時自動轉彎、減速或制動。該系統有多種形式，有的在汽車行駛中，當兩車之間的距離小於某一距離時，即自動報警；若繼續行駛，則會在即將相撞的一瞬間自

動控制汽車制動器，將汽車停止；有的是在汽車倒車時，顯示車後障礙物的距離，有效地防止倒車事故的發生。目前，美國、歐洲和日本開展此項研究的公司較多，並且已有可供裝車使用的產品，如德國賓士汽車公司最近推出的速度-距離控制器、前視雷達系統和美國公司的卡車防碰撞雷達系統等。NHTSA 的研究結果表明，防碰撞報警系統可以使追尾碰撞事故減少，因改變車道而引起的交通事故減少。由此可見，在車輛行駛過程中防碰撞報警系統對保障人身及財產的安全是一種行之有效的方法。尤其是在黑夜、雨、雪、霧、塵等能見度較低的環境中，該系統的作用更為明顯。

③ 自動駕駛系統。除了目前研究較多的巡航控制系統和防碰撞系統外，毫米波汽車雷達還有廣闊的應用前景。隨著系統靈敏度、解析度和動態範圍的提高，汽車雷達可以實現雷達成像，雷達系統探測到的目標不再是簡單的點目標，而是三維目標。若系統有足夠高的靈敏度，則可以對目標進行歸類，可以進行道路識別，這是自動駕駛的基礎。汽車的自動駕駛是汽車雷達發展的必然趨勢。這給汽車雷達系統提出了更高的要求，雷達系統必須具備多目標探測、目標識別、道路識別、路面狀況分析等全方位資訊收集和處理的能力。國外有多家公司正在研究多波束高解析度雷達，再加上高速、大容量的訊號處理系統，最終將實現汽車的自動駕駛。

防碰撞毫米波雷達系統不但可以應用於汽車智慧化方面，還可以應用於海上船與船之間的防撞、高速行駛的火車防撞、直升飛機的防撞等方面。在智慧化港口集裝箱的裝卸中也有廣泛的用途，目前荷蘭的阿姆斯特丹港口已經成功地將毫米波防撞系統用於 AGV 車上，實現全自動化操作。

2.1.2　MEMS 陀螺儀

陀螺儀，又稱角速度傳感器，是一種用來傳感與維持方向的裝置，是基於角動量不變的理論設計出來的。陀螺儀主要由一個位於軸心可以旋轉的輪子構成。陀螺儀一旦開始旋轉，由於輪子的角動量，有抗拒方向改變的趨勢。陀螺儀廣泛用於導航與定位系統。微電子機械系統（MEMS）技術和微機械慣性器件日漸成熟，慣性測量系統得到了迅猛發展。慣性測量系統將微電子、精密機械、傳感器技術相互融合，具有集成度更高、性價比更好、體積更小、功耗更低等特點，且由於微機械結構製作精確、重複性好、易於集成化、適用於大批量生產，並有很高的

性價比，在汽車上得到了廣泛的應用。陀螺儀和加速度計是姿態測量系統的重要組成單元，該傳感器集成了三軸加速度傳感器和三軸陀螺儀傳感器，具有體積小、功能強、功耗低等特性，完全滿足汽車駕駛運動參數的數據採集要求。一些自動駕駛汽車定位系統就是由 GPS 模塊、三軸加速度傳感器和三軸陀螺儀組成，透過結合傳感器得出的 360°資訊，能夠為車輛提供其位置和與周邊物體的相對位置資訊。MEMS 陀螺儀主要運用在慣性導航系統中，用來測量移動車體的方位角。陀螺儀在工作的過程中，即在測量車體的方位角的過程中，會存在一個精度的問題，精度的高低會直接影響測量結果的準確性，如果精度過低，測量的結果就會與實際情況偏離得過大，從而就不能準確定位車體的位置資訊，給後面的計算帶來不同程度的影響。

陀螺儀的性能是陀螺儀的一個重要的技術指標，因此可以作為衡量陀螺儀精度高低的一個標準，在對陀螺儀的輸出數據進行訊號處理之前對陀螺儀的性能分析是非常有必要的。對陀螺儀的性能分析主要包括靜態性能分析與動態性能分析。Allan 方差分析法是對陀螺儀的靜態性能以及動態性能進行分析的主要方法。Allan 方差分析方法是由美國國家標準局的 David Allan 在 1960 年提出來的，該方法一提出來就得到了工程界的廣泛關注，Allan 方差分析法開始主要用於分析高頻振盪器的相位以及頻率的不穩定性，而陀螺儀等慣性器件也具有振盪的特性，後來該方法在對陀螺儀的誤差辨識中得到了廣泛的應用。Allan 方差分析法能夠辨識出更多的誤差項，並且誤差分離結果較好，通常透過它先得到陀螺儀輸出數據的雙對數曲線，然後透過線性擬合求出各項誤差的係數，其基本原理分析如下。

透過採樣時間間隔 T_s 採集時間長度為 T 的一組樣本數據，則有樣本數據長度 $N = T/T_s$。

對採集數據樣本進行平均分組，把每連續 $n(n=1,2,3,\cdots,N/K_{min}$，$K_{min}$ 為最小子序列數) 個數據作為一個子序列，則有 $K = N/n$ 個子序列。每個子序列的平均時間可表示為 $\tau(n) = nT_s$，稱為相關時間。

對於第 $k+1$ 個子序列，其平均值可以由式(2.8) 表示：

$$\overline{\Omega}_{k+1} = \frac{1}{n}\sum_{i=1}^{n}\Omega_{nk+i} \tag{2.8}$$

式中　Ω_{nk+i}——第 $k+1$ 個子序列中的第 i 個點；

　　　n——每個子序列的數據總數。

Allan 方差的定義為：

$$\sigma^2(\tau) = \frac{1}{2}E\{[\overline{\Omega}_{k+1}(\tau) - \overline{\Omega}_k(\tau)]^2\} \tag{2.9}$$

式中 $\sigma^2(\tau)$——相關時間 τ 對應的方差，即 Allan 方差；

E——均值。

將 Allan 方差的平方根 $\sigma(\tau)$ 稱作 Allan 標準差，當 τ 變化時，在雙對數座標系中繪製的 $\sigma(\tau)$-τ 曲線稱為 Allan 方差曲線。透過雙對數可以繪製出 Allan 標準差隨平均時間的變化規律，但是在實際應用過程中，Allan 方差是根據有限數據分析的，在平均時間增大的過程中，可劃分的子序列的數目變小，這樣會引起 Allan 方差估計的效果變壞，式（2.10）給出了 Allan 方差的誤差區間：

$$\delta = \frac{1}{\sqrt{2\left(\dfrac{N}{n} - 1\right)}} \tag{2.10}$$

式中 N——採集的數據樣本的長度；

n——每個子序列的數據個數。

Allan 方差與原始測量噪聲數據中噪聲項的雙邊功率譜密度（PSD）存在如下關係：

$$\sigma^2(\tau) = 4\int_0^\infty \left[S_\omega(f)\,\frac{\sin^4(\pi f\tau)}{(\pi f\tau)^2} \right] \mathrm{d}f \tag{2.11}$$

式（2.11）表明，當透過一個傳遞函數為 $\dfrac{\sin^4(\pi f\tau)}{(\pi f\tau)^2}$ 的濾波器時，Allan 方差與噪聲能量成正比。

2.1.3   車輪六分力傳感器

汽車車輪六分力傳感器（WFT）是直接獲取地面對輪胎作用力的有效方式，獲取車輪六分力是汽車主動安全電控系統控制算法驗證和優化的重要手段。車輪六分力傳感器的作用是將地面和汽車對車輪的綜合作用力反映為六分力。地面對車輪的作用力傳遞路線為地面、輪胎胎體、輪輞適配器、彈性體、輪轂適配器、輪轂，所以車輪六分力能夠更加準確地測量地面和輪轂對車輪的作用力。

（1）WFT 結構

由於汽車車輪的安裝和使用要求，車輪六分力傳感器通常是根據車輪類型和安裝方式進行特殊設計的。結構上主要包括輪胎橡膠胎體、輪輞、輪輞適配器、彈性體、輪轂適配器。一般對傳統的車輪輪胎改裝後，透過兩個連接凸緣將車輪六分力傳感器彈性體串聯在車輪輪輞和輪轂之間，如圖 2.3 所示。彈性體是車輪六分力傳感器的核心部件，因此彈性

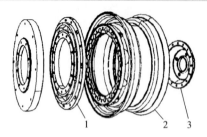

圖 2.3　車輪六分力傳感器結構
1—彈性體；2—輪輞適配器；3—輪轂適配器

體結構和形狀均有嚴格的限制。目前的車輪六分力傳感器採用應變式和壓電式兩種。應變式測量時透過測量彈性體的應變來測量車輪六分力的大小，具體結構包括應變梁式和圓環式兩種。應變梁式一般用於輕型轎車；圓環式多用於輕卡和重型卡車。選用合適的彈性體可使其具有充分的靈敏度。壓電式測量的原理是利用壓電效應及其方向性，壓電晶體對所受的縱向、橫向和剪切等作用力能產生與敏感方向受力大小成正比的電荷量，經電荷放大器的放大後可得到輸出的電壓訊號值。

　　地面和輪轂對車輪的作用力傳遞到車輪六分力傳感器彈性體時，引起彈性體應變梁的變形，進而帶動應變片的變形。透過組橋將應變片的變形量轉化為電訊號的變化，再透過後續的軟體解析為相應的力資訊量值。在彈性體應變梁的各表面軸線處對應位置選取不同分力測量點，根據應變片輸出的由於施加載荷而產生的應變數，可以依據產生的應變數和應變梁上施加的載荷之間關係反推出作用的各個力和力矩。另外，施加的力和力矩產生的最大應力點在應變梁上的位置不同，因此選擇應變梁上的這些特殊位置作為測量點，以使得應變片的應變能反映某一外部施加載荷，就可以根據測量點的輸出進行解耦。彈性體的應變梁在車輪六分力作用下會產生拉伸、壓縮、扭曲、彎曲等變形，而且各分力在各應變梁上不同位置產生的形變數不同，不同位置處各分力的維間耦合也不同。各應變測量點選擇位於各分力產生的最大正應力點位置處，便於應變片的形變能夠盡可能地以某一軸載荷為主，這樣有助於實現維間的結構解耦。

　　集成化車輪六分力傳感器主要由彈性體和訊號傳輸系統兩部分組成，其結構如圖 2.4 所示。主要技術指標為數據採樣頻率、力、力矩、非線性度、整體測量精度和過載能力。

　　(2) 訊號傳輸系統

　　整個訊號傳輸系統由與車輪一起高速旋轉的部件以及與車體固定的非旋轉部件組成。因此，解決旋轉部件與非旋轉部件間的非接觸式訊號傳輸也極為關鍵。常用的訊號耦合方式有光電耦合、電容耦合、無線傳輸等。目前，電容耦合最快速率達到 15kHz，光電耦合速率可達 100kHz。而電容耦合精度不穩定，光電耦合採用光的方式傳輸資訊，抗干擾能力強。無線傳輸在訊號傳輸距離和抗干擾等方面還存在許多技術

困難，但它的傳輸速率可達兆赫茲級，打破了以上兩種耦合方式在傳輸速率上的瓶頸，使車輪六分力的採樣速率能夠提升到 MHz 級，是車輪六分力訊號耦合方式的發展方向。

光電編碼器
車輪六分力傳送模塊
車輪六分力采集模塊
過渡法蘭盤
車輪六分力傳感體
專用輪輞

圖 2.4　集成化車輪六分力傳感器整體結構

2.1.4　永磁同步電機

永磁同步電機（Permanent Magnet Synchronous Motor，PMSM）的磁動勢由永磁體產生。磁動勢、電壓和電流的波形均為正弦波形。永磁同步電機具有響應速度快、功率密度高、力矩轉速性能好、體積小、質量輕、控制操作性能好和效率高等優點。

針對四輪獨立驅動輪轂電機電動汽車，輪轂電機採用 PMSM。PMSM 的數學模型是一個存在非線性磁化特性和飽和效應的電磁裝置，其動態方程為一個高階微分方程，精確求解比較困難，須將其進行一定程度的簡化。為簡化設計，傳動系統選用隱極 PMSM，忽略寄生磁阻轉矩，在 dq 同步旋轉座標系上 PMSM 數學模型可表示為：

$$\begin{cases} \dfrac{\mathrm{d}i_d}{\mathrm{d}t} = -\dfrac{R_s}{L_s}i_d + p\omega_r i_q + \dfrac{u_d}{L_s} \\[2mm] \dfrac{\mathrm{d}i_q}{\mathrm{d}t} = -\dfrac{R_s}{L_s}i_q - p\omega_r i_d - \dfrac{p\Psi_r}{L_s}\omega_r + \dfrac{u_q}{L_s} \\[2mm] \dfrac{\mathrm{d}\omega_r}{\mathrm{d}t} = \dfrac{3p\Psi_r}{2I_\omega}i_q - \dfrac{B}{I_\omega}\omega_r - \dfrac{T_b}{I_\omega} \end{cases} \qquad (2.12)$$

式中　i_d——d 軸定子電流；

　　　i_q——q 軸定子電流；

　　　u_d——d 軸定子電壓；

u_q——q 軸定子電壓；

R_s——定子電阻；

L_s——定子電感，$L_d = L_q = L_s$；

Ψ_r——永磁磁通；

B——黏滯摩擦係數；

p——極對數；

ω_r——機械角速度。

基於電壓空間矢量 PWM 控制技術（Space Vector PWM，SVPWM）的 PMSM 控制系統採用 $i_d = 0$ 矢量控制方法，同時考慮減輕矢量控制系統的計算負擔，忽略黏滯摩擦係數，即 $B = 0$。該矢量控制方法中定子電流沒有直軸分量，只有交軸分量，其控制性能類似於直流電機，控制簡單，易於用數字實現其輸出轉矩隨電流變化的線性關係，調速範圍寬。採用 $i_d = 0$ 矢量控制方法後，PMSM 矢量控制系統性能比較理想，但系統計算量仍然較大，實時性較差。因此，在不影響 PMSM 調速性能的前提下，將 PMSM 矢量控制系統進行簡化處理以提高系統的實時性是十分必要的。

PMSM 矢量控制系統採用電流內環和轉矩外環雙閉環結構。對於電流內環，需要獲得較快的電流跟隨性能，則電流內環可按照典型 I 型系統進行設計，即電流內環可近似等效成一個一階慣性環節，即

$$G_I(s) = \frac{1}{4T_s s + 1} \tag{2.13}$$

式中　T_s——電流採樣週期。

對於轉矩外環，除了電流內環的一階慣性環節外，還包括轉矩採樣過程的慣性環節 $G_T(s)$、轉矩環 PI 調節器 $G_{PI}(s)$ 和比例係數 $\dfrac{3p\Psi_r}{2}$。如圖 2.5 所示，PMSM 矢量控制系統可簡化為一單閉環系統，輸入變數為期望轉矩與負載轉矩，輸出量為實際轉矩與轉速，結構簡單，容易實現。

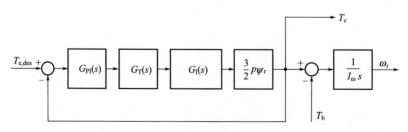

圖 2.5　PMSM 矢量控制系統簡化結構圖

　　PMSM 控制系統輪轂電機的主要參數如表 2.1 所示。設 PMSM 控制系統的採樣週期 T_s＝0.001s，PI 調節器的採樣時間為 0.001s，比例增益 0.45，積分時間常數為 40s，期望轉矩為 200N・m，負載轉矩為 150N・m，PMSM 控制系統簡化前後的轉矩與轉速的對比實驗分別如圖 2.6、圖 2.7 所示。PMSM 控制系統輸入量為期望轉矩與負載轉矩，輸出量為實際轉矩與轉速。由仿真曲線可以看出，簡化後轉矩和角速度的追蹤效果比較理想。此外，由於 PMSM 控制系統的簡化，PMSM 控制系統的運行時間大大縮短，系統的實時性得以改善。因此，基於 SVPWM 的 PMSM 簡化控制系統完全可以替代原始 PMSM 控制系統，而且更加適合於縱向主動避撞系統的控制策略研究與整車仿真實驗。

表 2.1　PMSM 控制系統輪轂電機的主要參數

參數	數值	參數	數值
P_N	10.7kW	p	4
n_N	1500r/min	Ψ_r	0.35867Wb
T_N	340N・m	I_ω	1.56kg・m^2

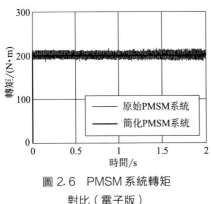

圖 2.6　PMSM 系統轉矩
對比（電子版）

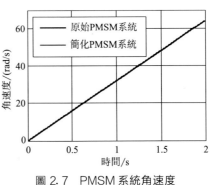

圖 2.7　PMSM 系統角速度
對比（電子版）

2.2 四輪獨立驅動輪轂電機電動汽車結構

　　電動汽車採用電動機為牽引裝置，並應用化學蓄電池組、燃料電池組、超級電容器組和飛輪組為其提供相應的能源。

　　電動車輪驅動系統有兩種基本方式：帶輪邊減速器驅動方式和直接

驅動方式。帶輪邊減速器驅動方式多採用高速內轉子電動機,透過輪邊減速器將電動機的高轉速降到低速。該驅動方式屬於減速驅動類型,適合電動汽車高性能運行。通常電動機的額定轉速為 4000～20000r/min,能夠獲得較高的比功率。減速器位於電動機和車輪之間,具有減速和增矩的作用。電機的輸出軸透過減速器與車輪的驅動軸進行連接,使電機軸承不直接承受車輪與路面的載荷作用,進而軸承的工作環境得以改善。帶輪邊減速器驅動的電動汽車結構如圖 2.8(a) 所示。圖中 FG 為輪邊減速器,M 為電動機。

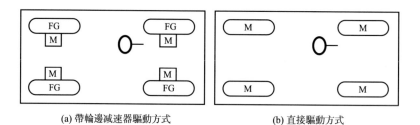

(a) 帶輪邊減速器驅動方式　　　　　　(b) 直接驅動方式

圖 2.8　四輪獨立驅動輪轂電機電動汽車結構

　　直接驅動方式多採用低速外轉子電動機,直接將電動機的外轉子安裝在車輪的輪輞上來帶動車輪,電動機與車輪組成一個完整部件總成。該驅動方式的電動機體積小、成本低、質量輕,結構緊湊,系統傳動效率較高,既有利於整車結構布置,又便於車身設計和改型設計。設計時要求電動機一方面在低速時能夠提供較大的轉矩以保證電動汽車的順利起步;另一方面具有較寬的調速範圍以使電動汽車具有足夠的動力性。直接驅動的電動汽車結構如圖 2.8(b) 所示。由於輪轂電機與車輪之間為直接連接,省去了傳統電動汽車中主減速器、減速器等傳動機構,整車質量得以減輕,空間得以改善。四輪獨立驅動的形式能夠使車輛的附著係數利用得更加充分,制動性能和操縱穩定性更加理想。本書以直接驅動方式的四輪獨立驅動輪轂電機電動汽車為研究對象,研究其主動避撞系統的狀態估計方法與控制策略。

2.3　車輛主動避撞系統體系結構

　　車輛主動避撞系統主要實現的系統功能如下:
　①　能夠檢測車輛的行駛狀態,並且能夠對當前行駛道路的安全狀態

進行準確判斷；

　　② 能夠在發生危險之前向駕駛員提供報警資訊，提示駕駛員及時控制車輛避開危險狀態；

　　③ 能夠在駕駛員操作不及時時，自動接管車輛以確保車輛安全行駛。

　　為確保在不同行駛環境下車輛能夠安全行駛，本書對車輛在制動避撞方式與轉向避撞方式下主動避撞系統的狀態估計與控制策略進行深入研究。所研究的車輛主動避撞系統能夠判斷當前行車安全狀況，在出現危急狀況時能夠幫助駕駛員選擇合適的避撞方式來控制車輛的運動狀態。透過增加車輛主動避撞系統的避撞方式，使駕駛員獲得更多的機會來排除安全隱患、遠離危險，從而提高車輛以及駕駛員的安全性。

　　車輛主動避撞系統體系結構如圖 2.9 所示，系統首先透過車載傳感器檢測行車環境，並判斷車輛是否存在碰撞危險。當存在碰撞危險時，根據行車環境，系統透過避撞方式邏輯切換策略合理地選擇對應的避撞方式以確保車輛能夠安全順利行駛，避免交通事故的發生。車輛避撞方式由邏輯切換策略選擇，制動和轉向避撞過程分別由制動控制器和轉向控制器執行。執行機構由電動機和變比例閥組成，制動過程中，輪胎制動力主要是電動機提供的再生制動力和變比例閥提供的摩擦制動力。根據實際需要輪胎制動力可以由電動機或變比例閥單獨提供，也可以由電動機和變比例閥共同提供以達到制動效果。制動控制器控制電動機和變比例閥實施車輛制動。在轉向過程中，假設車輛縱向速度恆定不變，車輛無需實施制動，則輪胎縱向力由電動機單獨提供。轉向控制器控制電動機實施車輛轉向。

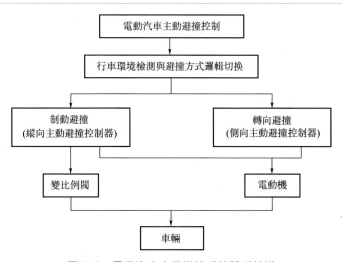

圖 2.9　電動汽車主動避撞系統體系結構

　　研究車輛狀態估計方法與控制策略，須先設計車輛主動避撞系統，透過整車仿真實驗來驗證所提出的狀態估計方法與控制策略的有效性。根據上述車輛主動避撞的系統功能和第 1 章關於關鍵技術的概述可知，車輛主動避撞系統的研究與功能實現都是圍繞其關鍵技術展開的，即行駛環境中目標車車輛識別及運動資訊的獲取、安全距離模型、動力學系統建模和車輛動力學控制。在本書研究中，行駛環境中目標車車輛狀態及運動資訊均由經典的汽車仿真軟體中提取以使車輛主動避撞系統性能更加符合實際工況。因此，本書主要從安全距離模型、動力學系統建模和車輛動力學控制三個關鍵技術入手，搭建車輛主動避撞系統，進而在整車系統的基礎上對車輛狀態估計方法與控制策略進行深入研究。車輛主動避撞系統主要由避撞方式邏輯切換策略、縱向主動避撞系統和側向主動避撞系統三部分構成，本書將分三章依次闡述這三部分中所研究的內容。對於縱向和側向主動避撞系統來說，其系統結構基本相同，均由安全距離模型、分層式控制結構的控制器和動力學系統模型構成，車輛主動避撞系統與關鍵技術如圖 2.10 所示。

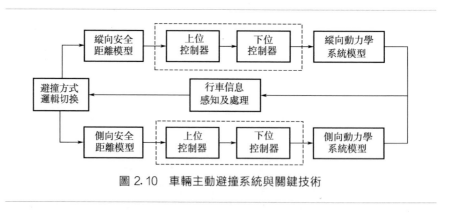

圖 2.10　車輛主動避撞系統與關鍵技術

2.3.1　縱向主動避撞系統

　　縱向主動避撞系統主要用於在不同路面條件下保證車輛行駛安全，有效地提高道路利用率，即制動時自車與目標車的距離應適度，既不能過近，也不能過遠。制動時自車與目標車的距離過近，容易發生碰撞，降低了車輛安全性；制動時自車與目標車的距離過遠，雖提高了車輛安全性，但影響道路流量，降低了道路利用率。因此，在制動避撞方式下，為了兼顧車輛安全性和道路利用率，分別從縱向安全距離模型、車輛動力學系統模型和避撞控制器三個方面進行深入研究與設計。

① 安全距離模型能夠反映路面工況和駕駛員特性。根據不同路面計算安全距離,使其具有一定的適應性;根據不同駕駛員的駕駛習慣設定安全距離以滿足駕駛員的駕駛意圖,提高車輛的舒適性和駕駛員對車輛主動避撞系統的接受度。

② 車輛動力學系統包括執行機構模型、輪胎模型和動力學模型。執行機構模型為輪轂電機,模型具有較強的非線性,並且控制系統結構複雜、運算量較大、實時性較差;輪胎模型同樣具有較強的非線性,出於對電動汽車主動避撞系統控制策略方面研究的目的,將輪轂電機與輪胎模型進行簡化處理以減輕運算負擔、提高系統實時性是十分必要的。

③ 分層式控制結構的控制器由上位控制器和下位控制器組成。上位控制器根據行車資訊確定當前時刻車輛應具有的期望加速度;下位控制器根據上位控制器的計算輸出,對車輛動力學系統實施控制以實現加速度閉環控制。實現車輛縱向主動避撞,輪胎制動力分配問題是無法迴避的研究焦點,特別是制動過程中,制動力分配自由度較大,分配過程比較複雜。四輪獨立驅動輪轂電機電動汽車的制動力分配策略是實現車輛主動避撞功能的重要環節。

2.3.2　側向主動避撞系統

側向主動避撞系統主要實現在不同路面條件下,保證車輛能夠穩定轉向,且行駛安全。當路面條件較好時,自車在車間距離較小時實施轉向操作;當路面條件較差時,自車在車間距離較大時實施轉向操作。同時,需要考慮車輛參數攝動和外界環境干擾所產生的不確定性,車輛轉向過程須穩定可靠。因此,在轉向避撞方式下兼顧車輛的安全性和操縱穩定性,分別從側向安全距離模型、車輛動力學系統模型和避撞控制器三個方面進行深入研究與設計。

① 安全距離模型能夠反映路面工況。根據不同路面計算安全距離,並且在合適的車間距離實施轉向以保證車輛轉向的安全性。

② 車輛動力學系統狀態估計。車輛動力學模型中表示路面條件的輪胎側偏剛度和車身側偏角是車輛操縱穩定性主要的研究參數。輪胎側偏剛度變化趨勢與輪胎和路面摩擦係數變化趨勢相同,使用輪胎側偏剛度資訊既可以獲得車輛行駛的路面工況,又可以設計具有自適應功能的車輛側向運動控制器。車身側偏角作為狀態變數之一在車輛側向運動研究中占有重要地位,由於其檢測元件成本高,很難在車輛控制系統中商業

化，並且估計方法存在偏差大、收斂等問題，因此，出於對電動汽車主動避撞系統狀態估計方面研究的目的，輪胎側偏剛度和車身側偏角估計方法需要深入研究。

③ 分層式控制結構的控制器由上位控制器和下位控制器組成。上位控制器根據行車資訊確定當前時刻車輛應具有的期望橫擺角速率或期望車身側偏角；下位控制器根據上位控制器的計算輸出，對車輛動力學系統實施直接橫擺力矩控制以實現側向軌跡追蹤控制和對參數攝動與側向風干擾所產生的不確定性的抑制。

2.4　制動/轉向避撞方式切換策略

從系統與控制科學的角度來講，切換系統是混雜系統的一類比較重要的模型，是目前混雜系統理論研究中一個富有挑戰性且極其重要的國際前沿方向。切換系統由子系統和切換規則組成。每個子系統對應一種取值的離散變數，切換規則則表示離散事件動態，因此，切換系統可看成是簡化離散變數描述的一類混雜系統。在經典控制理論中，針對非線性系統的週期性振盪現象，特別是伺服系統存在的穩定問題，提出了繼電控制系統，即在正向控制和反向控制或導通和關斷之間設置死區，使之具有繼電特性以避免切換過程中持續振盪。1950 年代初期，時間最優控制和時間-燃料最優控制問題的提出有效地解決了航空航天領域中如何節省燃料的問題。著名的 Bang-Bang 控制原理給出的最優解為一個分段常值函數，函數值在可控輸入的上下邊界值之間進行切換。變結構控制理論是基於相平面思想提出的，它是系統綜合的一種方法，透過將高階系統分解成若干低階系統，降低了系統求解的複雜程度，人為確定切換規則以達到控制的目的。出於提高系統可靠性的目的，在某種故障條件下系統仍能繼續工作，特別是在控制器單元出現故障的情況下，則產生了多控制器思想，即對於同一被控對象，設計不同控制器以備用，當發生不同的故障或受不同工作條件的限制時，切換不同的控制器，確保系統不受影響，能夠正常運行。切換系統具有廣泛的工程背景，文獻 [13]透過對駕駛員行駛特性的總結，基於模糊推理建立了自適應巡航系統的平穩跟車模式和快速接近模式間的邏輯切換規則，模擬了駕駛員針對不同行駛環境決策行車策略的過程。文獻 [14] 介紹了汽車引擎控制系統，自動變速箱透過對車速、油門等狀態資訊的檢測，進行不同擋位之間的切換，保證汽車在最佳經濟性和最大動力性條件下平穩舒適地行駛。本

章對切換系統進行初探，結合車輛動力學特性和主動避撞系統性能指標要求，根據車輛輪距與縱向距離之間的幾何關係，設計了基於側向安全距離模型的轉向閾值避撞方式邏輯切換策略。車輛主動避撞系統根據不同的行駛環境來合理地選擇避撞方式，即制動避撞方式或轉向避撞方式。

　　制動/轉向避撞方式切換策略在車輛主動避撞系統的研究中占有重要地位。避撞方式的合理選擇直接影響車輛行駛的安全性、可靠性與行駛效率。為了提高行駛效率，本書研究中採用先轉向後制動的原則，即在自車前方出現緊急危險時先考慮轉向避撞方式，當轉向避撞方式不能保障車輛安全行駛時則採用制動避撞方式。當自車與目標車同車道行駛時，縱向主動避撞系統與側向主動避撞系統分別計算當前時刻的安全距離模型。下面分析不同行車工況下避撞方式的切換策略。

　　(1) 工況一：行車道有目標車，相鄰車道沒有目標車。行車工況如圖 2.11 所示，L_{AB} 表示自車右邊緣與目標車左邊緣之間距離。在轉向過程中，A、B 最易發生碰撞，因此，在研究中採用最易碰撞點間的距離判斷轉向過程中是否安全。設計車輛寬度為 L_2，則由圖 2.11 可得到自車與目標車的縱向距離表達式：

$$L_1 = \sqrt{L_{AB}^2 - L_2^2} \tag{2.14}$$

　　當目標車緊急制動時，自車既可以實施轉向避撞，也可以實施制動避撞來避免交通事故的發生。採用先轉向後制動原則，得到該工況下制動/轉向避撞方式切換策略：

$$\begin{cases} L_1 > c, & 轉向避撞 \\ L_1 \leqslant c, & 制動避撞 \end{cases} \tag{2.15}$$

式中　c——制動/轉向避撞方式切換閾值。

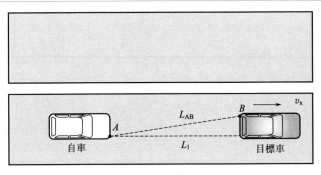

圖 2.11　工況一

　　(2) 工況二：行車道與相鄰車道均有目標車，且目標車 2 行駛的縱

向位置位於自車與目標車 1 行駛的縱向位置的中間。行車工況如圖 2.12 所示，該工況時自車轉向時存在與目標車 2 發生碰撞的可能。因此，自車只能實施制動避撞方式以保證車道中車輛的安全。

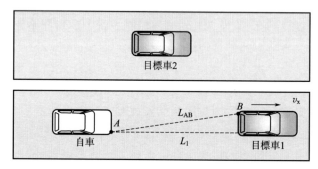

圖 2.12 工況二

(3) 工況三：行車道與相鄰車道均有目標車，且目標車 2 行駛的縱向位置超前於目標車 1 行駛的縱向位置。行車工況如圖 2.13 所示，該工況與工況一基本相同，避撞方式切換策略同式(2.15)。

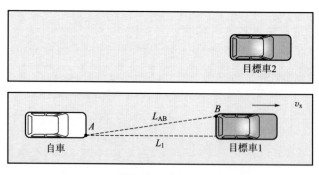

圖 2.13 工況三

(4) 工況四：行車道與相鄰車道均有目標車，且目標車 2 行駛的縱向位置落後於自車行駛的縱向位置。行車工況如圖 2.14 所示，該工況下自車雖然可以實施轉向或制動避撞方式，但自車實施轉向避撞方式時存在與目標車 2 發生碰撞的可能，因此，為了保證車道中車輛的安全，該工況下自車只實施制動避撞方式，避撞方式切換策略同工況二。

研究中假設車輛寬度近似為輪距，即 $L_2 = d$，設制動/轉向避撞方式切換閾值 $c = D_{br}$，則式(2.15) 可改寫為：

$$\begin{cases} \sqrt{L_{AB}^{2}-d^{2}}>D_{br}\,, & \text{轉向避撞} \\ \sqrt{L_{AB}^{2}-d^{2}}\leqslant D_{br}\,, & \text{制動避撞} \end{cases} \quad (2.16)$$

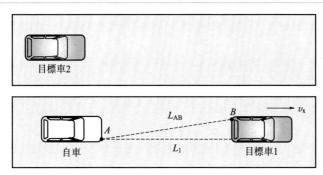

圖 2.14　工況四

2.5　本章小結

　　本章從主動避撞系統的設計目標及其總體功能出發，詳細闡述了主動避撞系統的體系結構及其相應的功能要求。而後，提出了主動避撞系統的總體方案，並以此結構方案為基礎，從功能實現上對縱向主動避撞系統和側向主動避撞系統的方案分別做出了簡要分析與描述，對制動/轉向避撞方式邏輯切換策略做出了規劃，為後續研究工作指明了方向。本章對制動/轉向避撞方式邏輯切換策略做出了規劃，為電動汽車縱向和側向主動避撞系統準確及時投入運行提供了理論依據。

參考文獻

［1］　吳永存. 汽車主動防撞毫米波雷達訊號處理技術研究［D］. 綿陽：西南科技大學，2016.

［2］　丁海鳳. 汽車主動防撞預警系統雷達訊號處理研究［D］. 長春：吉林大學，2013.

［3］　侯德藻. 汽車縱向主動避撞系統的研究［D］. 北京：清華大學，2004.

［4］　意法半導體推出世界首款 3 軸汽車陀螺儀

[J]. 集成電路應用，2012（05）：13.

[5] 姜山．汽車輪胎力傳感器結構優化方法研究[D]. 合肥：安徽農業大學，2014.

[6] 李剛，宗長富．四輪獨立驅動輪轂電機電動汽車研究綜述[J]. 遼寧工業大學學報（自然科學版），2014, 34（01）：47-52.

[7] 張輝．永磁同步電機變頻驅動魯棒控制策略研究[D]. 徐州：中國礦業大學，2011.

[8] 宋曉琳，馮廣剛，楊濟匡．汽車主動避撞系統的發展現狀及趨勢[J]. 汽車工程，2008（04）：285-290.

[9] 王躍建，侯德藻，李克強，等．基於 ITS 的汽車主動避撞性關鍵技術研究（一）[J]. 汽車技術，2003（03）：3-8.

[10] 王躍建，侯德藻，李克強，等．基於 ITS 的汽車主動避撞性關鍵技術研究（二）[J]. 汽車技術，2003（04）：10-13.

[11] 馬雷，劉晶，於福瑩，等．四輪獨立驅動電動汽車驅動力最優控制方法[J]. 汽車工程，2010, 32（12）：1057-1062.

[12] 鄒廣才，羅禹貢，李克強．四輪獨立電驅動車輛全輪縱向力優化分配方法[J]. 清華大學學報（自然科學版），2009, 49（05）：719-722, 727.

[13] 羅莉華．車輛自適應巡航系統的控制策略研究[M]. 上海：上海交通大學出版社，2013.

[14] Wyczalek F A. Hybrid electric vehicles: year 2000 status [J]. IEEE Aerospace and Electronic Systems Magazine, 2001, 3（16）：15-25.

[15] 付主木，費樹岷，高愛雲．切換系統的 H_∞ 控制[M]. 北京：科學出版社，2009.

[16] 范國偉．離散時間切換系統控制方法研究[D]. 哈爾濱：哈爾濱工業大學，2012.

[17] 胡壽松，王執銓，胡維禮．最優控制理論與系統[M]. 北京：科學出版社，2005.

[18] 龍英文．變結構控制理論問題及在有源電網調節器中的應用研究[D]. 杭州：浙江大學，2003.

[19] 段棟棟．高精度 MEMS 陀螺儀的濾波算法研究[D]. 成都：電子科技大學，2014.

[20] EL-SHEIMY N, HOU N, NIU X J. Analysis and Modeling of Inertial Sensors Using Allan Variance[J]. IEEE Transactions on Instrumentation and Measurement, 2008, 57（1）：140-149.

第3章

汽車系統動力學建模

汽車系統動力學建模方法是建立在牛頓力學理論和分析力學理論基礎上的。利用牛頓力學理論建立汽車系統動力學方程是根據研究問題的特點，對系統進行物理簡化，將系統表示為由剛體和集中質量組成的、透過彈簧或阻尼器連接的系統，然後將系統離散為多個隔離體，用質點和剛體平面運動的動力學方程表徵。牛頓力學理論在解決簡單剛體系統動力學問題方面具有明顯優勢，但對於求解複雜的約束系統和變形體動力學問題效率比較低。分析力學理論為解決此問題提供了有效方法。分析力學理論主要包括動力學普通方程、第一類拉格朗日方程和第二類拉格朗日方程等方法。

整車系統動力學方程主要採用牛頓理論進行建模。本章主要介紹車輛縱向和側向平面運動的動力學描述。車輛建模主要有如下假設：

① 不考慮車身俯仰和側傾運動，汽車無垂直方向運動；
② 忽略非簧載質量和簧載質量的運動差異；
③ 懸架、輪胎始終垂直地面；
④ 前軸的左右車輪的轉角相同。

3.1 車輛縱向運動的一般描述

在整車座標系下，汽車沿 x 軸運動的動力學問題被稱為縱向動力學問題，主要研究汽車加速和減速兩種運動狀態時的動力學特性。車輛在斜坡上運動時，受車輛外部縱向力的影響，包括輪胎縱向力、輪胎滾動阻力、空氣阻力和重力，其受力圖如圖 3.1 所示。

根據牛頓第二運動定律，車輛的加速度可描述為：

$$ma_x = F_{xf} + F_{xr} - R_{xf} - R_{xr} - F_{aero} - mg\sin\theta \tag{3.1}$$

3.1.1 空氣阻力

汽車直線行駛時，受到的空氣作用力在行駛方向上的分力稱為空氣阻力。它主要來自兩個分力的作用：形狀阻力和外殼摩擦力。

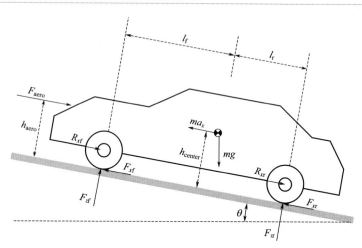

圖 3.1　坡路行駛車輛縱向受力圖

m—車輛總質量；a_x—車輛縱向加速度；F_{xf}—前輪輪胎縱向力；F_{xr}—後輪輪胎縱向力；
R_{xf}—前輪滾動阻力；R_{xr}—後輪滾動阻力；F_{aero}—縱向空氣阻力；g—重力加速度；
θ—車輛行駛路面坡度，如果車輛縱向行駛方向 x 指向左邊，則定義 θ 順時針為正；
如果車輛縱向行駛方向 x 指向右邊，則定義 θ 逆時針為正；l_f—車輛質心到前橋
的距離；l_r—車輛質心到後橋的距離；且 $L = l_f + l_r$；h_{center}—車輛質心高度；
h_{aero}—空氣阻力等效作用位置的高度；F_{zf}—前輪垂直載荷；F_{zr}—後輪垂直載荷

① 形狀阻力：車輛向前運動推壓了在其前方的空氣，然而空氣不可能瞬間遷移出該通路，於是其壓強增大，導致高大氣壓力。此外，車輛後方的空氣也不可能瞬間補充因車輛向前運動所留下的空間，這就形成了一個低大氣壓力的區域。因此，車輛運動產生了兩個對抗車輛運動的壓力區，即在前方的推力（前方的高氣壓）和在後方的牽引力（後方的低氣壓），兩者在車輛上的合力即為形狀阻力。

② 外殼摩擦力：當遠離車輛的空氣保持靜止時，則靠近車輛外殼的空氣近乎以車速運動，兩者之間的空氣分子在寬速度範圍下產生相對運動。兩個空氣分子之間的速度差異便產生了摩擦力，即外殼摩擦力。

空氣阻力是車速、車輛迎風面積、車身形狀和空氣密度的函數。空氣阻力可表示為：

$$F_{aero} = \frac{1}{2}\rho C_d A_f (v_x + v_{wind}^x)^2 \tag{3.2}$$

式中　ρ——空氣密度，一般採用的空氣測試標準條件是：15℃，
　　　　101.32kPa 壓力，相應的空氣密度可採用 1.2258kg/m³；

C_d——表示車身形狀特徵的空氣阻力係數；

v_x——車輛縱向速度；

v_{wind}^x——縱向風風速，車輛頭部迎風為正，尾部迎風為負；

A_f——迎風面積，質量在 800～2000kg 之間的載客汽車。

車輛迎風面積可表示為：

$$A_f = 1.6 + 0.00056(m-765) \tag{3.3}$$

對於幾種典型的車身形狀，其空氣阻力係數如表 3.1 所示。

表 3.1　典型車身形狀與空氣阻力係數對照表

車身形狀	空氣阻力係數
敞開式	0.5～0.7
篷車	0.5～0.7
浮橋式車身	0.4～0.55
楔形車身；前燈和保險槓集成在車身內，車身底部覆蓋，優化冷全氣流	0.3～0.4
前燈和所有車輪在車身內，車身底部覆蓋	0.2～0.25
K 型(小阻斷面)	0.23
優化的流線形設計	0.15～0.2
貨車、大型載貨汽車	0.8～1.5
公共汽車	0.6～0.7
流線形公共汽車	0.3～0.4
摩托車	0.6～0.7

3.1.2　滾動阻力

輪胎滾動時，輪胎與地面在接觸印跡區域產生形變。輪胎內部存在阻尼作用，輪胎接觸部分的材料恢復形變時，電動機傳輸到輪胎上的能量一部分被消耗掉，這部分被消耗的能量表現為阻礙車輛前進的滾動阻力。滾動阻力主要與輪胎的垂直載荷有關，並且近似為線性關係：

$$R_{xf} + R_{xr} = f_R(F_{zf} + F_{zr}) \tag{3.4}$$

式中　f_R——滾動阻力係數，與輪胎的構造、材料、氣壓以及行駛車速和路面的情況有關。

表 3.2 給出了汽車低速行駛在不同路面類型上的滾動阻力係數值。

表 3.2　汽車低速行駛在不同路面類型上的滾動阻力係數值

路面類型		滾動阻力係數
良好的瀝青或混凝土路面		0.010～0.018
一般的瀝青或混凝土路面		0.018～0.020
碎石路面		0.020～0.025
良好的卵石路面		0.025～0.030
坑窪的卵石路面		0.035～0.050
壓緊的土路	乾燥的	0.025～0.035
	雨後的	0.050～0.150
泥濘土路(雨季或解凍期)		0.100～0.250
干沙		0.100～0.300
濕沙		0.060～0.150
結冰路面		0.015～0.030
壓緊的雪道		0.030～0.050

研究中使用適合一般充氣壓力範圍的滾動阻力係數計算式為：

$$f_R = 0.01\left(1 + \frac{v_x}{160}\right) \tag{3.5}$$

輪胎垂直載荷受車輛重心、縱向加速度、空氣阻力和路面坡度的影響。假設車輛的傾斜角度已經到達一個穩定的數值，則可分別計算出作用於前後輪接地中心的轉矩，由轉矩平衡得到前後輪的垂直載荷：

$$\begin{cases} F_{zf} = \dfrac{1}{L}\left(ma_x h_{center} - F_{aero}h_{aero} - mgh_{center}\sin\theta + mgl_r\cos\theta\right) \\ F_{zr} = \dfrac{1}{L}\left(-ma_x h_{center} + F_{aero}h_{aero} + mgh_{center}\sin\theta + mgl_f\cos\theta\right) \end{cases} \tag{3.6}$$

3.2　車輛側向運動的一般描述

本書使用固定於車輛的座標系來描述車輛運動。考慮車輛只作平行於地面的平面運動，忽略懸架的作用，並假設車輛縱向行駛的速度恆定不變，車輛只有側向運動和橫擺運動兩個自由度。平面車輛模型如圖 3.2 所示，x 表示車輛的縱向運動方向，y 表示車輛的側向運動方向，其座標系原點位於車輛的質心上，繞垂直軸的橫擺角速率取逆時針為正。

圖中，β 為車身側偏角；γ 為橫擺角速率；F_{fl}^x 為左前輪縱向力；F_{fr}^x 為右前輪縱向力；F_{rl}^x 為左後輪縱向力；F_{rr}^x 為右後輪縱向力；F_{fl}^y 為左

前輪側向力；F_fr^y 為右前輪側向力；F_rl^y 為左後輪側向力；F_rr^y 為右後輪側向力；δ_f 為前輪轉向角；I_z 為車輛橫擺轉動慣量；M_z 為橫擺力矩。

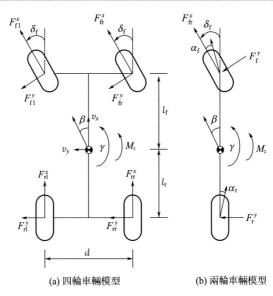

(a) 四輪車輛模型　　　　(b) 兩輪車輛模型

圖 3.2　平面車輛模型

如圖 3.2(a) 所示為四輪車輛模型。四輪車輛的側向動力學方程為：

$$mv_x(\dot{\beta}+\gamma)=(F_\text{fl}^x+F_\text{fr}^x)\sin\delta_\text{f}+(F_\text{fl}^y+F_\text{fr}^y)\cos\delta_\text{f}+F_\text{rl}^y+F_\text{rr}^y \quad (3.7)$$

$$I_z\dot{\gamma}=l_\text{f}\left[(F_\text{fl}^x+F_\text{fr}^x)\sin\delta_\text{f}+(F_\text{fl}^y+F_\text{fr}^y)\cos\delta_\text{f}\right]-l_\text{r}(F_\text{rl}^y+F_\text{rr}^y)+M_z \quad (3.8)$$

橫擺力矩由下式計算得到：

$$M_z=\frac{d}{2}(F_\text{rr}^x-F_\text{rl}^x)+\frac{d}{2}(F_\text{fr}^x-F_\text{fl}^x)\cos\delta_\text{f} \quad (3.9)$$

式中　d——輪距，本書假設前後輪距相等。

為了設計簡化，假設前後輪的行駛條件相同，且左右輪的行駛條件相同，則四輪車輛模型可化簡為兩輪車輛模型，對應的兩輪車輛的側向動力學方程為：

$$mv_x(\dot{\beta}+\gamma)=F_\text{f}^y\cos\delta_\text{f}+F_\text{r}^y \quad (3.10)$$

$$I_z\dot{\gamma}=l_\text{f}F_\text{f}^y\cos\delta_\text{f}-l_\text{r}F_\text{r}^y+M_z \quad (3.11)$$

當輪胎側偏角較小時，側向輪胎力可以線性近似地表示為：

$$F_\text{f}^y=-2C_\text{f}\left(\beta+\frac{\gamma l_\text{f}}{v_x}-\delta_\text{f}\right) \quad (3.12)$$

$$F_r^y = -2C_r \left(\beta - \frac{\gamma l_r}{v_x} \right) \tag{3.13}$$

式中　C_f——前輪輪胎側偏剛度；

　　　C_r——後輪輪胎側偏剛度。

設車身側偏角和橫擺角速率為車輛模型的狀態變數，並假設對於前輪轉向角在車輛高速行駛時相對較小，結合小角近似，將式(3.12) 和式(3.13) 代入式(3.10) 和式(3.11) 中，得到線性二自由度車輛模型，如圖 3.2(b) 所示，其狀態空間表達式為：

$$\begin{cases} \dot{x} = Ax + Bu \\ y = Cx \end{cases} \tag{3.14}$$

式中，$x = \begin{bmatrix} \beta & \gamma \end{bmatrix}^T$；$u = \begin{bmatrix} \delta_f & M_z \end{bmatrix}^T$；$y = \gamma$；

$$A = \begin{bmatrix} a_{11} & a_{12} \\ a_{21} & a_{22} \end{bmatrix} = \begin{bmatrix} \dfrac{-2(C_f + C_r)}{mv_x} & \dfrac{-2(l_f C_f - l_r C_r)}{mv_x^2} - 1 \\ \dfrac{-2(l_f C_f - l_r C_r)}{I_z} & \dfrac{-2(l_f^2 C_f + l_r^2 C_r)}{I_z v_x} \end{bmatrix};$$

$$B = \begin{bmatrix} b_{11} & b_{12} \\ b_{21} & b_{22} \end{bmatrix} = \begin{bmatrix} \dfrac{2C_f}{mv_x} & 0 \\ \dfrac{2l_f C_f}{I_z} & \dfrac{1}{I_z} \end{bmatrix};\ C = \begin{bmatrix} 0 & 1 \end{bmatrix}_o$$

由式(3.14) 可知，系統矩陣 A 中含有前後輪輪胎側偏剛度，側偏剛度能夠反映車輛側向運動中的路面條件，因此，輪胎側偏剛度資訊的獲取對車輛的操縱穩定性有著極其重要的意義。此外，車輛模型中狀態變數為車身側偏角和橫擺角速率，在側向運動中可以控制車身側偏角和橫擺角速率來調整車輛姿態，對提高車輛的操縱穩定性和安全性也非常重要。在以上的三個參數中，橫擺角速率可以由陀螺儀直接測量，而輪胎側偏剛度與車身側偏角資訊則由於安裝環境、經濟成本等原因需要採用間接方法獲取。輪胎側偏剛度和車身側偏角的估計方法將在後續章節具體研究。

3.3　輪胎縱向力

(1) LuGre 輪胎動力學模型

輪胎與路面摩擦係數 μ 定義為輪胎縱向力與垂直載荷的比值，摩擦係數的大小取決於多種因數，包括輪胎的型號、路面條件、垂直載荷和輪胎滑移率 λ，$\lambda = \dfrac{\omega r - v_x}{\max(\omega r,\ v_x)}$，圖 3.3 為 μ-λ 典型曲線。

　　LuGre 輪胎動力學模型基於輪胎與路面之間的作用機理，即透過輪胎的徑向彈性纖維在車輪受到力矩作用時產生滑移。這樣每一個纖維元素就會產生一個縱向摩擦力組成因子，稱為 LuGre 內在摩擦因子 z，是關於滑移量 v_r 的函數。因此這些元素在輪胎印記上的整體貢獻產生了輪胎的摩擦力。LuGre 輪胎動力學模型的微分方程體現了輪胎與路面的摩擦力的變化原理，同時透過摩擦理論實現了輪胎與路面接觸摩

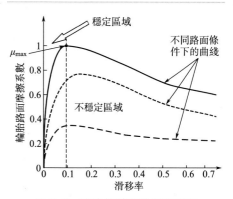

圖 3.3　摩擦係數與輪胎滑移率
關係（μ–λ）曲線

擦動力學的建模，因此能對輪胎與路面之間的摩擦行為進行精確的描述，模型表達式如下：

$$\dot{z} = v_r - \theta \frac{\sigma_0 |v_r|}{g(v_r)} z - \kappa r |\omega| z \qquad (3.15)$$

$$g(v_r) = \mu_c + (\mu_s - \mu_c) e^{-\left|\frac{v_r}{v_s}\right|} \qquad (3.16)$$

$$F_x = \mu F_z = (\sigma_0 z + \sigma_1 \dot{z} + \sigma_2 v_r) \times F_z \qquad (3.17)$$

式中　z——輪胎的內部摩擦狀態變數；

　　　θ——反映不同路面條件的係數（例如對於干濕瀝青路面該係數分別為 1、2，冰雪路面為 $5\sim10$）；

　　　μ_c——動摩擦係數；

　　　μ_s——靜摩擦係數；

　　　v_r——路面與輪胎之間的滑移量，即 $v_r = \omega r - v_x$；

　　　v_s——Stribeck 摩擦效應的速度係數；

　　　σ_0——輪胎縱向剛度係數；

　　　σ_1——縱向摩擦的阻尼係數；

　　　σ_2——黏著係數；

　　　μ——輪胎與路面的摩擦係數。

（2）Magic Formula 模型

　　經典輪胎模型主要包括 Gim 理論模型、Magic Formula 模型、冪指數公式模型、神經網路輪胎模型。其中，Magic Formula 模型默認輪胎在垂直和側向上是線性的。當側向加速度 $\leqslant 0.4g$，側偏角 $\leqslant 5°$ 時，魔術公

式對常規輪胎具有很高的擬合精度。因此,根據輪胎模型的魔術公式可以得到輪胎受到的縱向力、側向力和回正力矩。

輪胎縱向力公式為:

$$\begin{cases} F_X = D\sin\{C\arctan[BX_1 - E(BX_1 - \arctan BX_1)]\} \\ X_1 = s + S_h \\ s = \dfrac{v_x - wR}{v_x} \end{cases} \tag{3.18}$$

式中　s——縱向滑移率;

　　　w——車輪滾動速度。

輪胎側向力公式為:

$$\begin{cases} F_Y = D\sin\{C\arctan[BX_2 - E(BX_2 - \arctan BX_2)]\} \\ X_2 = \delta + S_h \\ \delta = \arctan\left(\dfrac{v_y}{|v_x|}\right) \end{cases} \tag{3.19}$$

式中　δ——輪胎側偏角。

輪胎回正力矩公式為:

$$\begin{cases} M_Z = D\sin\{C\arctan[BX_3 - E(BX_3 - \arctan BX_3)]\} \\ X_1 = \delta + S_h \end{cases} \tag{3.20}$$

式中　D——曲線巔峰因子;

　　　C——曲線形狀因子;

　　　B——剛度因子;

　　　E——曲率因子。

每個公式中的這些參數因子的計算均不同。

從圖3.4(a)可看出:一定範圍內,s越大,縱向力越大,當s處於10%~20%時,縱向力與滑移率近似呈線性關係,此時制動效果最好;從圖3.4(b)中可看出:側偏角增大,則需要增大側向力,當側偏角在10°左右時,側向力大小開始不變;從圖3.4(c)中可看出:一定範圍內,δ與回正力矩成正比,超出這個範圍,側偏角增大,回正力矩反而呈下降趨勢。

(3) 輪胎縱向力觀測器

對於四輪獨立驅動輪轂電機電動汽車來說,輪胎縱向力包括牽引力和制動力。輪胎制動力又分為再生制動力和摩擦制動力。牽引力和再生制動力是由輪轂電機提供的,摩擦制動力是由液壓系統提供的。

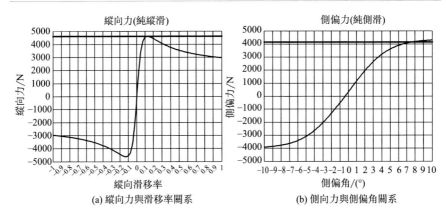

(a) 縱向力與滑移率關系   (b) 側向力與側偏角關系

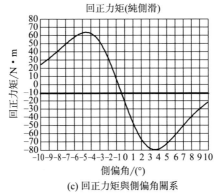

(c) 回正力矩與側偏角關系

圖 3.4 輪胎模型仿真圖

　　輪轂電機提供的輪胎縱向力可以透過經典的輪胎模型獲得，例如魔術公式輪胎模型、Gugoff 輪胎模型等，也可以透過觀測器來獲得，例如 Yoichi Hori 設計的輪胎牽引力觀測器（Driving Force Observer，DFO）。本章在輪胎牽引力觀測器的基礎上設計了適合制動、牽引過程的輪胎縱向力觀測器，其傳遞函數可表示為：

$$\hat{F}_{xi} = \frac{\omega_d}{s + \omega_d} \left(\frac{T_{ei} - T_{bi} - I_\omega \omega_{ri} s}{r} \right) \tag{3.21}$$

式中　ω_{ri}——輪轂電機角速度；

　　　T_{ei}——輪轂電機電磁轉矩；

　　　T_{bi}——摩擦制動轉矩；

　　　I_ω——輪胎轉動慣量；

　　　r——輪胎半徑；

　　　ω_d——低通濾波器的截止頻率。

3.4 車輪動力學模型

車輪模型包括車輪力矩平衡方程和車輪垂直載荷估算模型。

3.4.1 車輪力矩平衡方程

車輪的運動模型如圖 3.5 所示。

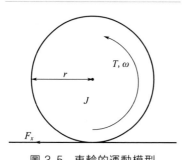

圖 3.5　車輪的運動模型

車輪的運動是由車輪力矩平衡方程確定的。

左前輪力矩平衡方程為：
$$J_1\dot{\omega}_{fl} = T_{fl} - F_{xfl}r \qquad (3.22)$$

右前輪力矩平衡方程為：
$$J_1\dot{\omega}_{fr} = T_{fr} - F_{xfr}r \qquad (3.23)$$

左後輪力矩平衡方程為：
$$J_2\dot{\omega}_{rl} = T_{rl} - F_{xrl}r \qquad (3.24)$$

右後輪力矩平衡方程為：
$$J_2\dot{\omega}_{rr} = T_{rr} - F_{xrr}r \qquad (3.25)$$

式(3.22)～式(3.25) 中，J_1 為車輛前輪轉動慣量，單位 $kg \cdot m^2$；J_2 為車輛後輪轉動慣量，單位 $kg \cdot m^2$；$T_{ij}(i=f,r；j=l,r)$ 為電機驅動轉矩，單位 $N \cdot m$；r 為車輪滾動半徑，單位為 m。

3.4.2 車輪垂直載荷動力學模型

根據動力學模型與剛體力學，不考慮車輛的懸架系統，將車輛看成一個剛體，四個車輪在行駛中的載荷估算如下。

$$F_{zfl} = \frac{1}{2}mg\,\frac{l_r}{l_f+l_r} - \frac{1}{2}h\,\frac{ma_x}{l_f+l_r} - ma_y\,\frac{l_r h}{(l_f+l_r)d_f} \qquad (3.26)$$

$$F_{zfr} = \frac{1}{2}mg\,\frac{l_r}{l_f+l_r} - \frac{1}{2}h\,\frac{ma_x}{l_f+l_r} + ma_y\,\frac{l_r h}{(l_f+l_r)d_f} \qquad (3.27)$$

$$F_{zrl} = \frac{1}{2}mg\,\frac{l_f}{l_f+l_r} + \frac{1}{2}h\,\frac{ma_x}{l_f+l_r} - ma_y\,\frac{l_f h}{(l_f+l_r)d_r} \qquad (3.28)$$

$$F_{zrr} = \frac{1}{2}mg\,\frac{l_f}{l_f+l_r} + \frac{1}{2}h\,\frac{ma_x}{l_f+l_r} + ma_y\,\frac{l_f h}{(l_f+l_r)d_r} \qquad (3.29)$$

式中　F_{zfl}——左前輪垂直載荷；

F_{zfr}——右前輪垂直載荷；

F_{zrl}——左後輪垂直載荷；

F_{zrr}——右後輪垂直載荷；

a_y——車輛側向加速度；

d_f——前軸輪距；

d_r——後軸輪距。

3.5 本章小結

本章主要介紹了車輛縱向和側向動力學系統模型，為電動汽車主動避撞系統關鍵技術的研究提供理論基礎。

參考文獻

［1］ ABE M, MANNING W. Vehicle Handling Dynamics Theory and Application [M]. Amsterdam: Elsevier Ltd, 2009.

［2］ RAJAMANI R. Vehicle Dynamics and Control [M]. New York: Springer, 2005.

［3］ 余志生. 汽車理論 [M]. 第 5 版. 北京: 機械工業出版社, 2011.

［4］ 喻凡. 汽車系統動力學 [M]. 第 2 版. 北京: 機械工業出版社, 2017.

［5］ NAM K, FUJIMOTO H, HORI Y. Lateral Stability Control of In-wheel-motor-driven Electric Vehicle Based on Sideslip Angle Estimation Using Lateral Tire Force Sensors [J]. IEEE Transactions on Vehicular Technology. 2012, 5 (61): 1972-1985.

［6］ JAZAR R N. Vehicle Dynamics: Theory and Applications [M]. New York: Springer, 2008.

［7］ MITSCHKE M, WALLENTOWITZ H. 汽車動力學. 第 4 版 [M]. 陳蔭三, 餘強譯. 北京: 清華大學出版社, 2009.

［8］ EHSANI M, GAO Y M, EMADI A. 現代電動汽車、混合動力電動汽車和燃料電池車——基本原理、理論和設計（原書第 2 版）[M]. 倪光正, 倪培宏, 熊素銘譯. 北京: 機械工業出版社, 2013.

［9］ Zhao Y, Tian Y T, Lian Y F, et al. A sliding mode observer of road condition estimation for four-wheel-independent-drive electric vehicles [C]. Intelligent Control and Automation, 2014 11th World Congress on. IEEE, 2014: 4390-4395.

［10］ 陳無畏, 王其東, 肖寒松, 等. 汽車系統動力學與集成控制 [M]. 北京: 科學出版社, 2014.

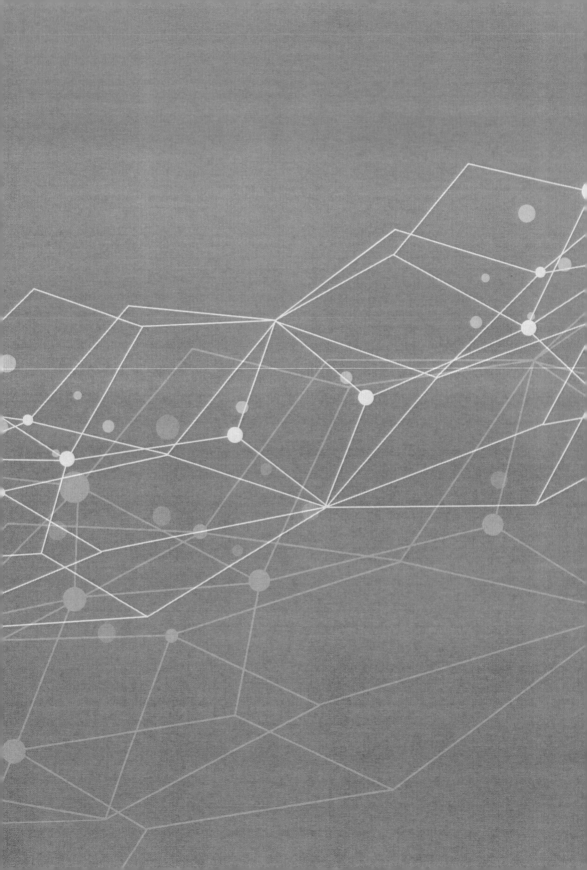

第2篇

電動汽車縱向主動
避撞系統關鍵技術

第4章

考慮駕駛員特性和路面狀態的縱向安全距離模型

近年來，車輛主動避撞系統受到中國國內及國外的廣泛關注，研究重點一部分集中在安全距離模型的設計與應用上。典型的安全距離模型有 MAZDA 模型、HONDA 模型、柏克萊模型、Jaguar 模型和 NHSTA 模型。現有的安全距離模型仍然有很大的改進空間，即駕駛員的駕駛特性考慮不夠，從而導致主動避撞系統不符合駕駛員的駕駛習慣，主動避撞系統的接受度比較低。除此以外，路面條件和車輛制動特性對主動避撞系統性能的限制也不容忽視。本章從考慮駕駛員特性和路面條件兩個因素出發，結合車輛制動特性，分別設計了考慮駕駛員的縱向制動安全距離模型和基於附著係數和駕駛意圖參數的安全距離模型。其中，基於附著係數和駕駛意圖參數的安全距離模型是關於輪胎與路面附著係數和反映駕駛員特性的參數的一個線性函數，能夠同時反映駕駛員特性和路面條件，可以提高車輛主動避撞系統的接受度和對不同路面條件的適應能力。

4.1 考慮駕駛員的縱向制動安全距離建模

4.1.1 縱向制動安全距離建模

人-車系統，作為一個整體，駕駛員行為特性不可避免會對模型產生一定影響，現有的模型算法在駕駛員特性方面仍存在很大改進空間。改進模型算法可以使其更好地符合駕駛員的行為特性，提高系統報警的精確性。在車間時距安全距離模型基礎上，本書提出了考慮駕駛員特性和路面附著係數的安全報警算法以進行車輛縱向安全距離研究。安全距離的建模基於如下假設：

① 自車和前車具有相同的制動性能，且忽略反應時間內制動力的變化；

② 從駕駛員反應到開始制動時間內，忽略自車車速的變化。

縱向制動安全距離模型參數說明如表 4.1 所示。

表 4.1　縱向制動安全距離模型參數說明

符號	符號說明
T_r	駕駛員反應時間(s)
T_s	制動系統延遲時間(s)
v_1,v_2,v_{rel}	自車速度、前車速度、兩車相對速度(m/s)
φ	路面的附著係數
a_1,a_2,a_{max}	自車加速度、前車加速度、最大加速度(m/s^2)
D_w	報警安全距離(m)
D_{br}	極限安全距離(m)
d_0	自車與前車保持的最小間距(m)

假設兩車初始相距 D，自車經時間 t 與前車相對靜止，此時自車走過的距離為 D_1，前車走過的距離為 D_2，兩車相對位移（D_1-D_2），最小保持車距為 d_0，如圖 4.1 所示。

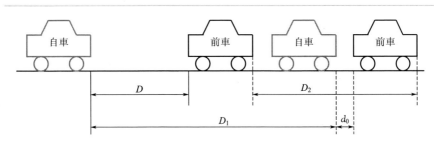

圖 4.1　車輛縱向安全距離模型

從自車發現前車到兩車進入安全狀態，整個縱向制動過程可分為兩大階段：一是反應時間內兩車的相對距離變化；二是自車以減速度 a_1 開始勻減速制動到解除與前車的碰撞危險時間段內兩車相對距離變化。故縱向安全距離表達式為：

$$\begin{cases} D_{br}=D_1-D_2+d_0 \\ D_w=v_{rel}(T_r+T_s)+D_{br}+d_0 \end{cases} \quad (4.1)$$

式中　D_{br}——極限距離，是兩車從制動到進入安全狀態（$v_{rel}=0$）時間段內相對位移最小值與車輛相對靜止時最小保持間距之和；

　　　D_w——反應時間內兩車相對位移與極限制動距離之和。

定義最小車間保持間距為：

$$d_0 = \frac{3v_1/k}{(\varphi+b)} \tag{4.2}$$

分別取 $v_1=30\text{m/s}$，$\varphi=0.7$，$d_0=4\text{m}$ 和 $v_1=25\text{m/s}$，$\varphi=0.3$，$d_0=5.5\text{m}$ 兩組數據，得到 $k=22.5$，$b=0.3$。

《中華人民共和國道路交通安全法實施條例》中對汽車行駛間距有明文規定：「同向行駛車輛前後間距的數值不小於當時的車速的數值，汽車時速每提高 10km/h，則跟車距離就增加 10m」。兩車行車間距要不小於被控車在 3s 內行駛的距離才能避免事故發生。車速越快，最小保持車距越大，車速與安全間距存在正比關係。此外，路面附著係數也是影響安全距離模型準確度的因素之一。當路面乾燥平坦時，附著係數大，車輛制動效果好，兩車最小保持車距小；當路面濕滑時，車輛容易打滑，制動效果較差，兩車最小保持車距需增大，故路面附著係數 φ 與車輛最小保持車距 d_0 成反比關係，如圖 4.2 所示。

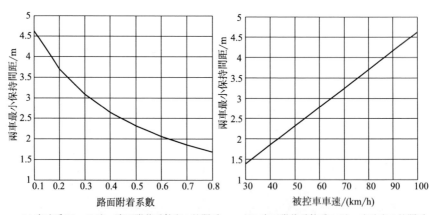

(a) 車速爲50km/h時，路面附著系數與d_0的關系　　(b) 路面附著系數爲0.5時，車速與d_0的關系

圖 4.2　影響最小保持間距的因素

被控車車速、路面附著係數與車間保持最小安全距離的結合，既體現了路面狀況對行車距離產生的影響效果，也體現了駕駛員可根據不同車速選擇合適的車距保持最小安全距離，能盡可能地做到具體情況具體對待，有利於交通系統的高效暢通運行。

4.1.2　三種典型制動過程安全距離分析

為了詳細分析縱向制動安全距離模型，選擇前車靜止、前車勻速行駛、前車緊急制動三種情況加以分析，如圖 4.3 所示。

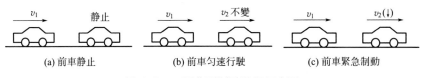

圖 4.3　三種典型制動過程示意圖

(1) 制動過程一: 前車靜止 ($D_2 = 0$)

前車靜止, 後車從報警開始進行制動停車, 最終停在相距前車 d_0 位置。駕駛員透過目測和雷達預測, 可以選擇在足夠遠的距離進行制動, 有充分的時間把握制動點。因此當自車速度低於 50km/h 時, 駕駛員反應時間和系統延遲時間可忽略不計。兩車極限制動距離是自車從 v_1 以 a_{max} 減速至 0 的位移 D_1 與兩車相對靜止時保持的最小間距 d_0, 即

$$\begin{cases} D_w = v_1(T_r + T_s) + \dfrac{v_1^2}{2a_{max}} + d_0 \\ D_{br} = \dfrac{v_1^2}{2a_1} + d_0 \end{cases} \quad (4.3)$$

式中, a_{max} 主要取決於當前實際行駛路況。設路面附著係數為 φ, 則最大減速度為 $a_{max} = g\varphi$。雖然形式上與駕駛員預估模型一致, 但是物理意義不同。

(2) 制動過程二: 前車正常勻速行駛 (v_2 保持不變)

由於雷達實時監控, 當前車速度不小於自車速度 ($v_2 \geq v_1$) 時, 兩車不會發生碰撞; 反之, 當前車速度小於自車速度時, 自車才有可能追上前車, 兩車發生碰撞的潛在危險性會增加。

當前車勻速行駛時, 駕駛員能夠及時調節自車速度, 只需保證兩車間距足夠抵消兩車相對速度變化產生的相對位移。報警距離 D_w 還包括駕駛員在發現前方目標車輛時, 駕駛員自身反應時間與制動系統延遲時間內自車所需的反應距離。故當前車處於正常行駛時, 縱向安全距離模型為:

$$\begin{cases} D_w = v_{rel}(T_r + T_s) + \dfrac{v_{rel}^2}{2a_{max}} + d_0 \\ D_{br} = \dfrac{v_{rel}^2}{2a_1} + d_0 \end{cases} \quad (4.4)$$

(3) 制動過程三: 前車緊急制動

前車緊急制動屬於一種容易發生危險事故的情況。通常此時前車尾燈會出現紅色示警, 並且雷達監測到的兩車間距變化較大。當前車突然

緊急制動，由於駕駛員和系統制動需要反應時間，在反應時間裡駕駛員來不及採取任何動作，自車仍保持勻速運動，反應時間後才開始制動。假設前車以最大減速度 a_{max} 制動，自車以減速度 a_1 進行制動。前車制動停車後，自車繼續減速直到速度為 0 並與前車保持 d_0 車距。極限制動距離 D_{br} 為兩車從開始制動到都停止時間段內相對位移與兩車需保持車距 d_0 之和，報警安全距離需考慮駕駛員和系統反應時間。

$$\begin{cases} D_w = v_1(T_r + T_s) + \dfrac{1}{2}\left(\dfrac{v_1^2}{a_1} - \dfrac{v_2^2}{a_{max}}\right) + d_0 \\[2mm] D_{br} = \dfrac{1}{2}\left(\dfrac{v_1^2}{a_1} - \dfrac{v_2^2}{a_{max}}\right) + d_0 \end{cases} \tag{4.5}$$

從這三種制動情況來看，無論何種運動狀態，選取合適的制動距離是保證自車縱向無碰撞的前提條件。縱向制動控制策略是：根據危險度不同，選擇合適的減速度 a 減速，用盡可能安全的方式實現兩車縱向相對速度為 0，並保持安全間距。

4.1.3　仿真分析

(1) 不同運動狀態下，車輛制動效果仿真

針對前車靜止、前車勻速正常行駛、前車緊急制動三種情況在 MATLAB 中進行仿真。

在給定相同的行車條件（D_0、φ、a_{max}）下，三種不同的運動狀態下車輛制動的相關仿真參數值如表 4.2 所示。

表 4.2　第一組仿真參數

前車狀態	D_0/m	φ	a_{max}/(m/s^2)	v_1/(km/h)	v_2/(km/h)
靜止	50	0.5	4.9	50	0
勻速行駛	10	0.5	4.9	50	35
緊急制動	45	0.6	5.88	35	24

在前車靜止情況下，兩車的縱向安全距離模型仿真曲線如圖 4.4 所示。

在保守模式下，$t=0$ 時，兩車間距（$D_0 = 50\text{m}$）大於當前行駛狀況的報警安全距離，自車保持原來的運動狀態；$t = 1\text{s}$ 時，自車進入報警距離（$D_w = 36\text{m}$）範圍，避撞系統提醒駕駛員開始做出制動反應，駕駛員做出反應，並以減速度 $a_1 = -3.43\text{m/s}^2$ 進行勻減速制動；$t = 10\text{s}$ 時，自車速度接近 0，此時車輛停在距離前車 2.05m 的位置。從 TTC^{-1} 和 DDC 曲線看，整個制動過程中，在 $t = 1.05\text{s}$ 時刻，兩車相距 35.62m 時，DDC 達到最大值 0.547；在 $t = 4.98\text{s}$ 時刻，兩車相距 8.538m，自

車速度為 $v_1 = 4.312\text{m/s}$，TTC^{-1} 達到最大值 0.508。整個制動過程耗時近 10s，車輛制動速度比較穩定，屬於安全制動情況。

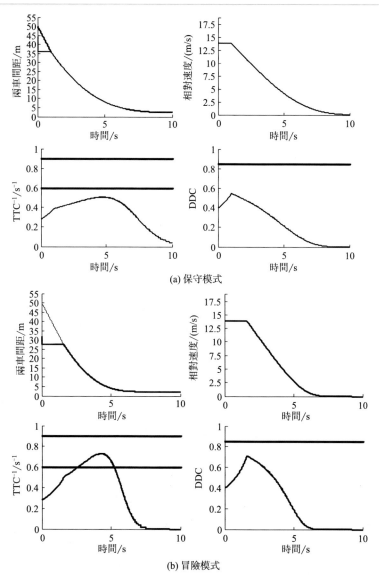

(a) 保守模式

(b) 冒險模式

圖 4.4　前車靜止時不同模式下兩車安全模型仿真曲線（電子版）

在冒險模式下，$t=0$ 時兩車相距 50m，自車保持原來的速度勻速行駛；$t=1.57\text{s}$ 時，車輛進入報警距離（$D_\text{w}=27.55\text{m}$）範圍，駕駛員迅速以減速度 $a_1 = -4\text{m/s}^2$ 進行勻減速制動；$t=7\text{s}$ 時，自車速度趨於 0，最終停在距

離前車 2.31m 的位置。從 TTC^{-1} 和 DDC 曲線看，在 $t=1.62s$ 時，兩車相距 27.5m，DDC 達到最大值 0.7122；在 $t=4.45s$ 時，兩車相距 6.06m，此時自車速度為 4.41m/s，TTC^{-1} 達到最大值 0.7323。整個制動過程耗時近 7s，車速波動較大，但仍然屬於相對安全制動情況。

當前車正常勻速行駛時，兩車縱向安全距離模型仿真曲線如圖 4.5 所示。

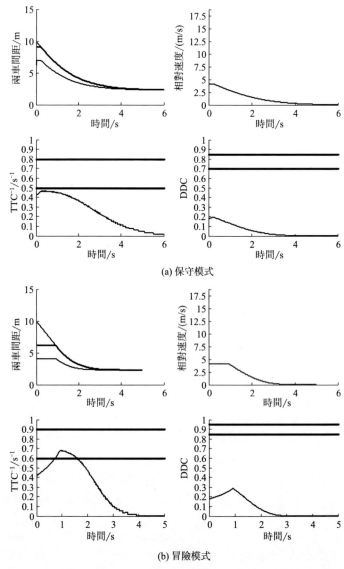

(a) 保守模式

(b) 冒險模式

圖 4.5　前車正常行駛時不同模式下兩車安全模型仿真曲線（電子版）

圖 4.5(a) 反映在保守模式下，$t=0.24$s 時，自車開始以 $a_1=-3.4$m/s^2 勻減速制動；$t=6$s 時，自車速度與前車保持一致（$v_{rel}=0$），兩車保持 2.31m 間距勻速行駛；$t=0.24$s 時，TTC^{-1} 達到最大值 0.463，DDC 同樣也達到最大值 0.1968。整個制動過程耗時近 6s，車速變化緩慢，總體屬於安全制動情況。

圖 4.5(b) 反映在冒險模式下，$t=0.93$s 時，自車開始以 $a_1=-4$m/s^2 勻減速制動；$t=0.93$s 時，自車速度與前車保持一致（$v_{rel}=0$）；$t=0.93$s 時，TTC^{-1} 達到最大值 0.6803，DDC 同樣也達到最大值 0.2892。整個制動過程耗時近 4s，雖然車速變化較快，但屬於安全制動情況。

當前車緊急制動時，兩車縱向安全距離模型如圖 4.6 所示。

圖 4.6(a) 反映在保守模式下，$t=2.4$s 時，自車開始以 $a_1=-3$m/s^2 勻減速制動；$t=6.5$s 時，自車與前車均停止，兩車間距為 1.5m；$t=4.2$s 時，TTC^{-1} 達到最大值 0.8091；$t=2.4$s 時，DDC 達到最大值 0.5947。整個制動過程耗時近 6.5s，總體看來屬於相對安全制動情況。

圖 4.6(b) 反映在冒險模式下，$t=3.82$s 時，自車開始以 $a_1=5.88$m/s^2 勻減速制動；$t=5.2$s 時，兩車停止；$t=3.6$s 時，TTC^{-1} 達到最大值 1；$t=3.08$s 時，DDC 同樣也達到最大值 0.8472。整個制動過程耗時近 5.2s，車速變化過快，整個制動過程比較危險，屬於不安全制動情況。

從圖 4.4～圖 4.6 仿真結果得出：兩組模式通常都能達到避撞效果，但行駛速度的穩定性不同，這個主要取決於不同駕駛員的駕駛特性。經驗足、精力好的駕駛員反應快，可選擇冒險模式；新手、疲勞駕駛員反應相對遲緩，可選用保守模式。相同初始條件下，前車勻速行駛制動的危險性最小，前車靜止時次之，前車緊急制動是危險性最高的制動過程。冒險模式的危險度高於保守模式的危險度，但用時相對較少。仿真結果證明，縱向制動安全距離模型是正確並行之有效的。

（2）緊急制動情況下，不同的路面狀況對車輛制動效果的影響（以冒險模式為例）

此次實驗的初始條件如表 4.3 所示。當路面附著係數改變時，縱向安全距離模型如圖 4.7 所示。從車輛的制動過程可得，當路面附著係數 φ 越大，即路面情況越是良好，制動時兩車相對速度減小得越快，完成避撞時間越短，達到安全狀態時兩車保持的安全間距越短。

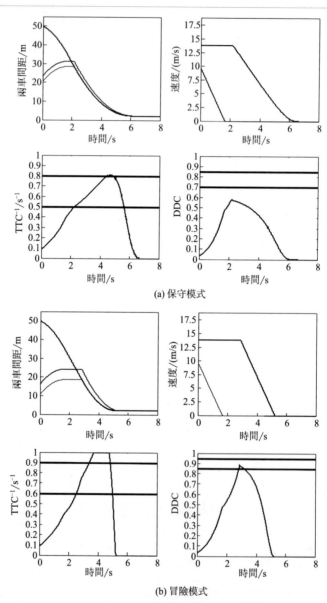

(a) 保守模式

(b) 冒險模式

圖 4.6　前車緊急制動時不同模式下兩車安全模型仿真曲線（電子版）

表 4.3　第二組實驗初始條件

前車狀態	D_0/m	φ	$a_{max}/(m/s^2)$	$v_1/(km/h)$	$v_2/(km/h)$
緊急制動	60	0.3	2.94	72	54
	60	0.6	5.88	72	54

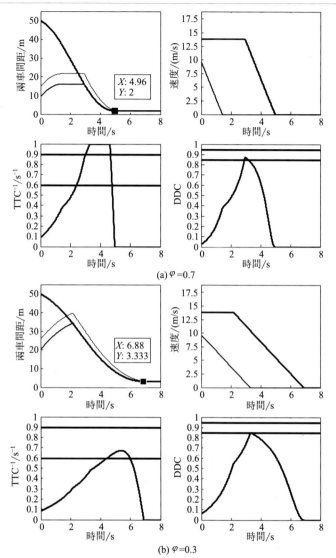

圖 4.7 路面狀況不同對縱向安全距離模型的影響（電子版）

4.2 基於附著係數和駕駛意圖參數的安全距離模型

4.2.1 縱向安全距離模型

安全距離模型作為車輛主動避撞系統的重要組成部分，決定了車輛

的安全性和道路的利用率，為駕駛員提供必要的報警資訊，為主動避撞系統提供執行制動的啓動訊號。安全距離過大會影響道路的交通流量，過小會引發交通事故，因此，安全距離模型設計的好壞在於它能否適應複雜多變的交通環境，並有效地平衡行駛過程的安全性、跟車性以及道路的利用率等。

在制動過程中，自車與目標車的行駛距離與車間距離的變化趨勢如圖4.8所示。圖中，D 為兩車行駛過程中的間距；D_1 為自車行駛的距離；D_2 為目標車行駛的距離；d_0 為最小保持車距。

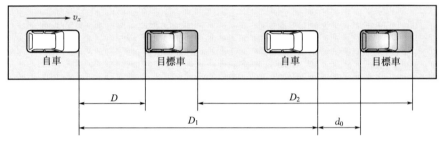

圖 4.8　制動過程車間距變化趨勢圖

當車間距離小於等於制動距離時，自車開始制動。自車制動距離可描述為：

$$D_{br}=D_1-D_2+d_0 \tag{4.6}$$

式中，$D_1=\dfrac{v_1^2}{2a_1}$；根據不同制動工況下，D_2 可以描述為：

$$D_2=\begin{cases} v_2\dfrac{v_1-v_2}{a_1}, & a_2=0 \ \text{且} \ v_2>0 \\[2mm] -\dfrac{v_2^2}{2a_2}, & a_2<0 \ \text{且} \ v_2>0 \\[2mm] v_2\dfrac{D}{v_1-v_2}+\dfrac{1}{2}a_2\left(\dfrac{D}{v_1-v_2}\right)^2, & a_2<0 \ \text{且} \ v_1>v_2 \\[2mm] 0, & \text{其他} \end{cases} \tag{4.7}$$

式中　a_1——自車加速度；

　　　a_2——目標車加速度；

　　　v_1——自車速度；

　　　v_2——目標車速度。

當目標車勻速行駛時，則目標車行駛的距離為自車制動所用的時間

與目標車速度的乘積，即 $D_2 = v_2 \dfrac{v_1 - v_2}{a_1}$；當目標車減速行駛時，則目標車行駛的距離為 $D_2 = -\dfrac{v_2^2}{2a_2}$；當目標車減速行駛並且自車速度大於目標車速度時，則目標車行駛的距離為 $D_2 = v_2 \dfrac{D}{v_1 - v_2} + \dfrac{1}{2} a_2 \left(\dfrac{D}{v_1 - v_2} \right)^2$；其他行駛工況，目標車行駛距離定義為零。

　　當路面乾燥平坦時，最小保持車距應小一些，以提高道路交通的利用率；當路面濕滑時，車輛容易打滑，最小保持車距應大一些，以提高車輛的安全性。因此，將反映路面條件的附著係數引入到最小保持車距中，使最小保持車距與附著係數成反比關係。附著係數是附著力與輪胎法向壓力的比值。它可以視為輪胎和路面之間的靜摩擦係數。附著係數越大，可利用的有效附著力就越大，汽車就不易打滑。除此以外，由於不同駕駛員的駕駛習慣和駕駛經驗各不相同，從而導致每個駕駛員所定義的最小保持車距也各不相同。因此，為了使安全距離模型符合駕駛員的駕駛習慣，將反映駕駛員特性的駕駛意圖參數引入到最小保持車距中，使最小保持車距與駕駛意圖參數成正比關係。透過以上分析，所設計的最小保持車距是關於附著係數和駕駛意圖參數的一個線性函數，能夠同時反映路面條件和駕駛員特性，提高縱向主動避撞系統對不同路面的適應能力和駕駛員對縱向主動避撞系統的接受度。

　　最小保持車距定義為自車停車時與目標車之間的距離，其表達式可描述為：

$$d_0 = k \frac{a}{\varphi + b} \tag{4.8}$$

　　式中，k 為反映駕駛員特性的駕駛意圖參數；φ 為反映路面條件的附著係數；a，b 為模型參數。

　　基於式(4.6)，根據 D_1 和 D_2 的大小重新定義自車制動距離：

$$D_{br} = \begin{cases} d_0, & D_1 < D_2 \\ D_1 - D_2 + d_0, & D_1 \geqslant D_2 \end{cases} \tag{4.9}$$

　　當車間距離小於等於報警距離時，縱向主動避撞系統向駕駛員提示報警資訊。自車報警距離可描述為：

$$D_w = \begin{cases} D_{br}, & v_1 \leqslant v_2 \\ D_{br} + (v_1 - v_2)t, & v_1 > v_2 \end{cases} \tag{4.10}$$

　　式中，$t = T_r + T_w$，T_r 為駕駛員反應時間，T_w 為液壓制動系統響

應時間。

　　式(4.9) 和式(4.10) 構成了縱向主動避撞系統的安全距離模型，實時計算制動距離，並為駕駛員提供相關的報警資訊。

4.2.2　仿真分析

(1) 最小保持車距計算

　　最小保持車距一般取值為 $2\sim5m$。假設 $k=1$，即當安全距離模型不考慮駕駛員特性時，最小保持車距 d_0 為 $2\sim5m$。根據前面分析可知，當路面乾燥平坦時，最小保持車距應小一些以提高道路交通的利用率；當路面濕滑時，車輛容易打滑，最小保持車距應大一些以提高車輛的安全性。因此，在上述數據範圍中分別取兩組數據來確定最小保持車距中模型參數 a 和 b 的數值，具體參考數據如表 4.4 所示。由表 4.4 給出的數據可以計算出反映路面條件的最小保持車距，進而可以得到反映駕駛員特性的最小保持車距，其具體公式描述如下：

$$d_0 = k\,\frac{2}{\varphi + 0.3} \tag{4.11}$$

表 4.4　最小保持車距模型計算參考數據

路面附著係數	最小保持車距
$\varphi_1 = 0.2$	$d_0 = 4m$
$\varphi_1 = 0.7$	$d_0 = 2m$

(2) 安全距離模型仿真與評價

　　為了驗證安全距離模型的有效性，使所提出的安全距離模型能夠適應不同路面條件且接近實際行駛工況，實驗中假設目標車車速的變化過程符合 HWFET（High way Fuel Economy Test）工況和 UDDS（Urban Dynamometer Driving Schedule）工況。HWFET 工況是由美國環境保護署（U. S Environmental Protection Agency，EPA）制訂的循環工況，用來測試車輛在高速道路上的各種性能，其循環時間為 765s，行駛路程為 16.51km，最高車速為 96.4km/h，平均車速為 77.58km/h，最大加速度為 $1.43m/s^2$，最大減速度為 $-1.48m/s^2$，停靠 1 次。UDDS 工況是由美國 EPA 制訂的循環工況，用來測試車輛城市道路下的各種性能，其循環時間為 1367s，行駛路程為 11.99km，最高車速為 91.25km/h，平均車速為 31.51km/h，最大加速度為 $1.48m/s^2$，最大減速度為 $-1.48m/s^2$，停靠 17 次。

為了評價安全距離模型的安全性，實驗使用碰撞時間（Time To Collision，TTC）的倒數 TTC^{-1} 作為評價指標。TTC^{-1} 定義為：

$$TTC^{-1} = \frac{v_1 - v_2}{D} \tag{4.12}$$

由 TTC^{-1} 定義可知，當 $TTC^{-1} > 0$ 時，自車速度大於目標車速度，說明自車正在接近目標車；當 $TTC^{-1} < 0$ 時，自車速度小於目標車速度，說明目標車正在遠離自車；當 $TTC^{-1} = 0$ 時，自車速度等於目標車速度，說明自車對目標車進行速度追蹤。

仿真實驗的初始條件為：初始車距 100m，自車速度 $v_1 = 10\text{m/s}$，目標車速度分別為 HWFET 工況和 UDDS 工況。同時考慮路面條件和駕駛員特性，當路面條件較好時，駕駛員應減小 k 值以減小最小保持車距、提高道路的利用率；當路面條件比較差時，駕駛員應增大 k 值以增大最小保持車距、提高車輛的安全性。因此，給出對比實驗以驗證所提出的安全距離模型的有效性和安全性。針對不同路面條件，最小保持車距模型的實驗數據如表 4.5 所示。

表 4.5　最小保持車距模型實驗數據

序號	k	φ
工況一	1	0.7
工況二	10	0.2

仿真結果分別如圖 4.9 和圖 4.10 所示。圖 4.9(a) 和圖 4.10(a) 分別給出了目標車速度的變化趨勢，使實驗環境分別符合高速道路和城市道路的實際工況。工況一和工況二中制動距離分別如圖 4.9(b) 和圖 4.10(b) 所示，工況一路面條件較好，反映駕駛員特性的駕駛意圖參數 $k = 1$，最小保持車距約為 2.5m，制動距離約為 9m；而工況二路面條件較差，反映駕駛員特性的駕駛意圖參數 $k = 10$，最小保持車距約為 40m，制動距離約為 65m。工況一和工況二中報警距離分別如圖 4.9(c) 和圖 4.10(c) 所示。兩組實驗中制動距離和報警距離說明了對於路面條件較好的行駛工況，制動距離和報警距離會小一些，保證車輛安全的前提下有效地提高了道路的利用率。對於路面條件較差的行駛工況，制動距離和報警距離相對會大一些，來提高車輛的安全性。實驗結果證明了所提出的安全距離模型符合實際應用，結構簡單。圖 4.9(d) 和圖 4.10(d) 分別給出了 TTC^{-1} 的變化過程。在兩種工況下，TTC^{-1} 的數值由負值逐漸趨近於零，並且 $-0.1 < TTC^{-1} < 0.05$，由此可以驗證所提出的安全距離模型具有一定的安全性。

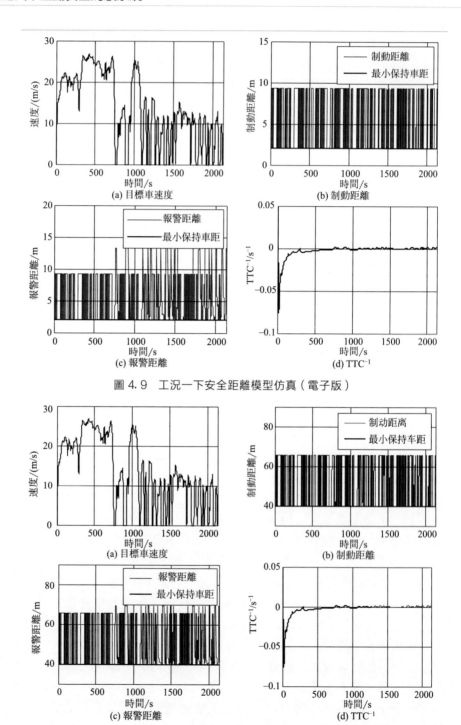

圖 4.9　工況一下安全距離模型仿真（電子版）

圖 4.10　工況二下安全距離模型仿真（電子版）

4.3 本章小結

　　本章從安全距離模型特點出發，主要研究了車輛縱向制動過程，描述了這兩種避撞方式下被控車輛的運動狀態變化。一方面，建立了考慮駕駛員特性的縱向制動安全距離模型，在 TTC^{-1} 指標基礎上，提出了 DDC 輔助指標，提高了安全等級評價方法的可靠性。綜合考慮車輛的安全性和駕駛員的駕駛習慣，本章提出了基於附著係數和駕駛意圖參數的縱向車輛安全距離模型，使其既能夠適應不同的路面條件，又能夠反映駕駛員特性。

參考文獻

[1] 裴曉飛，劉昭度，馬國成，等. 汽車主動避撞系統的安全距離模型和目標檢測算法[J]. 汽車安全與節能學報，2012，3（1）：26-33.

[2] FANCHER P, BAREKET Z, ERVIN R. Human-centered design of an ACC-with-braking and forward-crash-warning system[J]. Vehicle System Dynamics, 2001, 36（2/3）：203-223.

[3] 石慶升. 純電動汽車能量管理關鍵技術問題的研究[D]. 濟南：山東大學，2009.

[4] LUO Q, XUN L H, CAO Z H, et al. Simulation analysis and study on car-following safety distance model based on braking process of leading vehicle. Proceedings of the 8th World Congress on Intelligent Control and Automation, June 21-25, 2011[C]. Taipei, China: IEEE, 2011.

[5] NAKAOKA M, RAKSINCHAROENSAK P, NAGAI M. Study on forward collision warning system adapted to driver characteristics and road environment. International Conference on Control, Automation and Systems, Oct. 14-17, 2008[C]. Seoul, Korea: IEEE, 2008.

[6] GE R H, ZHANG W W, ZHANG W. Research on the driver reaction time of safety distance model on highway based on fuzzy mathematics. International Conference on Optoelectronics and Image Processing, Nov. 11-12, 2010［C］. Haikou, China: IEEE, 2010.

[7] LIAN Y F, WANG X Y, TIAN Y T, et al. Lateral collision avoidance robust control of electric vehicles combining a lane-changing model based on vehicle edge turning trajectory and a vehicle semi-uncertainty dynamic model[J]. International Journal of Automotive Technology, 2018, 19（2）：113-122.

[8] LIAN Y F, ZHAO Y, HU L L, et al. Longi-

tudinal collision avoidance control of electric vehicles based on a new safety distance model and constrained-regenerative-braking-strength-continuity braking force distribution strategy[J]. Transactions on Vehicular Technology, 2016, 65（6）: 4079-4094.

[9]　王慧文. 基於駕駛員反應特性的縱向防碰撞預警系統[D]. 長春: 吉林大學, 2018.

[10]　WU H, LI Y, WU C, et al. A longitudinal minimum safety distance model based on driving intention and fuzzy reasoning. 2017 4th International Conference on Transportation Information and Safety（ICTIS）, Aug. 8-10, 2017[C]. Banff, AB, Canada: IEEE, 2017.

[11]　LI Z, BAI Q. Longitudinal distance control for vehicle following model based on tracking differentiator. 2009 IEEE Interna-tional Conference on Automation and Logistics, Aug. 5-7, 2009[C]. Shenyang, China: IEEE, 2009.

[12]　DUAN S T, ZHAO J. A model based on hierarchical safety distance algorithm for ACC control mode switching strategy. 2017 2nd International Conference on Image, Vision and Computing（ICIVC）, June 2-4, 2017[C]. Chengdu, China: IEEE, 2017.

[13]　FENG G, WANG W, FENG J, et al. Modelling and Simulation for Safe Following Distance Based on Vehicle Braking Process. 2010 IEEE 7th International Conference on E-Business Engineering, Nov. 10-12, 2010[C]. Shanghai, China: IEEE, 2010.

第5章

基於約束的再生制動強度連續性的制動力分配策略

    本章研究重點為制動力分配策略。車輛主動避撞系統控制器無論是採用直接式控制結構還是分層式控制結構，制動力分配策略的研究與開發都是不可或缺的。對於電動汽車的制動力分配策略研究來說，所要解決的問題為摩擦制動力與再生制動力的分配問題。這方面有很多學者提出了很多方法來解決這個問題，例如固定係數分配法、最優能量回收分配法和基於理想制動力分配曲線（I 曲線）的分配方法。固定係數分配法雖然系統結構簡單，但是其能量回收率較低，而且制動切換時波動較大。最優能量回收分配法則是針對固定係數分配法存在能量回收率低的問題，在制動力分配時以能量回收率最大化為目標，但該方法消耗了一部分的制動效能，制動效果也比較差。基於理想制動力分配曲線（I 曲線）的分配方法的地面附著條件利用率高，制動穩定性好，能量回收率較高，但其結構複雜，實時決策控制時需要精確獲得前後軸的垂直載荷方可進行。為了使前後輪制動力分配曲線逼近理想制動力分配曲線，文獻 [1] 提出了基於防鎖死煞車系統（Anti-lock Braking Systems，ABS）使用滑模控制來防止後輪被鎖死的制動力分配方法。針對前後輪獨立驅動的電動汽車的制動過程，使用前後輪制動力的比率來獲得前後輪的制動力。結合超級電容器的充電閾值電壓和電機特性，基於混合動力的新再生制動控制策略被提出。已有的制動分配方法雖然在制動力分配和穩定性方面進展顯著，但仍然存在一些問題有待進一步研究與解決。一方面，大多數的研究都是以前輪驅動方式的電動汽車或是混合動力電動汽車作為研究對象。前輪的摩擦制動力、再生制動力分配系數與後輪的摩擦制動力主要是透過查表來實現，所建立的制動力分配表主要依賴於實際經驗，沒有理論基礎，例如汽車仿真軟體 ADVISOR 2002 中的制動力分配策略。相比之下，以四輪驅動電動汽車或混合動力電動汽車作為研究對象的研究全很少。制動力分配策略也更加複雜，需要解決的不僅是前輪的摩擦制動力、再生制動力的分配問題，還要解決後輪的摩擦制動力、再生制動力的分配問題。另一方面，汽車結構的不同導致了制動

力分配策略也大不相同，因此，對於四輪驅動電動汽車來說，其制動力分配策略的實用性和通用性較差。電動汽車驅動系統為前後輪獨立驅動系統，前輪由一個永磁同步電機來驅動，後輪由一個感應電機來驅動。此外，電子液壓制動系統被應用在前輪驅動的電動汽車上。綜上，對於四輪獨立驅動的電動汽車來說，研究具有理論性、實用性和通用性的制動力分配策略對電動汽車主動避撞系統的研究與發展至關重要。本章以四輪獨立驅動輪轂電機電動汽車為研究對象，提出了基於約束的再生制動強度連續性的制動力分配策略，有效地解決了四輪獨立驅動電動汽車前後輪制動力的分配問題，同時也有效地解決了前期研究工作中所提出的基於再生制動強度連續性的制動力分配策略中制動力的方向問題。

5.1 制動控制器設計

5.1.1 加速度計算器

加速度計算器作為分層式控制結構中的上位控制器，用來計算期望加速度以使自車實施制動或者牽引。對於制動過程，駕駛員行車的加速度不會超過$-2.17\mathrm{m/s^2}$，而當加速度達到$-4\sim-3\mathrm{m/s^2}$時會引起人體的不適。當駕駛員行車加速度小於$-4\mathrm{m/s^2}$時往往是阻止車輛進入危險工況。對於牽引過程，自車加速度一般控制在$0.6\sim1.0\mathrm{m/s^2}$之間。因此，依據制動和牽引過程加速度範圍，加速度計算器可根據實際的車間距離設計成為一個分段函數，其具體描述如下。

① 制動過程加速度計算

$$a_{\mathrm{des}}=\begin{cases} -4.0\mathrm{m/s^2}, & 0<D\leqslant L_1 \quad 且 \quad v_1>v_2 \\ -3.5\mathrm{m/s^2}, & L_1<D\leqslant L_2 \quad 且 \quad v_1>v_2 \\ -3.0\mathrm{m/s^2}, & L_2<D\leqslant L_3 \quad 且 \quad v_1>v_2 \\ -2.5\mathrm{m/s^2}, & L_3<D\leqslant L_4 \quad 且 \quad v_1>v_2 \\ -2.0\mathrm{m/s^2}, & L_4<D\leqslant L_5 \quad 且 \quad v_1>v_2 \\ -1.5\mathrm{m/s^2}, & L_5<D\leqslant L_6 \quad 且 \quad v_1>v_2 \\ -1.0\mathrm{m/s^2}, & L_6<D\leqslant L_7 \quad 且 \quad v_1>v_2 \\ -0.5\mathrm{m/s^2}, & L_7<D\leqslant L_8 \quad 且 \quad v_1>v_2 \end{cases} \tag{5.1}$$

② 牽引過程加速度計算

$$a_{des} = \begin{cases} 0.5\text{m/s}^2, & L_8 < D \leqslant L_9 \quad \text{且} \quad v_1 < v_2 \\ 1.0\text{m/s}^2, & D > L_9 \quad \text{且} \quad v_1 < v_2 \end{cases} \tag{5.2}$$

③ 其他

$$a_{des} = 0 \tag{5.3}$$

式中　L_n——加速度判斷的邊界條件，$L_n = \dfrac{(v_1 - v_2)^2}{2|a_{des}|} + (10-n)d_0$，

$n = 1, 2, 3, \cdots, 9$。

5.1.2　制動力/牽引力計算器

　　下位控制器的輸入量為上位控制器的輸出量，即期望的加速度，輸出量為期望的制動力或是牽引力，控制車輛實施制動或牽引。下位控制器由兩個計算器組成：一個是制動力/牽引力計算器，用來計算制動過程或是牽引過程中所需要的總的制動力或牽引力；另一個是制動力/牽引力分配器，將計算得到的總的制動力或是牽引力進行有效合理的分配，使車輛能夠很好地進行制動或牽引，保證車輛的安全性。下位控制器結構如圖5.1所示。本節只討論制動力/牽引力計算器，制動力/牽引力分配器將在下節詳細介紹。

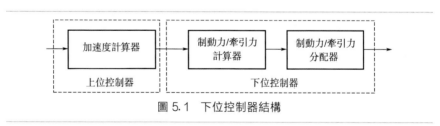

圖5.1　下位控制器結構

　　制動力/牽引力計算器，即加速度反饋控制器，採用比例積分控制器，透過上位控制器計算的期望加速度和自車實際加速度來計算此時所需要的總的制動力或是牽引力。比例調節沒有滯後現象，但存在靜差；積分調節可以消除靜差，但有滯後現象。比例積分調節綜合比例和積分調節的優點，既能快速消除干擾的影響，又能消除靜差。比例積分控制器的傳遞函數可表示為：

$$G_{acc}(s) = K_p\left(1 + \dfrac{1}{T_i s}\right) \tag{5.4}$$

式中　K_p——比例增益；

　　　T_i——積分時間常數。

5.2　制動力/牽引力分配器

制動力/牽引力分配器由兩部分組成：一部分是制動強度計算，透過制動力/牽引力計算器得到的總的制動力或是牽引力來計算此時的制動強度。制動強度小於等於零的過程為制動過程，制動強度大於零的過程為牽引過程；另一部分是制動力/牽引力分配策略，該分配策略根據制動強度的符號來判斷此時是制動過程還是牽引過程，以採用不同行駛狀態的輪胎縱向力分配策略。制動力/牽引力分配器結構如圖 5.2 所示。

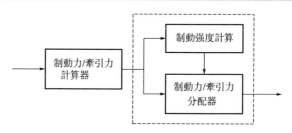

圖 5.2　制動力/牽引力分配器結構

本節中所討論的無論是制動力分配策略還是牽引力分配策略，都涉及制動強度這一物理量。

定義 5.1：制動強度 $z = \dfrac{a_x}{g}$。

由定義可知，制動強度的符號由縱向車輛加速度的符號決定。因此，可以根據制動強度的符號來判斷車輛的行駛狀態。

研究制動力/牽引力分配策略時，需考慮其影響因素。除了安全制動範圍，電池的荷電狀態、行駛工況、安全制動要求、車輛驅動方式、電機種類等因素都會影響再生制動能量的回收和制動效果。對於本節所討論的制動力分配問題，暫不考慮電池的荷電狀態和上述相關影響因素對再生制動能量的回收和制動效果的影響。

5.2.1　安全制動範圍線性化

考慮前後輪的載荷情況、制動力的分配以及路面坡度和附著係數等因素，當制動力足夠時，制動過程前後輪可能出現以下三種情況：一是前輪先抱死、後輪後抱死，此工況為穩定工況，但在制動時汽車的

轉向能力較差，附著利用率較低；二是後輪先抱死、前輪後抱死，此工況為不穩定工況，後輪可能出現側滑，附著利用率也比較低；三是前後輪同時抱死，此工況可以避免後輪側滑，附著利用率較好。為簡化車輛的制動過程，忽略滾動阻力和空氣阻力，並假設車輛行駛路面的坡度為零。電動汽車在制動過程中，首要任務是確保車輛制動的安全性。如圖 5.3 所示，車輛的安全

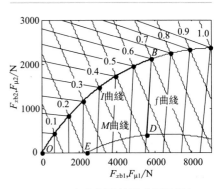

圖 5.3　安全制動範圍（電子版）

制動範圍是由三條前後輪制動力分配曲線與橫軸所構成的多邊形 $OBDE$。

（1）理想的前後輪制動力分配曲線

制動時前後輪同時抱死，其附著利用率高、制動時有利於穩定車輛行駛方向。當前後輪制動力之和等於總附著力，並且前後輪制動力分別等於各自的附著力時，前後輪同時抱死。此時的前後輪制動力分配關係曲線稱為理想的前後輪制動力分配曲線，簡稱 I 曲線。在此工況下，前後輪制動力分配關係滿足下式：

$$F_{xb2} = \frac{1}{2}\left[\frac{mg}{h_{\text{center}}}\sqrt{l_r^2 + \frac{4h_{\text{center}}L}{mg}F_{xb1}} - \left(\frac{mgl_r}{h_{\text{center}}} + 2F_{xb1}\right)\right] \quad (5.5)$$

式中　F_{xb1}——前輪制動力；

　　　F_{xb2}——後輪制動力。

如圖 5.3 所示，如果前後輪制動力分配曲線高於 I 曲線，則後輪先於前輪抱死，此時為不穩定工況；如果前後輪制動力分配曲線低於 I 曲線，則前輪先於後輪抱死，此時為穩定工況。

（2）前輪抱死、後輪不抱死時前後輪制動力關係曲線

在不同附著係數的路面上前輪抱死、後輪不抱死時前後輪制動力關係為一組曲線，稱為 f 線組。在此工況下，前後輪制動力分配關係滿足下式：

$$F_{xb2} = \frac{L - \varphi h_{\text{center}}}{\varphi h_{\text{center}}}F_{xb1} - \frac{mgl_r}{h_{\text{center}}} \quad (5.6)$$

式中　φ——路面附著係數。

（3）最小後輪制動力分配曲線

當前輪抱死時，後輪必須提供最小制動力以滿足車輛制動要求。最小後輪制動力分配曲線簡稱 M 曲線。在此工況下，前後輪制動力分配關

係滿足下式：

$$\frac{h_{center}}{mgL}(F_{xb1}+F_{xb2})^2+\frac{l_r+0.07h_{center}}{L}(F_{xb1}+F_{xb2})-0.85F_{xb1}+0.07\frac{mgl_r}{L}=0$$

$$(5.7)$$

根據式(5.5)～式(5.7) 可知，安全制動範圍的函數描述具有非線性，在制動力分配時計算負擔較重，直接影響縱向主動避撞系統的實時性。因此，在保證車輛制動安全的前提下，將安全制動範圍線性化是十分必要的。

很多汽車採用固定比值的前後輪制動力分配曲線來代替理想的前後輪制動力分配曲線，如圖5.4 中的直線 OB。直線 OB 與曲線 OB 之間存在偏差，附著利用率較低。因此，使用變比例閥液壓分配曲線（折線 OAB）來替代直線 OB。替代之後，折線 OAB 與曲線 OB 之間的偏差變小，提高了附著利用率。對於變比例閥液壓分配曲線來說，為了使折線 OAB 盡量逼近曲線 OB，使其所夾面積最小，需要優化變比例閥液壓分配曲線，即確定折線中 A 點坐標。

直線 OB 與曲線 OB 的交點 B 對應的附著係數稱為同步附著係數。假設同步附著係數 $z(B)=0.7$，則 $B(x_B,y_B)$ 可以確定。設 A 點坐標為 $A(x_A,y_A)$，則變比例閥液壓分配曲線方程可表示為：

$$y=\begin{cases}\dfrac{y_A}{x_A}x, & x\leqslant x_A \\[2mm] \dfrac{y_B-y_A}{x_B-x_A}(x-x_B)+y_B, & x>x_A\end{cases} \qquad (5.8)$$

式中　x——前輪摩擦制動力；

　　　y——後輪摩擦制動力。

由折線 OAB 與曲線 OB 所夾面積最小，定義目標函數為：

$$J=S_1-S_2-S_3 \qquad (5.9)$$

式中，$S_1=\dfrac{1}{2}\displaystyle\int_0^{x_B}\left[\dfrac{mg}{h_{center}}\sqrt{l_r^2+\dfrac{4h_{center}L}{mg}x}-\left(\dfrac{mgl_r}{h_{center}}+2x\right)\right]\mathrm{d}x$；

$S_2=\displaystyle\int_0^{x_A}\dfrac{y_A}{x_A}x\,\mathrm{d}x$；　$S_3=\displaystyle\int_{x_A}^{x_B}\left[\dfrac{y_B-y_A}{x_B-x_A}(x-x_B)+y_B\right]\mathrm{d}x$ 。

將目標函數式(5.9) 對 x_A 求導，且 $\dfrac{\partial J}{\partial x_A}=0$，可得優化後的 A 點坐標：

$$\begin{cases}x_A=\dfrac{mg}{4h_{center}L}\left[\left(\dfrac{Lx_B}{x_B+y_B}\right)^2-l_r^2\right] \\[3mm] y_A=\dfrac{1}{2}\left[\dfrac{mg}{h_{center}}\sqrt{l_r^2+\dfrac{4h_{center}L}{mg}x_A}-\left(\dfrac{mgl_r}{h_{center}}+2x_A\right)\right]\end{cases} \qquad (5.10)$$

　　A 點坐標確定後，則使用優化後的折線 OAB 替代 I 曲線。此外，安全制動範圍中 M 曲線也具有非線性，因此，使用其切線來替代，既保證制動過程的安全性，又簡化了安全制動範圍的函數描述。除了 $A(x_A, y_A)$ 和 $B(x_B, y_B)$ 兩點坐標，$C(x_C, y_C)$、$D(x_D, y_D)$ 和 $F(x_F, y_F)$ 三點的坐標也可以確定。相應地，上述各點對應的制動強度 $z(A)$、$z(B)$、$z(C)$、$z(D)$ 和 $z(F)$ 也可以求得。因此，直線 OA、AB、BD 和 DF 對應的方程描述如下：

$$\begin{cases} OA: F_{\mu 2} = k_{OA} F_{\mu 1} \\ AB: F_{\mu 2} = k_{AB} F_{\mu 1} + b_{AB} \\ BD: F_{xb2} = k_{BD} F_{xb1} + b_{BD} \\ DF: F_{xb2} = k_{FD} F_{xb1} + b_{FD} \end{cases} \tag{5.11}$$

式中，$k_{OA} = \dfrac{y_A}{x_A}$；$k_{AB} = \dfrac{y_B - y_A}{x_B - x_A}$；$b_{AB} = \dfrac{y_A x_B - y_B x_A}{x_B - x_A}$；$k_{BD} = \dfrac{L - \varphi h_{center}}{\varphi h_{center}}$；

$b_{BD} = -\dfrac{mgl_r}{h_{center}}$。

　　優化後的折線 OAB 相對於直線 OB 來說更加逼近 I 曲線，附著利用率較高。此外，在 F 點作 M 曲線的切線 DF，確保了車輛前輪抱死時，後輪必須提供最小制動力的制動要求。進而獲得可線性描述的安全制動範圍，即多邊形 $OABDF$，如圖 5.4 所示。多邊形 $OABDF$ 由折線 OAB、切線 DF、f 曲線和橫軸構成。線性安全制動範圍一方面包含於線性化之前

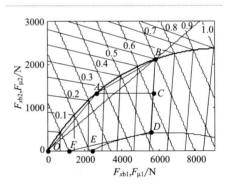

圖 5.4　線性化的安全制動範圍（電子版）

的安全制動範圍，保證車輛制動過程的安全性；另一方面多邊形各個邊的表達式均可由直線方程描述，減輕了制動力分配時的計算負擔，改善了縱向主動避撞系統的實時性。

5.2.2　制動力分配策略

　　對於電動汽車來說，制動力分為兩種：一種是摩擦制動力；另一種是由 PMSM 提供的再生制動力。制動力是根據制動強度的大小進行分配的，制動強度 z 的大小分為弱制動強度、中等制動強度和強制動強度。具體地說，當 $z \in [0, 0.1]$ 時，制動系統處於純電制動模式；當 $z \in (0.1, 0.7]$

時，制動系統處於電制動和摩擦制動的複合制動模式；當 $z \in (0.7, 1]$ 時，制動系統處於純摩擦制動模式。這是電動汽車制動力分配原理。當制動系統處於電制動和摩擦制動的複合制動模式時，對於四輪獨立驅動電動汽車來說，所要解決的問題是如何有效合理地分配摩擦制動力和再生制動力。

在制動力分配過程中，前後輪制動力的關係如下：

$$F_{xb1} + F_{xb2} = mgz \tag{5.12}$$

定義 5.2：制動力矢量為 $\boldsymbol{F}_j = [F_{j,\mu 1}, F_{j,\mathrm{re}1}, F_{j,\mu 2}, F_{j,\mathrm{re}2}]^{\mathrm{T}}$，$j = 1, 2, \cdots, 5$。

根據電動汽車制動力分配原理及制動強度的強弱程度，制動力分配過程如下。

① 當 $0 \leqslant z \leqslant z_1(F)$ 時，$j = 1$，制動系統處於純電制動模式。結合式(5.12) 和方程 OA，此時的制動力矢量可表示為：

$$\boldsymbol{F}_1 = [F_{1,\mu 1}, F_{1,\mathrm{re}1}, F_{1,\mu 2}, F_{1,\mathrm{re}2}]^{\mathrm{T}} \tag{5.13}$$

式中，$F_{1,\mu 1} = 0$；$F_{1,\mathrm{re}1} = \dfrac{1}{1+k_{\mathrm{OA}}} mgz$；$F_{1,\mu 2} = 0$；$F_{1,\mathrm{re}2} = \dfrac{k_{\mathrm{OA}}}{1+k_{\mathrm{OA}}} mgz$。

② 當 $z_1(F) < z \leqslant z_2(D)$ 時，$j = 2$，制動系統處於電制動和摩擦制動的複合制動模式。假設 α_1 和 β_1 為待定係數，則 $F_{2,\mu 1}$，$F_{2,\mathrm{re}1}$，$F_{2,\mu 2}$，$F_{2,\mathrm{re}2}$ 分別為 α_1 和 β_1 的函數。結合式(5.12) 和方程 OA、DF，此時的制動力矢量可表示為：

$$\boldsymbol{F}_2 = [F_{2,\mu 1}(\alpha_1, \beta_1), F_{2,\mathrm{re}1}(\alpha_1, \beta_1), F_{2,\mu 2}(\alpha_1, \beta_1), F_{2,\mathrm{re}2}(\alpha_1, \beta_1)]^{\mathrm{T}} \tag{5.14}$$

式中，$F_{2,\mu 1}(\alpha_1, \beta_1) = \dfrac{mgz - b_{\mathrm{FD}}}{1+k_{\mathrm{FD}}} - \alpha_1 mgz - \beta_1$；

$F_{2,\mathrm{re}1}(\alpha_1, \beta_1) = \alpha_1 mgz + \beta_1$；

$F_{2,\mu 2}(\alpha_1, \beta_1) = k_{\mathrm{OA}} \dfrac{mgz - b_{\mathrm{FD}}}{1+k_{\mathrm{FD}}} - \alpha_1 k_{\mathrm{OA}} mgz - \beta_1 k_{\mathrm{OA}}$；

$F_{2,\mathrm{re}2}(\alpha_1, \beta_1) = \dfrac{(k_{\mathrm{FD}} - k_{\mathrm{OA}})mgz + (1+k_{\mathrm{OA}})b_{\mathrm{FD}}}{1+k_{\mathrm{FD}}} + \alpha_1 k_{\mathrm{OA}} mgz + \beta_1 k_{\mathrm{OA}}$。

③ 當 $z_2(D) < z \leqslant z_3(C)$ 時，$j = 3$，制動系統處於電制動和摩擦制動的複合制動模式。假設 α_2 和 β_2 為待定係數，則 $F_{3,\mu 1}$，$F_{3,\mathrm{re}1}$，$F_{3,\mu 2}$，$F_{3,\mathrm{re}2}$ 分別為 α_2 和 β_2 的函數。結合式(5.12) 和方程 OA、BD，此時的制動力矢量可表示為：

$$\boldsymbol{F}_3 = [F_{3,\mu 1}(\alpha_2, \beta_2), F_{3,\mathrm{re}1}(\alpha_2, \beta_2), F_{3,\mu 2}(\alpha_2, \beta_2), F_{3,\mathrm{re}2}(\alpha_2, \beta_2)]^{\mathrm{T}} \tag{5.15}$$

式中，$F_{3,\mu1}(\alpha_2,\beta_2)=\dfrac{mgz-b_{BD}}{1+k_{BD}}-\alpha_2 mgz-\beta_2$；

$F_{3,re1}(\alpha_2,\beta_2)=\alpha_2 mgz+\beta_2$；

$F_{3,\mu2}(\alpha_2,\beta_2)=k_{OA}\dfrac{mgz-b_{BD}}{1+k_{BD}}-\alpha_2 k_{OA}mgz-\beta_2 k_{OA}$；

$F_{3,re2}(\alpha_2,\beta_2)=\dfrac{(k_{BD}-k_{OA})mgz+(1+k_{OA})b_{BD}}{1+k_{BD}}+\alpha_2 k_{OA}mgz+\beta_2 k_{OA}$。

④ 當 $z_3(C)<z\leqslant z_4(B)$ 時，$j=4$，制動系統處於電制動和摩擦制動的複合制動模式。假設 α_3 和 β_3 為待定係數，則 $F_{4,\mu1}$，$F_{4,re1}$，$F_{4,\mu2}$，$F_{4,re2}$ 分別為 α_3 和 β_3 的函數。結合式(5.12) 和方程 AB、BD，此時的制動力矢量可表示為：

$$\boldsymbol{F}_4=[F_{4,\mu1}(\alpha_3,\beta_3),F_{4,re1}(\alpha_3,\beta_3),F_{4,\mu2}(\alpha_3,\beta_3),F_{4,re2}(\alpha_3,\beta_3)]^T$$

(5.16)

式中，$F_{4,\mu1}(\alpha_3,\beta_3)=\dfrac{mgz-b_{BD}}{1+k_{BD}}-\alpha_3 mgz-\beta_3$；

$F_{4,re1}(\alpha_3,\beta_3)=\alpha_3 mgz+\beta_3$；

$F_{4,\mu2}(\alpha_3,\beta_3)=k_{AB}\dfrac{mgz-b_{BD}}{1+k_{BD}}-\alpha_3 k_{AB}mgz-\beta_3 k_{AB}+b_{AB}$；

$F_{4,re2}(\alpha_3,\beta_3)=\dfrac{(k_{BD}-k_{AB})mgz+(1+k_{AB})b_{BD}}{1+k_{BD}}+\alpha_3 k_{AB}mgz+\beta_3 k_{AB}-b_{AB}$。

⑤ 當 $z_4(B)<z\leqslant 1$ 時，$j=5$，制動系統處於純摩擦制動模式。結合式(5.12) 和方程 AB，此時的制動力矢量可表示為：

$$\boldsymbol{F}_5=[F_{5,\mu1},F_{5,re1},F_{5,\mu2},F_{5,re2}]^T$$

(5.17)

式中，$F_{5,\mu1}=\dfrac{mgz-b_{AB}}{1+k_{AB}}$；$F_{5,re1}=0$；$F_{5,\mu2}=\dfrac{k_{AB}mgz+b_{AB}}{1+k_{AB}}$；$F_{5,re2}=0$。

定義 5.3： 再生制動強度 $f_j(z)=\dfrac{F_{j,re1}+F_{j,re2}}{mg}$，$j=1,2,\cdots,5$。

不同制動強度下再生制動強度構成的再生制動強度矢量為：

$$\boldsymbol{f}=[f_1(z),f_2(z),f_3(z),f_4(z),f_5(z)]^T$$

(5.18)

式中，$f_1(z)=z$，$0\leqslant z\leqslant z_1(F)$；

$f_2(z)=\left[(1+k_{OA})\alpha_1+\dfrac{k_{FD}-k_{OA}}{1+k_{FD}}\right]z+\dfrac{b_{FD}(1+k_{OA})}{mg(1+k_{FD})}+\dfrac{1+k_{OA}}{mg}\beta_1$，

$z_1(F)<z\leqslant z_2(D)$；

$f_3(z)=\left[(1+k_{OA})\alpha_2+\dfrac{k_{BD}-k_{OA}}{1+k_{BD}}\right]z+\dfrac{b_{BD}(1+k_{OA})}{mg(1+k_{BD})}+\dfrac{1+k_{OA}}{mg}\beta_2$，

$$z_2(D) < z \leqslant z_3(C);$$

$$f_4(z) = \left[(1+k_{OA})\alpha_3 + \frac{k_{BD}-k_{AB}}{1+k_{BD}}\right]z + \frac{(1+k_{AB})\beta_3 - b_{AB}}{mg} +$$

$$\frac{b_{BD}(1+k_{AB})}{mg(1+k_{BD})}, \quad z_3(C) < z \leqslant z_4(B);$$

$$f_5(z) = 0, \quad z_4(B) < z \leqslant 1。$$

在 F_j 中存在 6 個待定係數，$j=2,3,4$。考慮汽車制動過程的舒適性與穩定性，含有未知參數的再生制動強度函數 $f_j(z)$ 在不同制動強度區間上應具有連續性，則可以透過再生制動強度函數的連續性來確定 6 個待定係數，計算公式如下：

$$\lim_{z \to z_j} f_{j+1}(z) = f_j(z_j), \quad j=1,2,3,4 \tag{5.19}$$

上述所提出的制動力分配策略的推導過程是在 $z \geqslant 0$ 的情況下進行的，便於制動力的計算與分析，即將一個大小為 mgz 的非負數進行分配。該方法反映了不同類型制動力之間的比率。因此，當車輛實際處於制動過程中時，$z \leqslant 0$，即將一個大小為 mgz 的非正數進行分配，該方法仍然有效。除此以外，制動力在分配時存在方向問題，即制動力同時存在正負兩個方向。在制動過程中，雖然總的制動力不變，但制動力方向問題與執行機構不匹配，直接影響到縱向主動避撞系統的有效性。出現此狀況的主要原因是由於制動力分配策略缺少相關的約束條件。因此，有必要提供相關的約束條件以保證所提出的制動力分配策略的有效性，其具體公式描述如下：

$$\text{s. t.} \begin{cases} F_{j,\mu1}F_{j,\mu2} \geqslant 0 \\ F_{j,re1}F_{j,re2} \geqslant 0 \\ F_{j,\mu1}F_{j,re1} \geqslant 0 \\ F_{j,\mu2}F_{j,re2} \geqslant 0 \\ |F_{j,re1}| \leqslant \min\{F_{b,max}, \varphi F_{zf}\} \\ |F_{j,re2}| \leqslant \min\{F_{b,max}, \varphi F_{zr}\} \end{cases} \tag{5.20}$$

式中　$F_{b,max}$——PMSM 提供的最大制動力；

φF_{zf}——前輪不打滑時所具有的最大縱向力；

φF_{zr}——後輪不打滑時所具有的最大縱向力。

綜上，當制動強度 $z \leqslant 0$ 時，式(5.13)～式(5.17) 和式(5.20) 構成了縱向主動避撞系統的制動力分配策略，即基於約束的再生制動強度連續性的制動力分配策略。

5.2.3　牽引力分配策略

為了體現縱向主動避撞系統的追蹤性能與安全性能，由制動強度定

義可知，車輛的行駛狀態可以根據制動強度的符號判定，即當制動強度 $z > 0$ 時，車輛實施牽引操作。因此，結合制動強度設計了牽引力分配策略。電動汽車在牽引時前後輪的摩擦制動力為零，牽引力由 PMSM 提供，方向與再生制動力方向相反。研究中設計了帶約束的按固定比例常數分配的牽引力分配策略，其具體公式描述如下：

$$\begin{cases} F_{dr1} = \dfrac{1}{2}mgz \\ F_{dr2} = \dfrac{1}{2}mgz \end{cases} \tag{5.21}$$

$$\text{s. t.} \begin{cases} |F_{dr1}| \leqslant \min\{F_{d,max}, \varphi F_{zf}\} \\ |F_{dr2}| \leqslant \min\{F_{d,max}, \varphi F_{zr}\} \end{cases} \tag{5.22}$$

式中 F_{dr1}——前輪牽引力；

      F_{dr2}——後輪牽引力；

  $F_{d,max}$——PMSM 提供的最大牽引力。

5.3 仿真分析

仿真實驗中假設前後輪的行駛條件完全相同，左右輪的行駛條件也完全相同，則左右輪的輪胎特性沒有差異，四輪汽車可以轉化成等效的兩輪汽車，制動力分配策略計算出的制動力大小為執行機構輸入命令大小的 2 倍。

（1）待定係數與制動力矢量計算

基於約束的再生制動強度連續性的制動力分配策略計算步驟如下；

第 1 步，計算線性安全制動範圍邊界上關鍵點的坐標；

第 2 步，計算線性安全制動範圍的具體數學表達式；

第 3 步，推導不同制動強度下含有待定係數的制動力矢量；

第 4 步，計算不同制動強度下再生制動強度函數；

第 5 步，根據再生制動強度連續性計算待定係數；

第 6 步，將計算得到的待定係數代入制動力矢量，即可得到具體的制動力矢量。

在計算制動力矢量過程中使用的電動汽車整車參數如表 5.1 所示。根據再生制動強度連續性求解含有待定係數的方程組，即獲得制動力矢量中待定係數的數值，表 5.2 給出了制動力矢量中待定係數的計算結果。表 5.3 給出了制動力矢量含有制動強度的函數表達式。制動力矢量均為制動強度的線性表達式，結構簡單，容易實現。

表 5.1　電動汽車整車參數

參數	數值
m	1159kg
g	9.8m/s^2
l_f	1.04m
l_r	1.56m
h_{center}	0.5m

表 5.2　制動力矢量中待定係數計算結果

待定係數	計算值
α_1	0.3260
β_1	-765.7089
α_2	-1.1421
β_2	-26.5950
α_3	-1.3365
β_3	-14.5172

表 5.3　制動力矢量

制動強度	制動力矢量
$-0.1000 < z \leqslant 0.0000$	$\boldsymbol{F}_1 = \begin{bmatrix} 0 \\ -7579.2z \\ 0 \\ -3779.0z \end{bmatrix}$
$-0.5278 < z \leqslant -0.1000$	$\boldsymbol{F}_2 = \begin{bmatrix} -6679.5z + 668.1156 \\ -3702.8z - 765.7089 \\ -3330.4z + 333.1224 \\ 2354.5z - 235.5291 \end{bmatrix}$
$-0.6199 < z \leqslant -0.5278$	$\boldsymbol{F}_3 = \begin{bmatrix} -14501z + 4797.1 \\ 12972z - 26.5950 \\ -7230.3z + 2391.8 \\ -2598.9z - 7162.3 \end{bmatrix}$
$-0.7000 < z \leqslant -0.6199$	$\boldsymbol{F}_4 = \begin{bmatrix} -16709z + 4785 \\ 15180z - 14.5172 \\ -4127.2z + 1849.2 \\ -5702z - 6619.7 \end{bmatrix}$
$-1.0000 < z \leqslant -0.7000$	$\boldsymbol{F}_5 = \begin{bmatrix} -9108.4z - 535.1470 \\ 0 \\ -2249.8z + 535.1470 \\ 0 \end{bmatrix}$

（2）制動力分配策略驗證實驗

　　由制動強度定義可知，車輛速度資訊如果已知，那麼對應的制動強度即可得到。制動力分配策略驗證實驗採用圖4.9(a)中速度所對應的制動強度作為制動力分配條件。驗證實驗給出了兩組對比實驗，圖5.5中給出了基於再生制動強度連續性的制動力分配策略的仿真結果，圖5.6中給出了基於約束的再生制動強度連續性的制動力分配策略的仿真結果。兩組實驗在相同的制動強度下進行，分別給出兩種分配策略下前後輪的制動力分配情況、前輪的摩擦制動力和再生制動力分配情況以及後輪的摩擦制動力和再生制動力分配情況。比較圖5.5和圖5.6可知，兩種分配策略下前後輪的制動力分配情況是相同的，但前輪的摩擦制動力和再生制動力分配情況與後輪的摩擦制動力和再生制動力分配情況全不盡相同。在無約束條件的情況下，雖然前後輪的制動力分配與有約束條件的情況完全相同，但具體分配到前後輪時制動力的方向發生變化，主要原因是制動力分配情況中包含不符合執行機構實際要求的分配情況。根據執行機構的特性及參數，將約束條件引入到再生制動強度連續性的制動力分配策略中，除去不符合執行機構實際要求的分配情況，制動力方向的問題得以很好地解決，符合執行機構的實際要求。

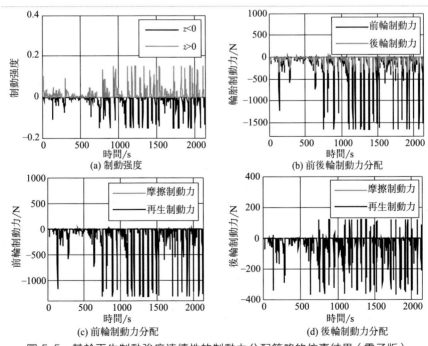

圖5.5　基於再生制動強度連續性的制動力分配策略的仿真結果（電子版）

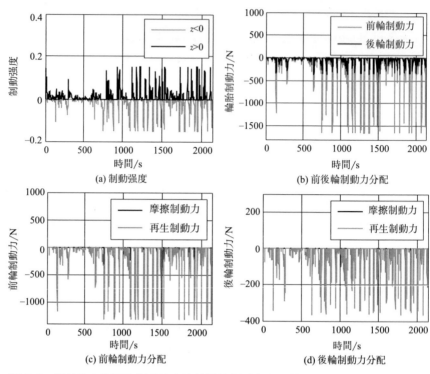

圖 5.6　基於約束的再生制動強度連續性的制動力分配策略的仿真結果（電子版）

（3）牽引力分配策略驗證實驗

　　牽引力分配策略仿真實驗仍然採用圖 4.9(a) 中速度所對應的制動強度作為牽引力分配條件。牽引力按固定比例常數 1：1 進行分配，前後輪牽引力的分配情況分別如圖 5.7 和圖 5.8 所示。

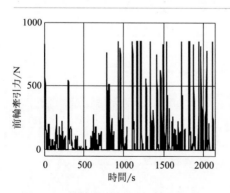

圖 5.7　前輪牽引力分配（電子版）

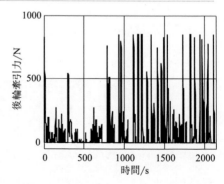

圖 5.8　後輪牽引力分配（電子版）

5.4 縱向避撞控制器設計

縱向制動對駕駛員操作條件要求相對不高，比較實際可行。本書主要採用分層控制結構，簡單分析設計縱向避撞控制器。按照設計邏輯，縱向分層控制器包括上位控制器和下位控制器：上位控制器的功能是根據功能定義模塊的決策機制，給出車輛避撞過程中的期望加速度；下位控制器的功能是結合車輛動力學控制系統，實現期望加速度。如圖 5.9 所示。

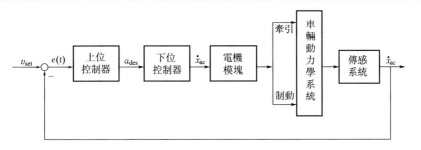

圖 5.9　縱向分層避撞控制結構

5.4.1 縱向下位控制器設計

基於避撞系統上位控制器給出的車輛縱向期望加速度 a_{des}，縱向下位控制器可根據車輛的動力學特性控制輪轂電機產生制動力矩，並合理分配到各個車輪，實現縱向安全行駛。

假設縱向行駛過程中，車輛側偏角恆為 0。則整車縱向動力學方程：

$$Ma = F_M - (F_w + F_r) \tag{5.23}$$

式中，$F_r = G f_r$，經驗公式 $f_r = 0.01(1 + v/100)$；$F_w = 0.5 \rho A_f C_D (v + v_w)^2$；$F_r$，$F_w$ 表示滾動阻力與風阻。

考慮到縱向輪胎側偏角忽略不計，則車輪滾動速度 w_w 與電動機轉速 w_e 近似成比例，即 $w_w = \lambda w_e$。則車輛縱向車速近似於車輛轉速與車輛有效半徑之積：

$$\dot{x} = r_w \lambda w_w \tag{5.24}$$

對式(5.24)求導，則可得到縱向加速度為：

$$\ddot{x} = r_w \lambda \dot{w}_w \tag{5.25}$$

結合式(5.24) 和式(5.25)，則可得到縱向輪胎力表達式：

$$F_M = M r_w \lambda \dot{w}_w + F_w + F_r \tag{5.26}$$

四輪獨立驅動電動汽車在縱向行駛時，等效為兩個驅動輪的縱向自行車模型。為了方便計算，對兩輪的力矩分配採用 1：1 比例。對於主動驅動輪，則有：

$$T_w = I_w \dot{w}_w + \frac{1}{2} r_w F_M \tag{5.27}$$

聯合式(5.26) 和式(5.27)，得到電動汽車單個車輪輪上輸出力矩表達式：

$$T_w = I_w \dot{w}_w + \frac{1}{2}(M r_w^2 \lambda \dot{w}_w + r_w F_w + r_w F_r) \tag{5.28}$$

由於電動汽車縱向行駛過程中，輪轂電機的輸出力矩主要包括作用在電機軸上的負載力矩和輪子的慣性力矩。負載力矩主要用於牽引車輛前進並克服路面與車輪間的滾動摩擦力等。據此給出輪轂電機輸出力矩：

$$T_e = I_e \dot{w}_e + T_w \tag{5.29}$$

考慮到 $w_w = \lambda w_e$，則聯合公式(5.28) 與式(5.29) 可得輪轂電機輸出力矩表達式：

$$T_e = (I_e + I_w \lambda + \frac{1}{2} M r_w^2 \lambda^2)\dot{w}_e + \frac{1}{2}(r_w F_w + r_w F_r) \tag{5.30}$$

將式(5.26) 代入式(5.30) 中，則得到電機輸出力矩與車輛期望加速度之間的關係式：

$$T_e = \frac{(I_e + I_w \lambda + 0.5 M r_w^2 \lambda^2)}{\lambda^2 r_w}\ddot{x}_{des} + \frac{1}{2}(r_w F_w + r_w F_r) \tag{5.31}$$

式中，車輛加速度與上位控制器定義的期望加速度一致，即 $\ddot{x}_{des} = a_{des}$。

5.4.2　縱向上位控制器設計

縱向上位控制器主要根據當前兩車間距和運行狀況，改變車輛的加速度策略（即向下層控制器提供期望加速度 a_{des}），使兩車獲得安全間隔距離。因此上位控制器設計需要保證：

① 控制精度高，即可以實時追蹤系統期望安全距離 D_{des}；

② 控制器的輸出（期望加速度 a_{des}）符合駕駛員操作特點，且符合實際車輛的加速度區間。

上層控制器輸出期望加速度，被控車可根據車輛縱向動力學特性和下位控制策略來實時追蹤避撞安全距離。考慮到實際車輛下位控制器具

有有限帶寬特性，控制器無法完全追蹤期望加速度，即下位控制系統將存在一個延遲時間 τ。根據實際車輛行駛情況，車輛縱向安全避撞系統採用 $\tau=0.5$ 的延遲環節，上位控制器機構如圖 5.10 所示。

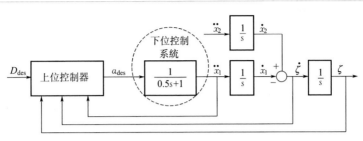

圖 5.10　上位控制器機構

　　上位控制器輸入量是期望的車間距離或速度，控制量是實際的車間距離或車速。上位控制器設計實際是一個狀態反饋控制律的設計，要求控制器輸出的實際車間距離能實時追蹤控制器輸入量 D_{des}，且加速度波動盡可能小。故上位控制器採用最優追蹤求解法進行設計。針對駕駛員特性考慮不足的問題，進行進一步的改善，提高控制精度，改善響應時間，使控制效果能良好體現駕駛員操作特點。

　　上位控制器的設計目標是使控制系統輸出量（即被控車與前方目標車的實際距離 ζ）追蹤系統輸入的安全距離 D_{des}，且盡量以較小的加速度變化實現期望的控制目標。

　　定義誤差控制量為兩車期望間距與實際間距之差，即

$$e(t)=D_{\mathrm{des}}(t)-\zeta(t) \tag{5.32}$$

　　為了更好體現系統對兩車安全間距的追蹤作用，取系統狀態變數 $\boldsymbol{x}=\begin{bmatrix}\zeta & v_{\mathrm{f}}-v_{\mathrm{c}} & \ddot{x}_1\end{bmatrix}^{\mathrm{T}}$，其中，$v_{\mathrm{c}}$ 為自車速度，v_{f} 為前車速度，$\ddot{x}_1$ 為被控車實際加速度。並且定義系統輸出 $y=\zeta$。若將前方車輛的加速度視為干擾處理，兩車縱向車間距保持控制系統狀態空間模型為：

$$\begin{cases}\dot{\boldsymbol{x}}=\boldsymbol{A}\boldsymbol{x}+\boldsymbol{B}u+\boldsymbol{F}\omega \\ y=\boldsymbol{C}\boldsymbol{x}\end{cases} \tag{5.33}$$

式中，$\boldsymbol{A}=\begin{bmatrix}0 & 1 & 0 \\ 0 & 0 & -1 \\ 0 & 0 & -1\end{bmatrix}$，$\boldsymbol{B}=\begin{bmatrix}0 \\ 0 \\ 1\end{bmatrix}$，$\boldsymbol{F}=\begin{bmatrix}0 \\ 1 \\ 0\end{bmatrix}$，$\boldsymbol{C}=\begin{bmatrix}1 & 0 & 0\end{bmatrix}$，$u$ 為被控車期望加速度 a_{des}，ω 為前方車輛加速度。

　　根據上位控制器的設計目的和最優控制理論，如果要尋求最優控制 u（期望加速度），實現兩車期望間距與實際間距差值和兩車速度差值趨

於 0，採用的優化性能指標為：

$$J = \frac{1}{2} \int_0^\infty \left[\rho e^2(t) + r_u u^2(t) \right] \mathrm{d}t \tag{5.34}$$

式中，ρ、r_u 為控制誤差和控制量的加權。

　　根據系統的優化性能指標和狀態方程結構，兩車定間距的最優控制屬於帶有擾動的無限時間線性二次輸出追蹤最優控制問題。根據 LQR 最優控制理論，優化性能指標函數的矩陣 $\boldsymbol{Q}$ 和 $\boldsymbol{R}$ 為 $\boldsymbol{Q}=\rho$，$\boldsymbol{R}=r_u$，則根據極值原理，系統的控制率為：

$$\begin{cases} u = -\boldsymbol{R}^{-1}\boldsymbol{B}^\mathrm{T}[\boldsymbol{P}x^* - \xi] \\ \xi = (\boldsymbol{A}^\mathrm{T} - \boldsymbol{P}\boldsymbol{B}\boldsymbol{R}^{-1}\boldsymbol{B}^\mathrm{T})^{-1}\boldsymbol{P}\boldsymbol{F}\omega \end{cases} \tag{5.35}$$

式中，$\boldsymbol{x}^* = [\zeta - D_{\mathrm{des}}; \ v_f - v_c; \ \ddot{x}_1]$ 表示帶有追蹤誤差的狀態向量。經過化簡，保持車間距離的上位控制器為 $u = \boldsymbol{K}x^* + k_4\omega$。

　　可見，上位控制器的輸出不僅包括基於系統狀態的反饋控制，還加入了對擾動起補償作用的前置濾波環節，可快速精確地跟隨期望間距。

　　ρ、r_u 取值不同，會得到不同的 k_1、k_2、k_3 的值。ρ、r_u 取值大小反映了控制指標中控制誤差和控制耗能所占的分量大小，表 5.4 給出了幾組不同 ρ、r_u 對應的 k_1、k_2、k_3、k_w 的值。

表 5.4　不同 ρ、r_u 取值對應的 k_1、k_2、k_3、k_w 的變化

ρ	r_u	k_1	k_2	k_3	k_w
0	1	1	2.1447	-1.2999	2.2999
1	5	0.4472	1.3033	-0.8991	1.8991
	10	0.3162	1.0563	-0.7643	1.7643
	20	0.2236	0.8586	-0.6484	1.6484
5	1	2.2361	3.5726	-1.8540	2.8540
10		3.1623	4.4641	-2.1509	3.1509
20		4.4721	5.5862	-2.4889	3.4889

　　圖 5.11 給出了不同 ρ、r_u 取值時，控制器系統響應速度和達到穩定狀態的速度變化情況。從圖中可以看出，在控制誤差變數 $\rho=1$ 時，增大控制量權重 r_u，則控制器的追蹤能力減弱，系統響應速度提高；而在控制誤差變數 $r_u=1$ 時，增大控制誤差權重 ρ，則系統能快速地達到穩定狀態，控制器追蹤能力增強。

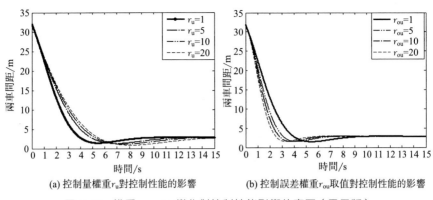

(a) 控制量權重r_u對控制性能的影響　　(b) 控制誤差權重r_{ou}取值對控制性能的影響

圖 5.11　權重 ρ、r_u 變化對控制性能影響仿真圖（電子版）

根據上位控制器設計過程，可得到上位控制器輸出加速度表達式：

$$a = u = k_1\zeta + k_2(v_f - v_c) + k_3\ddot{x}_1 + k_4\omega \tag{5.36}$$

考慮到駕駛員操作特性和行駛舒適性，上位控制器輸出的期望加速度變化不能過大。因此，控制器輸出需進行飽和處理，將期望減速度進行如下設定：

$$a_{des}(t) = \begin{cases} a & , a \geqslant -2 \\ 0.8a & , -4 < a < -2 \\ -4 & , a \leqslant -4 \end{cases} \tag{5.37}$$

5.4.3　仿真分析

假設兩車期望保持間距 $D_{des} = 5\text{m}$，初始間距 $D_0 = 20\text{m}$，前車速度為 $v_f = 8.33\text{m/s}$，自車速度為 $v_c = 16.67\text{m/s}$，控制器參數 $q_e = 2$，$r_u = 1$；上位控制器為 $\boldsymbol{K} = [1.4142 \quad 2.6683 \quad -1.5173]$；前車以不同加速度進行減速行駛時，自車在縱向避撞控制器作用下的響應曲線如圖 5.12 和圖 5.13 所示。

（1）前車勻速和前車以 −1m/s² 的加速度減速到零

如圖 5.12 所示，經過大概 10s 減速調整過程，自車在縱向控制器的作用下可以精確保持兩車縱向期望安全間距。當前車減速行駛時，縱向控制器可透過提高自車加速度進行快速減速，實現期望安全間距，具有一定抗擾性能。在保證車輛縱向安全距離的基礎上，上位控制器的期望加速度飽和處理使自車加速度在整個縱向減速過程中始終處於合理的加速度範圍內（$|a| < a_{max} = 4\text{m/s}^2$），符合駕駛員操作特性。此外，在避撞系統縱向上位

控制器作用下，自車可透過下位控制器迅速調整輪轂電機力矩（電機力矩輸出符合實際車輛指標），以快速達到期望安全間距。電機力矩與加速度成正比，因此曲線變化形式與自車輸出加速度變化趨勢一致。

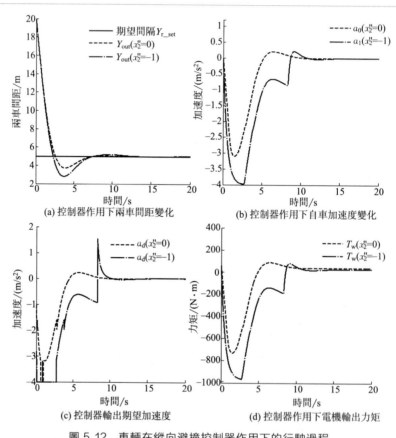

圖 5.12　車輛在縱向避撞控制器作用下的行駛過程

（2）前車在 13s 時開始以 $-2m/s^2$ 的加速度減速至零

從圖 5.13 可看出，初始時前車勻速行駛，自車在縱向控制器的作用下經過約 9s 達到兩車期望安全間距。此時控制器期望加速度和自車加速度均穩於 0，車輛保持穩定行駛。在 $t=13s$ 時，前車突然以 $a=-2m/s^2$ 開始減速直至 0，自車在上位縱向控制器作用下迅速使自車的行駛加速度跟隨前車加速度（趨向於 $-2m/s^2$），以減小兩車間距的波動，保證縱向安全行駛。在 $t=13s$ 時，經過控制調節，自車將跟隨前車處於停車狀態，實現縱向避撞。此時，控制器期望加速度、自車輸出實際加速度和電機控制力矩均為 0。

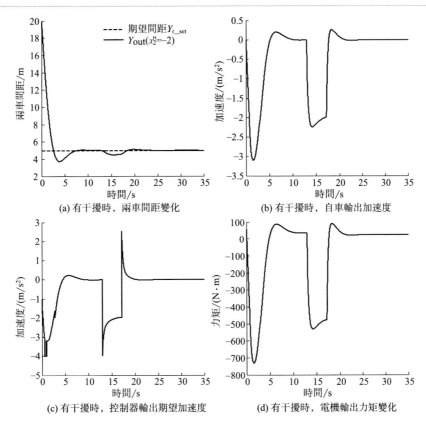

圖 5.13　控制器抗擾性能仿真

綜合以上實驗可得，基於 LQR 的電動車縱向避撞控制系統能在前車勻速、減速以及緊急制動的情況下保持避撞系統功能定義層給定的兩車期望安全間距，保證車輛縱向行車安全。同時，整個控制器的性能指標不僅符合實際需求，而且易於實現，並對外界環境的擾動具有一定魯棒性能，可應用於電動車實際主動避撞控制系統開發。

5.5 電動汽車縱向主動避撞系統整車仿真實驗

隨著電腦仿真技術的發展，基於數學和物理模型的仿真技術以其快捷和低成本等特點而迅速成為研發過程的主力軍。但是這種基於理想模型的仿真方法相對於開發目標的實際工況還相差很遠，其仿真結果只能驗證原理、方法的有效性，而很難應用於實際系統當中。鑒於離線仿真存在過渡

性差、可信度低等問題，硬體在環（Hardware-in-the-loop，HIL）仿真技術應運而生。硬體在環仿真系統依據電腦仿真技術在高速電腦上實時運行，實時仿真模型取代實際被控對象、與控制目標相關性較小的組件或其他系統部件，而被控對象的核心部件或控制單元使用實物。仿真系統的實際硬體與數學仿真模型之間是透過第三方平台的通訊介面或者訊號介面連接的。基於半實物半數學模型的方式，能夠對所研究和設計的控制單元的核心部件或控制策略功能的有效性、可靠性、穩定性等進行評估測試和驗證。

快速控制原型（Rapid Control Prototyping，RCP）技術源自製造業的快速原型（Rapid Prototyping，RP）技術。RP 技術的出現使得產品研究與設計在虛擬環境中進行，從而降低了研發成本，縮短了產品開發週期。RP 技術加快了新產品的上市時間，節約了新產品開發以及模具製造的費用。在一些發達國家，RP 技術已廣泛應用於航空航天、醫療、汽車、軍事裝備、家電等各個領域。中國在 RP 技術方面的研究開始於1990 年代初。家電行業在 RP 技術方面發展較快，例如美的、海爾等公司都先後在 RP 技術推動下取得了良好的效果。RP 技術在引入控制系統設計與實時測試後，改稱快速控制原型（RCP）技術。RCP 和 HIL 仿真系統縮短了電子控制系統的設計週期，加速了開發過程，已經被汽車和航空航天領域的研究院所和公司所認可。

為了減少底層開發的工作量、增強控制系統的穩定性，目前有很多第三方公司基於 MATLAB/Simulink 開發用於硬體在環仿真的實時系統。其中，德國 dSPACE 公司開發的一套基於 MATLAB/Simulink 的控制系統開發平台，以其通用性強、過渡性好、實時性強、組合性強等諸多特點被廣泛應用於機器人、航空航天、汽車、發動機、電力機車、驅動及工業控制等領域。dSPACE 實時仿真系統為 HIL 和 RCP 的應用提供了一個協調統一的一體化解決途徑。國外將 dSPACE 應用於混合動力控制、平板車的振動控制和控制策略優化等研究；中國將 dSPACE 廣泛應用於車輛控制單元快速原型、反導彈控制系統半實物仿真、衛星姿態控制系統實現等研究。開發平台實現和 MATLAB/Simulink 的無縫連接，便於研發人員在控制器原型、硬體在環和目標代碼三個階段的快速轉換，大大縮短了研發週期。

本章在狀態估計與控制策略理論研究的基礎上，結合吉林大學控制理論與智慧系統研究室電動汽車主動避撞系統課題研究組所搭建的基於dSPACE 實時仿真系統的電動汽車實驗平台，對車輛主動避撞系統進行了快速控制原型開發和硬體在環測試。透過電動汽車整車實時仿真實驗進一步驗證了所提出的狀態估計方法與控制策略的有效性與合理性。

5.5.1 實時仿真系統硬體構架

　　車輛主動避撞實時仿真系統硬體結構如圖 5.14(a) 所示。實時仿真系統硬體主要由快速控制原型 MicroAutoBox Ⅱ、dSPACE 仿真器、電腦（PC）構成。快速控制原型 MicroAutoBox Ⅱ主要用來模擬車輛主動避撞控制器；dSPACE 仿真器主要用來模擬電動汽車動力學模型；電腦一方面用來車輛動力學建模和主動避撞控制策略研究開發，一方面用來監控系統運行參量。車輛主動避撞實時仿真系統軟體部分由 MATLAB/Simulink 開發，系統實時運行時車輛狀態變數均由電腦上 ControlDesk 軟體進行實時監控。

　　車輛主動避撞實時仿真系統硬體實物圖如圖 5.14(b) 所示。Micro-AutoBox Ⅱ（DS1401/1505/1507）與電腦之間透過網路連接；dSPACE 仿真器（DS1005/DS2211）與 PC 電腦透過總線連接；MicroAutoBox Ⅱ與 dSPACE 仿真器之間透過 I/O 介面傳遞車輛狀態變數。

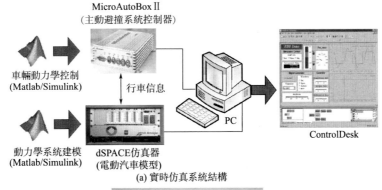

(a) 實時仿真系統結構

(b) 實時仿真系統硬件實物圖

圖 5.14　車輛主動避撞實時仿真系統

5.5.2 整車仿真模型

　　為了驗證所提出的狀態估計方法與控制策略的有效性與合理性，使車輛主動避撞系統具有制動避撞和轉向避撞功能，車輛的整車仿真模型在

CarSim 汽車仿真軟體中搭建。本書主要針對車輛縱向和側向主動避撞系統中狀態估計與控制策略進行研究，暫不考慮電池對車輛行駛過程的影響，因此，整車仿真模型中包括車輛動力學模型、永磁同步電機模型、輸入通道和輸出通道，如圖 5.15 所示。由於快速控制原型 MicroAutoBox II 和 dSPACE 仿真器的 I/O 介面之間傳遞訊號量程的不同，在訊號傳遞過程中需要對訊號的幅值和極性進行相應處理，以使快速控制原型 MicroAutoBox II 和 dSPACE 仿真器的 I/O 介面之間傳遞的訊號數值不變。

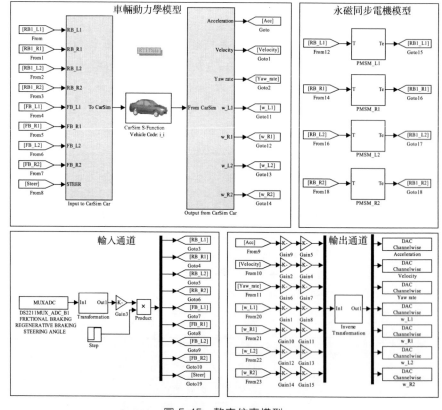

圖 5.15　整車仿真模型

5.5.3　電動汽車縱向主動避撞系統實時仿真實驗

縱向主動避撞系統實時仿真實驗參數如表 5.5 所示。為驗證所提出的狀態估計方法與控制策略的有效性和適應性，縱向主動避撞系統實時仿真實驗分別採用 HWFET 和 UDDS 兩種工況。縱向主動避撞系統在 HWFET 和 UDDS 兩種工況下的實時仿真結果分別如圖 5.16 和圖 5.17 所示。附著

係數的大小主要取決於路面的種類和乾燥狀況,並且和輪胎的結構、胎面花紋和行駛速度有關。由於車輛行駛過程中車輛的速度是不斷變化的,因此路面附著係數也隨之變化,圖 5.16(a) 和圖 5.17(a) 分別給出了 HW-FET 和 UDDS 兩種工況下干瀝青路面對應的附著係數變化趨勢。本書研究工作中不對附著係數資訊的獲取方法進行討論,因此,干瀝青路面由 LuGre 摩擦模型中對應的參數進行設置,則干瀝青路面對應的附著係數與自車速度有關,速度越大,附著係數就越小,反之亦然。圖 5.16(b) 和圖 5.17(b) 分別給出了 HWFET 和 UDDS 兩種工況下自車和目標車行駛過程中速度的變化趨勢。由自車和目標車的速度變化趨勢圖可以看出,自車的速度追蹤效果比較理想。根據路面附著係數計算對應的最小保持車距,並結合車速和加速度,則可計算相應的制動距離,向縱向主動避撞系統提供制動訊號,可計算相應的報警距離向駕駛員提供報警資訊,圖 5.16(c) 和圖 5.17(c) 分別給出了 HWFET 和 UDDS 兩種工況下制動距離和報警距離的變化趨勢。圖 5.16(d) 和圖 5.17(d) 分別給出了 HWFET 和 UDDS 兩種工況下自車加速度控制效果,自車的實際加速度能夠很好地追蹤上位控制器計算獲得的期望加速度,並且加速度的控制範圍主要為 $-2.5 \sim 1.0 \mathrm{m/s^2}$,能夠很好地體現縱向主動避撞系統的舒適度。自車制動力/牽引力分配策略的分配效果分別如圖 5.16(e)、(f) 和圖 5.17(e)、(f) 所示,制動力/牽引力分配策略能夠根據制動強度的符號來自動切換自車的行駛狀態,即制動狀態和牽引狀態,並且分配效果較好。圖 5.16(g) 和圖 5.17(g) 分別給出了 HWFET 和 UDDS 兩種工況下評價指標 TTC^{-1} 變化趨勢。由圖可知,$-0.1 \leqslant \mathrm{TTC}^{-1}_{\mathrm{HWFET}} \leqslant 0.1$,$-0.3 \leqslant \mathrm{TTC}^{-1}_{\mathrm{UDDS}} \leqslant 0.5$ 分別說明了所提出的安全距離模型對於在不同行駛路面上和不同駕駛員駕駛下的行駛車輛都是比較安全的,具有較高的適應性和安全性。圖 5.16(h) 和圖 5.17(h) 分別給出了 HWFET 和 UDDS 兩種工況下自車與目標車之間距離的變化趨勢。無論是在 HWFET 工況下,還是在 UDDS 工況下,實際的車間距離均大於根據安全距離模型計算的最小保持車距,有效地保證了車輛安全行駛。因此,基於 RCP 和 HIL 的縱向主動避撞系統實時仿真實驗驗證了所提出的縱向安全距離模型和制動力分配策略是有效、合理的。

表 5.5　縱向主動避撞系統實時仿真實驗參數

參數	數值
ρ	$1.225 \mathrm{kg/m^3}$
C_d	0.3
v^x_wind	1km/h
r	0.313m
D	100m

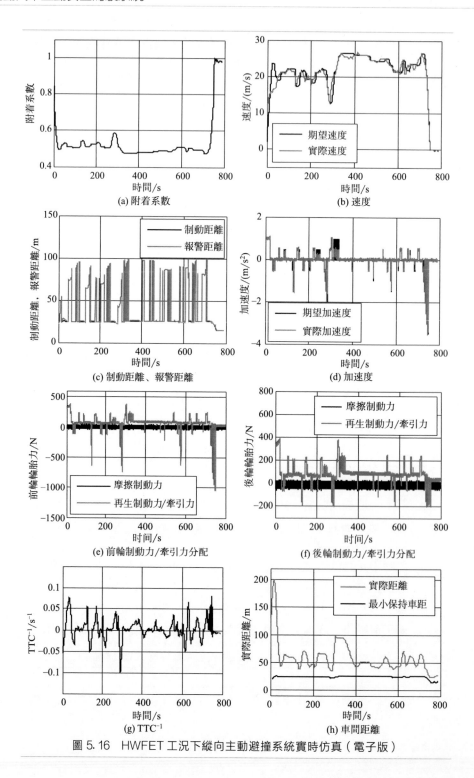

圖 5.16　HWFET 工況下縱向主動避撞系統實時仿真（電子版）

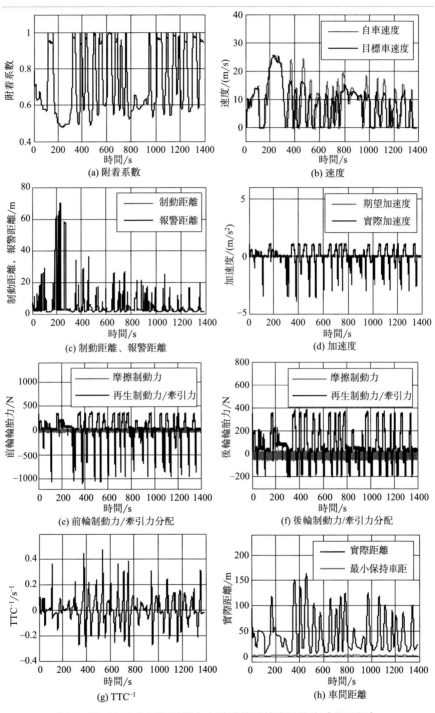

圖 5.17　UDDS 工況下縱向主動避撞系統實時仿真（電子版）

5.6 本章小結

　　本章提出了基於約束的再生制動強度連續性的制動力分配策略，不僅有效地解決了四輪獨立驅動輪轂電機電動汽車制動力分配中制動力的方向問題，而且給出了制動力分配策略的理論依據；不僅適用於雙驅結構電動汽車制動力的分配，而且適用於四驅結構電動汽車制動力的分配，具有一定的理論性和通用性。基於最優控制理論與駕駛員操作特性設計的縱向上位控制器，能夠實現被控車與目標車實際間距追蹤安全距離模型計算出的安全間距，控制效果能體現駕駛員行駛特性。基於 dSPACE 實時仿真系統進行了電動汽車主動避撞系統整車仿真實驗，並在整車仿真實驗中進一步驗證了在縱向和側向主動避撞系統中所提出的狀態估計方法與控制策略的有效性和合理性。更重要的是在實時仿真實驗中，所設計的車輛主動避撞系統在制動避撞方式和轉向避撞方式上的安全性均得以很好的保證，並使車輛主動避撞系統在縱向和側向上都對路面條件具有很好的適應性、能夠很好地體現駕駛員特性，達到了本章研究的目的和初衷。

參考文獻

［1］ 何仁，陳慶樟 . 汽車制動能量再生系統制動力分配研究[J]. 兵工學報，2009，2（30）：205-208.

［2］ 裴曉飛，劉昭度，馬國成，等 . 汽車主動避撞系統的安全距離模型和目標檢測算法[J]. 汽車安全與節能學報，2012，1（3）：26-33.

［3］ YI K, CHUNG J. Nonlinear Brake Control for Vehicle CW/CA Systems[J]. IEEE/ASME Transactions on Mechatronics，2001，1（6）：17-25.

［4］ 李玉芳，林逸，何洪文，等 . 電動汽車再生制動控制算法研究［J］. 汽車工程，2007，29（12）：1059-1062，1073.

［5］ KIM D H, KIM H. Vehicle Stability Control with Regenerative Braking and Electronic Brake Force Distribution for A Four-wheel Drive Hybrid Electric Vehicle[J]. Proceedings of the Institution of Mechanical Engineers, Part D: Journal of Automobile Engineering，2006，6（220）：683-693.

［6］ 劉志強，過學迅 . 純電動汽車電液複合再生制動控制[J]. 中南大學學報（自然科學版），2011，9（42）：2687-2691.

［7］ ZHANG J M, REN D B, SONG B Y, et

al. The Research of Regenerative Braking Control Strategy for Advanced Braking Distribution. 5th International Conference on Natural Computation, Aug. 14-16, 2009[C]. Tianjin, China: IEEE, 2009.

[8] 石慶升. 純電動汽車能量管理關鍵技術問題的研究[D]. 濟南: 山東大學, 2009.

[9] LIAN Y F, TIAN Y T, HU L L, et al. A New Braking Force Distribution Strategy for Electric Vehicle Based on Regenerative Braking Strength Continuity [J]. Journal of Central South University, 2013, 12 (20): 3481-3489.

[10] Rajamani R. Vehicle Dynamics and Control [M]. New York: Springer, 2005.

[11] 余志生. 汽車理論. [M]. 第 5 版. 北京: 機械工業出版社, 2011.

[12] MOON S, MOON I, YI K. Design, Tuning, and Evaluation of a Full-range Adaptive Cruise Control System with Collision Avoidance [J]. Control Engineering Practice, 2009, 4 (17): 442-455.

[13] SEUNGWUK M, KYONGSU Y. Human Driving Databased Design of A Vehicle Adaptive Cruise Control Algorithm[J]. Vehicle System Dynamics, 2008, 8 (46): 661-690.

[14] Robert Bosch GmbH. Safety, Comfort and Convenience Systems[M]. 3rd ed. Cambridge: Bentley, 2007.

[15] LIAN Y F, ZHAO Y, HU L L, et al. Longitudinal collision avoidance control of electric vehicles based on a new safety distance model and constrained-regenerative-braking-strength-continuity braking force distribution strategy[J]. Transactions on Vehicular Technology, 2016, 65 (6): 4079-4094.

[16] MOON S, MOON I, YI K. Design, Tuning, and Evaluation of a Full-range Adaptive Cruise Control System with Collision Avoidance[J]. Control Engineering Practice, 2009, 4 (17): 442-455.

[17] 童季賢, 張顯明. 最優控制的數學方法及應用 [M]. 成都: 西南交通大學出版社, 1994.

[18] 馬培蓓, 吳進華, 紀軍, 等. dSPACE 實時仿真平台軟體環境及應用[J]. 系統仿真學報, 2004, 4 (16): 667-670.

[19] 潘峰, 薛定宇, 徐心和. 基於 dSPACE 半實物仿真技術的伺服控制研究與應用 [J]. 系統仿真學報, 2004, 5 (16): 936-939.

第6章

四驅電動汽車縱向穩定性研究

　　對於汽車的穩定安全系統而言，反映車況和路況資訊的路面條件估計是非常關鍵的技術。在汽車加速過程中摩擦力是關於輪胎滑移的函數，在其極大值處可產生一個最大的牽引力而不打滑。如果牽引力矩高於最大摩擦力所能維持的力矩，車輪就會打滑，這會造成牽引力的損失。這種系統是基於控制驅動輪的縱向滑移率，因而阻止了車輪出現打滑和抱死情況。這種方法改善了輪胎與路面的附著關係，從而增強了牽引力和汽車的穩定性。

　　縱向穩定性主要是透過電動汽車的四個車輪裡面的輪轂電機的電磁力矩和轉速、車輛的加速度等，來估計電動汽車的車速、輪胎-路面摩擦係數和輪胎的最佳滑移率。透過最佳滑移率算出其對應的最大輪胎摩擦係數 $\mu_{\max}$，從而由 $\mu = F_x / F_n$ 得到路面可提供的最大牽引力 $F_{x\max}$。根據路面對每個輪胎可提供的最大牽引力來給出每個輪轂電機輸出的最大電磁轉矩 $T_{\max}$，因而阻止了車輪驅動力矩過大出現打滑的情況。這種方法改善了輪胎與路面的附著關係，從而增強了牽引力和汽車的穩定性。電動汽車縱向穩定性控制策略結構圖如圖 6.1 所示。

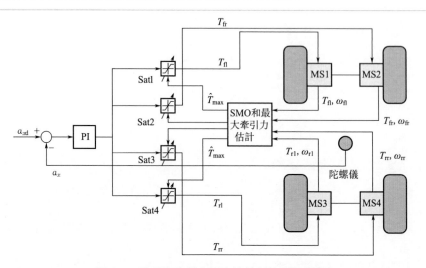

圖 6.1　電動汽車縱向穩定性控制策略結構圖

6.1 基於 LuGre 模型的 SMO 觀測器設計

6.1.1 滑模變結構的基本原理

滑模變結構控制是變結構控制系統的一種控制策略，其本質是一種特殊的非線性控制，其控制的非線性表現在滑模控制量的不連續性，這也是滑模變結構控制與常規控制的本質區別。滑模變結構系統非線性體現在其「結構」是變化的，其控制量呈開關特性變化。這種控制特性使系統在一定條件下沿著預定的滑模狀態軌跡運動。由於這種滑動模態是可以根據控制系統特性來設計的，並且與系統的參數和外部的擾動無關，所以滑模控制系統具有很好的魯棒性。

（1）滑動模態的定義

系統 $\dot{\boldsymbol{x}} = f(\boldsymbol{x})$，$\boldsymbol{x} \in \boldsymbol{R}^n$ 的狀態空間中的一個切換面為：

$$s(\boldsymbol{x}) = s(x_1, \cdots, x_n) = 0 \tag{6.1}$$

此切換面將狀態空間分成兩個部分：$s > 0$ 和 $s < 0$。在切換面上一共有三類運動點，如圖 6.2 所示。

三種運動點分別為：

起始點（A 點）——運動點到達切換面 $s = 0$ 附近時，從切換面的兩邊離開此點；

終止點（B 點）——運動點到達切換面 $s = 0$ 附近時，從切換面的兩邊趨向此點；

通常點（C 點）——運動點到達切換面 $s = 0$ 附近時，穿過此點。

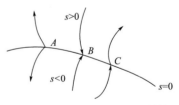

圖 6.2 切換面上三種點的特性

從收斂與發散性方面可以很好地理解，在滑模變結構系統中起始點和通常點具有發散性，一般沒有太大的意義，而終止點全有特殊的意義。因為當滑模面上的某一區域都是終止點，那麼當系統中的運動點到達這一區域的時候，運動點就會被「吸引」到該區域運動。這個時候就稱這個區域為「滑模」區。

那麼根據滑模區的定義，那麼當運動點到達切換面 $s(\boldsymbol{x}) = 0$ 附近時，有

$$\begin{cases} \lim_{s \to 0^+} \dot{s} \leqslant 0 \\ \lim_{s \to 0^-} \dot{s} \geqslant 0 \end{cases} \tag{6.2}$$

顯然，此不等式為系統提出了一個李雅普諾夫（Lyapunov）函數

$$v(x_1,x_2,\cdots,x_n)=[s(x_1,x_2,\cdots,x_n)]^2 \qquad (6.3)$$

的必要條件。由於式(6.3) 中函數式在切換面鄰域內是正定的，根據式(6.2) 所知，s^2 是負半定的，那麼式(6.3) 是系統的條件李雅普諾夫函數，因此當 $s(x)=0$ 時，系統是穩定的。

（2）滑模變結構控制的定義

控制系統用狀態空間表示為：

$$\dot{x}=f(x,u,t) \quad x\in R^n,u\in R^m,t\in R \qquad (6.4)$$

切換函數為：

$$s(x),s\in R^m \qquad (6.5)$$

控制律函數為：

$$u=\begin{cases} u^+(x) & s(x)>0 \\ u^-(x) & s(x)<0 \end{cases} \qquad (6.6)$$

其中 $u^+(x)\neq u^-(x)$，滿足如下三個條件：

① 存在性，即滑動模態［式(6.6)］存在；

② 可達性，在切換面 $s(x)=0$ 以外的運動點都在有限的時間內到達切換面；

③ 確保滑模運動的穩定性。

由上面闡述可以知道，滑模變結構的控制設計問題主要包含兩個方面：切換函數和控制律。透過選擇合適的切換函數和控制律才能使系統的運動點快速到達滑模面，並達到控制系統的動態品質要求。

6.1.2　基於 LuGre 模型的電動汽車縱向動力學狀態方程

根據上面的車輛縱向動力學模型式(3.1)、式(3.15)～式(3.17)、式(3.22)～式(3.25) 定義下面的狀態變數：

$$\begin{aligned} &[x_1 \quad x_2 \quad x_3 \quad x_4 \quad x_5 \quad x_6 \quad x_7 \quad x_8 \quad x_9]^{\mathrm{T}} \\ =&[z_{\mathrm{fl}} \quad z_{\mathrm{fr}} \quad z_{\mathrm{rl}} \quad z_{\mathrm{rr}} \quad v_x \quad v_{\mathrm{rfl}} \quad v_{\mathrm{rfr}} \quad v_{\mathrm{rrl}} \quad v_{\mathrm{rrr}}]^{\mathrm{T}} \\ =&[z_{\mathrm{fl}} \quad z_{\mathrm{fr}} \quad z_{\mathrm{rl}} \quad z_{\mathrm{rr}} \quad v_x \quad r\omega_{\mathrm{fl}}-v_x \quad r\omega_{\mathrm{fr}}-v_x \quad r\omega_{\mathrm{rl}}-v_x \quad r\omega_{\mathrm{rr}}-v_x]^{\mathrm{T}} \end{aligned}$$

式中　$z_{ij}(i=f,r;j=l,r)$——四個輪胎的 LuGre 輪胎動力學摩擦模型內部摩擦狀態；

v_x——車輛的縱向速度；

$v_{rij}(i=f,r;j=l,r)$——四個輪胎與路面的相對速度，即為滑移量。

則電動汽車的動力學模型的狀態方程可用式(6.7) 表示，包含線性部分和非線性部分：

$$\begin{cases} \dot{x}=Ax+Bu+Df(x) \\ y=Cx \end{cases} \qquad (6.7)$$

此狀態方程的係數矩陣和非線性部分如下：

$$A=\begin{bmatrix}
0 & 0 & 0 & 0 & 0 & 1 & 0 & 0 & 0\\[4pt]
0 & 0 & 0 & 0 & 0 & 0 & 1 & 0 & 0\\[4pt]
0 & 0 & 0 & 0 & 0 & 0 & 0 & 1 & 0\\[4pt]
0 & 0 & 0 & 0 & 0 & 0 & 0 & 0 & 1\\[4pt]
0 & 0 & 0 & 0 & 0 & a_{56} & a_{57} & a_{58} & a_{59}\\[4pt]
-\sigma_0 F_{z1}\left(\dfrac{r^2}{J}+\dfrac{1}{m}\right) & \dfrac{\sigma_0 F_{z2}}{m} & \dfrac{\sigma_0 F_{z3}}{m} & \dfrac{\sigma_0 F_{z4}}{m} & -\dfrac{\sigma_\omega}{J} & a_{66} & a_{67} & a_{68} & a_{69}\\[10pt]
\dfrac{\sigma_0 F_{z1}}{m} & -\sigma_0 F_{z2}\left(\dfrac{r^2}{J}+\dfrac{1}{m}\right) & \dfrac{\sigma_0 F_{z3}}{m} & \dfrac{\sigma_0 F_{z4}}{m} & -\dfrac{\sigma_\omega}{J} & a_{76} & a_{77} & a_{78} & a_{79}\\[10pt]
\dfrac{\sigma_0 F_{z1}}{m} & \dfrac{\sigma_0 F_{z2}}{m} & -\sigma_0 F_{z3}\left(\dfrac{r^2}{J}+\dfrac{1}{m}\right) & \dfrac{\sigma_0 F_{z4}}{m} & -\dfrac{\sigma_\omega}{J} & a_{86} & a_{87} & a_{88} & a_{89}\\[10pt]
\dfrac{\sigma_0 F_{z1}}{m} & \dfrac{\sigma_0 F_{z2}}{m} & \dfrac{\sigma_0 F_{z3}}{m} & -\sigma_0 F_{z4}\left(\dfrac{r^2}{J}+\dfrac{1}{m}\right) & -\dfrac{\sigma_\omega}{J} & a_{96} & a_{97} & a_{98} & a_{99}
\end{bmatrix}$$

式中，

$a_{56}=\dfrac{(\sigma_1+\sigma_2)F_{z1}}{m}$；$a_{57}=\dfrac{(\sigma_1+\sigma_2)F_{z2}}{m}$；$a_{58}=\dfrac{(\sigma_1+\sigma_2)F_{z3}}{m}$；$a_{59}=\dfrac{(\sigma_1+\sigma_2)F_{z4}}{m}$；

$a_{66}=-(\sigma_1+\sigma_2)F_{z1}\left(\dfrac{r^2}{J}+\dfrac{1}{m}\right)-\dfrac{\sigma_\omega}{J}$；$a_{67}=\dfrac{(\sigma_1+\sigma_2)F_{z2}}{m}$；$a_{68}=\dfrac{(\sigma_1+\sigma_2)F_{z3}}{m}$；$a_{69}=\dfrac{(\sigma_1+\sigma_2)F_{z4}}{m}$；

$a_{76}=\dfrac{(\sigma_1+\sigma_2)F_{z1}}{m}$；$a_{77}=-(\sigma_1+\sigma_2)F_{z2}\left(\dfrac{r^2}{J}+\dfrac{1}{m}\right)-\dfrac{\sigma_\omega}{J}$；$a_{78}=\dfrac{(\sigma_1+\sigma_2)F_{z3}}{m}$；$a_{79}=\dfrac{(\sigma_1+\sigma_2)F_{z4}}{m}$；

$a_{86}=\dfrac{(\sigma_1+\sigma_2)F_{z1}}{m}$；$a_{87}=\dfrac{(\sigma_1+\sigma_2)F_{z2}}{m}$；$a_{88}=-(\sigma_1+\sigma_2)F_{z3}\left(\dfrac{r^2}{J}+\dfrac{1}{m}\right)-\dfrac{\sigma_\omega}{J}$；$a_{89}=\dfrac{(\sigma_1+\sigma_2)F_{z4}}{m}$；

$a_{96}=\dfrac{(\sigma_1+\sigma_2)F_{z1}}{m}$；$a_{97}=\dfrac{(\sigma_1+\sigma_2)F_{z2}}{m}$；$a_{98}=\dfrac{(\sigma_1+\sigma_2)F_{z3}}{m}$；$a_{99}=-(\sigma_1+\sigma_2)F_{z4}\left(\dfrac{r^2}{J}+\dfrac{1}{m}\right)-\dfrac{\sigma_\omega}{J}$。

狀態方程的輸入矩陣和輸入量為：

$$
\boldsymbol{B} = \begin{bmatrix}
0 & 0 & 0 & 0 & 0 & \dfrac{r}{J} & 0 & 0 & 0 \\[2mm]
0 & 0 & 0 & 0 & 0 & 0 & \dfrac{r}{J} & 0 & 0 \\[2mm]
0 & 0 & 0 & 0 & 0 & 0 & 0 & \dfrac{r}{J} & 0 \\[2mm]
0 & 0 & 0 & 0 & 0 & 0 & 0 & 0 & \dfrac{r}{J} \\[2mm]
0 & 0 & 0 & 0 & \dfrac{1}{m} & -\dfrac{1}{m} & -\dfrac{1}{m} & -\dfrac{1}{m} & -\dfrac{1}{m}
\end{bmatrix}^{\mathrm{T}}
\quad , \quad
\boldsymbol{u} = \begin{bmatrix}
T_{\mathrm{fl}} \\
T_{\mathrm{fr}} \\
T_{\mathrm{rl}} \\
T_{\mathrm{rr}} \\
F_{\mathrm{aero}}
\end{bmatrix}
$$

狀態方程的非線性係數矩陣為：

$$
\boldsymbol{D} = \begin{bmatrix}
-1 & 0 & 0 & 0 \\[2mm]
0 & -1 & 0 & 0 \\[2mm]
0 & 0 & -1 & 0 \\[2mm]
0 & 0 & 0 & -1 \\[2mm]
-\dfrac{\sigma_1 F_{z1}}{m} & -\dfrac{\sigma_1 F_{z2}}{m} & -\dfrac{\sigma_1 F_{z3}}{m} & -\dfrac{\sigma_1 F_{z4}}{m} \\[4mm]
\sigma_1 F_{z1}\left(\dfrac{r^2}{J}+\dfrac{1}{m}\right) & \dfrac{\sigma_1 F_{z2}}{m} & \dfrac{\sigma_1 F_{z3}}{m} & \dfrac{\sigma_1 F_{z4}}{m} \\[4mm]
\dfrac{\sigma_1 F_{z1}}{m} & \sigma_1 F_{z2}\left(\dfrac{r^2}{J}+\dfrac{1}{m}\right) & \dfrac{\sigma_1 F_{z3}}{m} & \dfrac{\sigma_1 F_{z4}}{m} \\[4mm]
\dfrac{\sigma_1 F_{z1}}{m} & \dfrac{\sigma_1 F_{z2}}{m} & \sigma_1 F_{z3}\left(\dfrac{r^2}{J}+\dfrac{1}{m}\right) & \dfrac{\sigma_1 F_{z4}}{m} \\[4mm]
\dfrac{\sigma_1 F_{z1}}{m} & \dfrac{\sigma_1 F_{z2}}{m} & \dfrac{\sigma_1 F_{z3}}{m} & \sigma_1 F_{z4}\left(\dfrac{r^2}{J}+\dfrac{1}{m}\right)
\end{bmatrix}
$$

狀態方程的非線性部分：

$$
\boldsymbol{f}(\boldsymbol{x}) = \begin{bmatrix}
[\theta_1 \boldsymbol{f}(x_6)+\kappa(x_5+x_6)]x_1 \\
[\theta_2 \boldsymbol{f}(x_7)+\kappa(x_5+x_7)]x_2 \\
[\theta_3 \boldsymbol{f}(x_8)+\kappa(x_5+x_8)]x_3 \\
[\theta_4 \boldsymbol{f}(x_9)+\kappa(x_5+x_9)]x_4
\end{bmatrix}
$$

狀態方程的輸出矩陣和輸出量為：

$$
\boldsymbol{C} = \begin{bmatrix}
0 & 0 & 0 & 0 & \dfrac{1}{r} & \dfrac{1}{r} & 0 & 0 & 0 \\[2mm]
0 & 0 & 0 & 0 & \dfrac{1}{r} & 0 & \dfrac{1}{r} & 0 & 0 \\[2mm]
0 & 0 & 0 & 0 & \dfrac{1}{r} & 0 & 0 & \dfrac{1}{r} & 0 \\[2mm]
0 & 0 & 0 & 0 & \dfrac{1}{r} & 0 & 0 & 0 & \dfrac{1}{r}
\end{bmatrix}
\quad , \quad
\boldsymbol{y} = \begin{bmatrix}
\omega_{\mathrm{fl}} \\
\omega_{\mathrm{fr}} \\
\omega_{\mathrm{rl}} \\
\omega_{\mathrm{rr}}
\end{bmatrix}
$$

式中，F_{z1}、F_{z2}、F_{z3}、F_{z4} 分別為前左、前右、後左、後右輪的垂

直載荷；θ_1、θ_2、θ_3、θ_4 分別為前左、前右、後左、後右輪的輪胎所在 LuGre 模型的路面條件參數。

6.1.3　滑模觀測器設計

由於電動汽車的電機的角速度可以測量，根據狀態方程（6.7）提出如下 SMO 觀測器：

$$\dot{\hat{x}} = A\hat{x} + Bu + Le_y + Dv \tag{6.8}$$

式中，L 是一個常數矩陣，e_y 是輸出估計誤差

$$e_y = \begin{bmatrix} e_{y1} & e_{y2} & e_{y3} & e_{y4} \end{bmatrix}^T = \begin{bmatrix} \omega_{fl} - \hat{\omega}_{fl} & \omega_{fr} - \hat{\omega}_{fr} & \omega_{rl} - \hat{\omega}_{rl} & \omega_{rr} - \hat{\omega}_{rr} \end{bmatrix}^T \tag{6.9}$$

v 是用一個不連續的向量方程來作為滑動模態

$$v = \begin{cases} k \dfrac{Fe_y}{\|Fe_y\|} & ,(Fe_y \neq 0) \\ 0 & ,(Fe_y = 0) \end{cases} \tag{6.10}$$

式中，k 和 F 是設計參數。

在這個觀測結構中，一旦滑動模態穩定，那麼 Dv 就會體現系統的非線性 $f(x)$、垂直動力學的影響和參數的不確定性。

因為式（6.7）中（A，C）是可觀測的，並且非線性項是有界的（$\|f(x)\| \leqslant \rho \in R$），所以在觀測式（6.8）中找到矩陣 L 和 F，使狀態估計誤差（$e = x - \hat{x}$）漸進穩定。

定理 1　對一個三個矩陣（$A \in R^{n \times n}$，$D \in R^{n \times m}$，$C \in R^{p \times n}$），存在
$$rank(D) = rank(CD) = r$$
當且僅當存在非奇異矩陣 T 和 S 使

$$TAT^{-1} = \begin{bmatrix} A_{11} & A_{12} \\ A_{21} & A_{22} \end{bmatrix}, \quad TB = \begin{bmatrix} D_1 \\ 0 \end{bmatrix}, \quad SCT^{-1} = \begin{bmatrix} I_r & 0 \\ 0 & C_{22} \end{bmatrix},$$

式中，$A_{11} \in R^{r \times r}$，$A_{22} \in R^{(n-r) \times (n-r)}$，$D_1 \in R^{r \times m}$，$rank(D_1) = r$ 和 $C_{22} \in R^{(p-r) \times (n-r)}$。

因為 $rank(D) = rank(CD) = r$ 成立，所以引理中的矩陣 T 和矩陣 S 存在，其求解過程如下。

對矩陣 D 進行 $Q\text{-}R$ 分解如下，獲得
$$D = Q_D R_D$$
式中，$Q_D \in R^{n \times n}$ 是酉矩陣，$R_D \in R^{n \times m}$ 是上三角矩陣，$rank(R_D) = r$。讓 $T_1 = Q_D^{-1}$，可以得到：

$$T_1 D = \begin{bmatrix} \tilde{D}_1 \\ 0 \end{bmatrix}$$

式中，$\widetilde{D}_1 \in R^{r \times m}$。下一步將矩陣 CT_1^{-1} 分割為如下形式：

$$CT_1^{-1} = [\widetilde{C}_1 \quad \widetilde{C}_2]$$

式中，$\widetilde{C}_1 \in R^{p \times r}$。那麼有 $CD = (CT_1^{-1})(T_1 D) = \widetilde{C}_1 \widetilde{D}_1$。

根據定理 1 的假設 $rank(D) = rank(CD) = r$，因此 $rank(\widetilde{C}_1) = r$。將 $\widetilde{C}_1$ 進行 Q-R 分解為 $\widetilde{C}_1 \in Q_{\widetilde{C}_1} R_{\widetilde{C}_1}$，這裡 $R_{\widetilde{C}_1} = [C_{11} \quad 0]^T$，並且 $\det C_{11} \neq 0$；那麼 $C_{11} \in R^{r \times r}$。令 $S = Q_{\widetilde{C}_1}^{-1}$，則有 $SCT_1^{-1} = \begin{bmatrix} C_{11} & C_{12} \\ 0 & C_{22} \end{bmatrix}$。

將 SCT_1^{-1} 右乘 $T_2^{-1} = \begin{bmatrix} C_{11}^{-1} & -C_{11}^{-1} C_{12} \\ 0 & I_{n-r} \end{bmatrix}$ 得到：

$$SCT_1^{-1} T_2^{-1} = \begin{bmatrix} C_{11} & C_{12} \\ 0 & C_{22} \end{bmatrix} \begin{bmatrix} C_{11}^{-1} & -C_{11}^{-1} C_{12} \\ 0 & I_{n-r} \end{bmatrix} = \begin{bmatrix} I_r & 0 \\ 0 & C_{22} \end{bmatrix}$$

然後，有 $T = T_2 T_1$。

定理 2 存在三個矩陣 $L \in R^{n \times p}$，$F \in R^{m \times p}$，$P \in R^{n \times n}$，使下面成立：

$$(A - LC)^T P + P(A - LC) < 0,$$
$$FC = D^T P$$

當且僅當，

① $rank(D) = rank(CD) = r$；

② 系統 (A, D, C) 的零點都在復平面的左半面，即 $rank \begin{bmatrix} sI_n - A & D \\ C & 0 \end{bmatrix} = n + r$，對所有 s 都有 $Re(s) \geq 0$。

由於本書車輛系統有 $rank(D) = rank(CD) = 4$，從轉移後的系統可以計算增益矩陣 L，使矩陣 $(A - LC)$ 的特徵值在復平面左半面，故滿足定理的兩個條件。那麼存在矩陣 P 和 F 滿足：

$$(A - LC)^T P + P(A - LC) = -Q \tag{6.11}$$
$$FC = D^T P \tag{6.12}$$

式中，$Q = Q^T$ 為正定矩陣滿足李雅普諾夫穩定條件。最後，為了使滑動模態穩定和估計誤差在有限的時間內趨近零，k 應當滿足 $k \geq \rho$。

本書 SMO 中矩陣 L 和 F 的計算步驟如下。

① 轉換矩陣 (A, C, D)。根據上面定理 1 中構造的非奇異矩陣 T 和 S，並計算：

$$TAT^{-1} = \begin{bmatrix} A_{11} & A_{12} \\ A_{21} & A_{22} \end{bmatrix}, \quad TB = \begin{bmatrix} D_1 \\ 0 \end{bmatrix}, \quad SCT^{-1} = \begin{bmatrix} I_r & 0 \\ 0 & C_{22} \end{bmatrix}, \quad 這裡 D \in$$

$R^{4 \times 4}$，$rank(D) = 4$。

② 檢驗 $(\boldsymbol{A}_{22}, \boldsymbol{C}_{22})$ 的可觀測性，如果 $(\boldsymbol{A}_{22}, \boldsymbol{C}_{22})$ 不可觀測，那麼滑模觀測無法構造。

③ 構造一個矩陣 $\boldsymbol{L}_{22}$ 使 $(\boldsymbol{A}_{22} - \boldsymbol{L}_{22}\boldsymbol{C}_{22})$ 的特徵值在復平面的左半邊。

④ 選擇一個正定矩陣 $\boldsymbol{Q}_{22} \in \boldsymbol{R}^{(n-r) \times (n-r)}$ 並求解一個正定矩陣 $\boldsymbol{P}_{22}$ 滿足下面的李雅普諾夫矩陣方程 $(\boldsymbol{A}_{22} - \boldsymbol{L}_{22}\boldsymbol{C}_{22})^{\mathrm{T}}\boldsymbol{P}_{22} + \boldsymbol{P}_{22}(\boldsymbol{A}_{22} - \boldsymbol{L}_{22}\boldsymbol{C}_{22}) = -\boldsymbol{Q}_{22}$。

⑤ 選擇一個 κ 滿足如下條件 $\kappa > \dfrac{1}{2}\lambda_{\max}[\boldsymbol{A}_{11}^{\mathrm{T}} + \boldsymbol{A}_{11} + (\boldsymbol{A}_{21}^{\mathrm{T}}\boldsymbol{P}_{22} + \boldsymbol{A}_{12})$ $\boldsymbol{Q}_{22}^{-1}(\boldsymbol{A}_{12}^{\mathrm{T}} + \boldsymbol{P}_{22}\boldsymbol{A}_{21})]$。

⑥ 構造矩陣 $\hat{\boldsymbol{L}} = \begin{bmatrix} \kappa\boldsymbol{I}_r & \boldsymbol{0} \\ \boldsymbol{0} & \boldsymbol{L}_{22} \end{bmatrix}$，$\hat{\boldsymbol{F}} = \begin{bmatrix} \boldsymbol{D}_1^{\mathrm{T}} & \boldsymbol{0} \end{bmatrix}$。

⑦ 計算 $\boldsymbol{L} = \boldsymbol{T}^{-1}\hat{\boldsymbol{L}}\boldsymbol{S}$，$\boldsymbol{F} = \hat{\boldsymbol{F}}\boldsymbol{S}$。

⑧ 構造觀測器 $\dot{\hat{\boldsymbol{x}}} = \boldsymbol{A}\hat{\boldsymbol{x}} + \boldsymbol{B}\boldsymbol{u} + \boldsymbol{L}(\boldsymbol{y} - \hat{\boldsymbol{y}}) - \boldsymbol{D}\boldsymbol{E}(\hat{\boldsymbol{y}}, \boldsymbol{y}, \eta)$。

式中，$\boldsymbol{E}(\hat{\boldsymbol{y}}, \boldsymbol{y}, \eta) = \begin{cases} \eta\dfrac{\boldsymbol{F}(\hat{\boldsymbol{y}} - \boldsymbol{y})}{\|\boldsymbol{F}(\hat{\boldsymbol{y}} - \boldsymbol{y})\|_2} & \boldsymbol{F}(\hat{\boldsymbol{y}} - \boldsymbol{y}) \neq 0 \\ r \in \boldsymbol{R}^{\mathrm{q}}, \|r\|_2 \leqslant \eta & \boldsymbol{F}(\hat{\boldsymbol{y}} - \boldsymbol{y}) = 0 \end{cases}$。

6.2 四驅電動汽車路面識別與最大電磁力矩估計

　　基於車輛縱向動力學模型和 LuGre 輪胎動力學摩擦模型設計滑模觀測器（SMO）來估計路面摩擦係數。利用估計的路面摩擦係數來設計驅動防滑控制方法。此方法只需要測量電動機角速度和電磁力矩。LuGre 輪胎動力學摩擦模型基於動力學建模，是因為模型中有反應路面條件的參數 θ，在路面條件的估計算法中只需要估計出 θ，就能知道路面條件。再根據估計得到的路面參數 $\hat{\theta}$，代入穩態的 LuGre 輪胎動力學摩擦模型，得到一定速度 v_x 時穩態的輪胎-路面「μ_{ss}-v_{r}」曲線。根據「μ_{ss}-v_{r}」曲線計算出最大摩擦係數 μ_{ssmax} 和其所對應的最優滑移量 v_{r}。由 μ_{ssmax} 計算每個電機所應限制的最大的轉矩，再透過動態飽和度來限制由每個牽引電機產生的轉矩，從而保持驅動輪在最大的摩擦區。這將使轉矩最大化，因此，車輛能獲得最大的牽引力而防止車輛打滑。圖 6.3 為基於 SMO 路面識別驅動防滑控制結構圖。

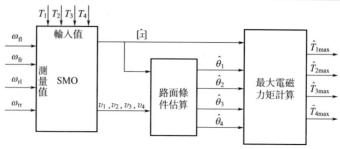

圖 6.3　基於 SMO 路面識別驅動防滑控制方法

6.2.1　路面條件參數的估計

由上文可知路面條件的估計是靠滑模狀態觀測器（SMO）估計 LuGre 模型中反應路面條件的參數 θ。根據文獻［3］所提供的方法找到合適的矩陣 L 和 F，使狀態估計誤差（$e = x - \hat{x}$）漸進穩定。而在滑動模態，當狀態估計誤差（$e = x - \hat{x}$）趨近零（$e \to 0$）時，那麼等效的輸出誤差補償訊號 Dv_{eq} 能維持滑動模態的必要條件就是等於非線性項式（6.8）中的 $Df(x)$。因此有

$$
\begin{cases}
v_{1eq} = \left[\theta_1 \dfrac{\sigma_0 |x_6|}{g(x_6)} + \kappa(x_5 + x_6) \right] x_1 \\[2mm]
v_{2eq} = \left[\theta_2 \dfrac{\sigma_0 |x_7|}{g(x_7)} + \kappa(x_5 + x_7) \right] x_2 \\[2mm]
v_{3eq} = \left[\theta_3 \dfrac{\sigma_0 |x_8|}{g(x_8)} + \kappa(x_5 + x_8) \right] x_3 \\[2mm]
v_{4eq} = \left[\theta_4 \dfrac{\sigma_0 |x_9|}{g(x_9)} + \kappa(x_5 + x_9) \right] x_4
\end{cases} \tag{6.13}
$$

因為系統是收斂的，所以估計的變數也會收斂到真實值，那麼估計的變數 $\hat{\theta}_1$、$\hat{\theta}_2$、$\hat{\theta}_3$、$\hat{\theta}_4$ 的表達式如下：

$$
\begin{cases}
\hat{\theta}_1 = \left[\dfrac{v_{1eq}}{\hat{x}_1} - \kappa(\hat{x}_5 + \hat{x}_6) \right] \dfrac{g(\hat{x}_6)}{\sigma_0 |\hat{x}_6|} \\[2mm]
\hat{\theta}_2 = \left[\dfrac{v_{1eq}}{\hat{x}_2} - \kappa(\hat{x}_5 + \hat{x}_7) \right] \dfrac{g(\hat{x}_7)}{\sigma_0 |\hat{x}_7|} \\[2mm]
\hat{\theta}_3 = \left[\dfrac{v_{1eq}}{\hat{x}_3} - \kappa(\hat{x}_5 + \hat{x}_8) \right] \dfrac{g(\hat{x}_8)}{\sigma_0 |\hat{x}_8|} \\[2mm]
\hat{\theta}_4 = \left[\dfrac{v_{1eq}}{\hat{x}_4} - \kappa(\hat{x}_5 + \hat{x}_9) \right] \dfrac{g(\hat{x}_9)}{\sigma_0 |\hat{x}_9|}
\end{cases} \tag{6.14}
$$

為了從式(6.14) 中獲得有效的估計值，當車加速或減速時滑移率是非零的，即（$\hat{x}_6 \neq 0$，$\hat{x}_7 \neq 0$，$\hat{x}_8 \neq 0$，$\hat{x}_9 \neq 0$），當車勻速時，輪胎的滑移率是接近零的（$\sigma_x \approx 0$），此時參數估計誤差比較大，此時將估計參數 $\hat{\theta}_{(1,2,3,4)}$ 設定為一個合理正常的值 $\hat{\theta}_{(1,2,3,4)} = \hat{\theta}_{nom}$，這樣就避免了車輪打滑。

6.2.2 最大電磁力矩估算

根據上面估計得到的路面條件參數 $\hat{\theta}$，代入穩態 LuGre 模型，可以得到穩態的輪胎-路面摩擦曲線 μ_{ss}，透過曲線可以找到最大的摩擦係數 μ_{ss} 所對應的最優滑移量。

當 LuGre 模型式(3.15) 中 $\dot{z} \approx 0$ 時，可以得到穩態模型

$$\begin{cases} z_{ss} = \dfrac{v_r}{\theta \dfrac{\sigma_0 |v_r|}{g(v_r)} + \kappa r |w|} \\[3mm] \mu_{ss} = \dfrac{\sigma_0 v_r}{\theta \dfrac{\sigma_0 |v_r|}{g(v_r)} + \kappa r |w|} + \sigma_2 v_r \end{cases} \tag{6.15}$$

式中，z_{ss} 和 μ_{ss} 為 z 和 μ 穩定時的值。

將 $w = \dfrac{v_r + v_x}{r}$ 代入式(6.15) 可以得到 μ_{ss} 關於 v_r 的函數如下：

$$\mu_{ss}(v_r) = \dfrac{\sigma_0 v_r}{\theta \dfrac{\sigma_0 |v_r|}{g(v_r)} + \kappa(v_r + v_x)} + \sigma_2 v_r \tag{6.16}$$

為了得到 μ_{ss} 的最大值 μ_{ssmax}，可以對式(6.16) 求導取極大值。為了簡化計算，增強算法的實時性，考慮到在實際汽車行駛的過程中 $\sigma_2 v_r$ 對 μ_{ssmax} 影響很小，所以在計算 μ_{ssmax} 時可以忽略 $\sigma_2 v_r$ 項。那麼由 $\dfrac{\partial \mu_{ss}}{\partial v_r} = 0$ 得到：

$$\kappa v_x g(v_r)^2 - \dfrac{\theta \sigma_0 v_r^2}{v_s}[g(v_r) - \mu_c] = 0 \tag{6.17}$$

由於在 $g(v_r)$ 中有關於 v_r 的指數項，式(6.17) 為超越方程，為了簡化計算，可以將 $g(v_r)$ 中的指數項按泰勒展開，代入式(6.17) 得到一個一元四次方程，解出 v_{rmax} 和 μ_{ssmax}。

在得到驅動穩態時每個輪胎對應的 μ_{ssmax} 就可以求出對應電機的最大力矩 $\hat{T}_{max}$，使汽車驅動而不打滑。$\hat{T}_{max}$ 方程如下：

$$\hat{T}_{max} = \hat{\mu}_{ssmax} F_n r + \sigma_\omega \dfrac{(v_{rmax} + \hat{x}_5)}{r} \tag{6.18}$$

6.3 仿真分析

　　由於電動汽車產業還不夠成熟，實驗車製造成本高，目前在分布式驅動電動汽車的動力學控制系統研究中，大多先採用仿真系統做前期的研究，在縮短技術開發時間的同時節省科研經費。目前應用比較多的電動汽車仿真軟體有 ADVISOR，但這款仿真軟體主要是利用車輛的各部分參數來分析傳統汽車、純電動汽車、混合動力汽車的燃油經濟性、動力性和排放性等性能，對汽車的動力學仿真模型仿真精度不夠，而且在模型中嵌入汽車動力學控制系統不方便，所以不太適合做動力學控制系統仿真。目前對汽車動力學仿真精度比較高的是 CarSim，其作為很成熟的商業軟體，不僅仿真精度高，模型還有自由度高、運算穩定、開放兼容性高等特點，而且還具有完整多樣的駕駛員模型。使用者可以根據自己的需求很方便地定義不同工況下的開環或者閉環的仿真實驗，並透過3D 的動畫效果直接展現使用者設計的控制算法的運行效果。

　　但是 CarSim 目前只針對傳統內燃機汽車，沒有電機、電池模塊，所以不能直接用來仿真電動汽車。為了利用 CarSim 軟體中優良的汽車動力學模型、路面環境模型和駕駛員模型，文獻［8］提出了基於 CarSim 和 Simulink 聯合仿真的分布式驅動電動汽車建模。其透過設置 CarSim 車輛模型和 Simulink 的輸入輸出介面來進行聯合仿真，取得了不錯的效果。文獻［9］提出了用 CarSim 模型來驗證自己建立的仿真模型，但是建立的模型太簡單，與 CarSim 模型運動差別太大，特別是在運動狀態變化時。這種現象主要是因為沒有考慮車輛的懸架等系統，不能很好地反映車輛運動的運動狀態，所以不適合用於穩定性控制仿真。

　　為了更好地仿真車輛運動狀態，驗證控制系統，這裡也採用 CarSim 車輛模型和 Simulink 聯合仿真。由於傳統的汽車與電動汽車除了動力系統有區別外，其他的車輛構造（如懸架系統、轉向系統、摩擦刹車系統等）基本相同，因此利用 CarSim 車輛模型中已有的車輛模型數據進行聯合仿真，只是要把其中的動力系統換成電動機系統。透過在 Simulink 搭建合適的四個獨立的電機驅動系統，並將每個電機的輸出轉矩透過 CarSim 的輸入通訊埠輸送給對應的每個車輪，這樣就可以搭建一個完整的四輪獨立驅電動汽車仿真系統。透過 CarSim 的可靠數據來測試和驗證所設計的控制系統。

　　CarSim 模型中外部加載的驅動轉矩有兩種——輪邊電機驅動系統和輪轂電機驅動系統，其輸入介面分別為 IMP _ MY _ OUT _ D1 _ L（左

前輪）和 IMP＿MYUSM＿L1（左前輪）。因為本書採用的是輪轂電機驅動，所以採用第二種方案 IMP＿MYUSM 作為輸入。如圖 6.4 所示為控制系統基於 CarSim 和 Simulink 的聯合仿真圖。

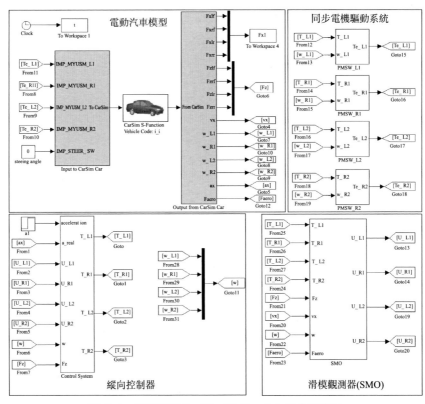

圖 6.4　控制系統 CarSim 和 Simulink 聯合仿真圖

CarSim 電動汽車模型中汽車的各項參數如表 6.1 所示。由於沒有實車數據，所以表中輪胎的 LuGre 輪胎動力學模型中的係數，如 stribeck 摩擦效應的速度係數 v_s、輪胎縱向剛度係數 σ_0、縱向摩擦的阻尼係數 σ_1 和黏著係數 σ_2 均來自於文獻［10］。

表 6.1　電動汽車的各項參數

汽車質量(m)	1160kg	輪胎縱向剛度係數(σ_0)	1501/m
質心到前軸的距離	1.04m	縱向摩擦的阻尼係數(σ_1)	4s/m
質心到後軸的距離	1.56m	黏著係數(σ_2)	0.01s/m
車輪半徑(無負載)(r)	0.313m	庫侖動摩擦係數(μ_c)	0.3

續表

車輪轉動慣量(J)	$1.56\mathrm{kg \cdot m^2}$	靜摩擦係數(μ_s)	1.4
大氣影響因子(C_x)	0.5	stribeck摩擦效應的速度係數(v_s)	1.5m/s
汽車迎風面積	$1.4\mathrm{m^2}$	輪胎接地區寬度(L)	0.2m
大氣密度(ρ)	$1.225\mathrm{kg/m^3}$	捕捉係數(κ)	7/6L 1/m

利用這些參數及其具體步驟，找到合適的觀察器增益矩陣如下：

$$\boldsymbol{L} = \begin{bmatrix} -230 & 0 & 0 & 0 \\ 0 & -230 & 0 & 0 \\ 0 & 0 & -340 & 0 \\ 0 & 0 & 0 & -340 \\ -2670 & -2670 & -2670 & -2670 \\ 196860 & 2670 & 2670 & 2670 \\ 2670 & 196860 & 2670 & 2670 \\ 2670 & 2670 & 196860 & 2670 \\ 2670 & 2670 & 2670 & 196860 \end{bmatrix},$$

$$\boldsymbol{F} = \begin{bmatrix} 2735.1 & 0 & 0 & 0 \\ 0 & 2735.1 & 0 & 0 \\ 0 & 0 & 1823.1 & 0 \\ 0 & 0 & 0 & 1823.1 \end{bmatrix}。$$

根據上面得到的參數在仿真實驗中得到如下的結果。

（1）四驅電動汽車在兩段路面條件不同的路面以最大加速度加速

仿真實驗中汽車從 10km/h 速度開始以最大的加速度行駛 2s，路面條件設置為：前段路面長 4m，摩擦係數為 0.5，後段路面摩擦係數為 0.25，將 SMO 觀測得到的車輛的狀態變數和參數與 CarSim 中車輛模型中設定的參考值進行比較分析。

當汽車直線行駛時，由於這次試驗路面的左右側的摩擦係數相同，故同軸的左右輪的路面摩擦係數差別很小，所以同軸的左右輪驅動力相差很小，如圖 6.5 所示。產生的橫擺力矩很小，對車輛直線影響很小，可以忽略不計。圖 6.5(a) 為汽車縱向加速度，從圖中可以看到汽車在開始的 0.3s 中加速啟動，隨著觀測器估計趨於穩定，逐漸增加到最大值。由於汽車本身有一定的長度，在當汽車行駛 4m 後汽車的前後輪先後分別經過路面摩擦係數突變處，所以後輪估計的路面可提供的最大摩擦係數的變化會比前輪晚一段距離。圖 6.5(b) 為汽車的縱向的實際速度 v_x 與估計速度 $\hat{v}_x$，可以看出速度估計非常精確，避免了使用昂貴的傳感器。圖 6.5(c) 和 (d) 分別為汽車左右側輪胎的滑移量實際值 v_r 與估計量 $\hat{v}_r$。從圖中可以看出汽車的滑移量一直沒超過最大滑移量，只是在路

面條件變化處車輪在調整過程中會接近最大滑移量，或者短暫的超出。圖 6.5(e) 為左右輪穩態時最大摩擦係數估計值 $\hat{\mu}_{ssmax}$ 與實際值 μ_{ssmax}，可以看到估計值一直略小於實際值，可以避免車輪打滑，並實時跟隨真實值的變化而變化。在路面 4m 處路面摩擦係數從 0.5 突變為 0.25，前後輪分別先後經過路面條件變化處時各個車輪估計得到的最大摩擦係數 $\hat{\mu}_{ssmax}$ 也會迅速調整，避免車輪出現打滑失穩現象。透過估計值 $\hat{\mu}_{ssmax}$ 來控制如圖 6.5(f) 所示的電機的電磁轉矩，使汽車獲得在避免車輪打滑情況下盡可能獲得最大的加速度。圖 6.5(g) 中的汽車垂直負載的變化是由於汽車加速過程中造成的車輛重心轉移導致的。

總體來看實驗取得了良好的效果，驗證了 SMO 能在各個車輪經過的路面變化時迅速準確估計出路面摩擦係數的變化，防止車輪打滑。

(2) 四驅電動汽車在左右兩側路面條件不同的情況下實驗結果

仿真實驗中汽車從 10km/h 初始速度開始直線行駛，以最大的加速度行駛 2s，路面條件設置為：在前段路面 4m 的路面摩擦係數為 0.5，4m 之後的後段路面的左側摩擦係數不變，為 0.5，右側路面的摩擦係數為 0.25。將 SMO 觀測得到的車輛狀態變數和參數與 CarSim 仿真車輛中設定的參考值進行比較分析。

圖 6.6 為汽車一側路面條件變化的實驗。圖中可以看出實驗 (2) 中汽車在前段路面行駛過程中汽車狀態變數的變化與實驗 (1) 相同。但前輪到達後段路面時，汽車右側路面條件發生變化，從圖 6.6(c)、(d) 看出前後輪的右側輪胎的滑移量相比左側明顯減小。同時右側的最大摩擦係數也明顯減小，這使控制系統減小右側電機輸出的電磁轉矩，如圖 6.6(e)、(f) 所示。同時由圖 6.6(e)、(f) 可知車輛的左側輪胎估計最大路面摩擦係數出現一個較大的波動，這是因為車輛的同軸輪胎的縱向力不同，出現側向運動產生側向力 F_y。由於摩擦圓理論 $(F_x^2 + F_y^2 \leqslant (u_{max}F_z)^2)$，那麼會造成車輛實際的 F_x 減小，所以會出現雖然左側路面的實際摩擦係數不變但是估計的值會變小，所以會出現圖 6.6(e)、(f) 的摩擦係數波動。

雖然這種控制使汽車的加速度最大化，但是由於左右輪胎的驅動力矩的不同，由圖 6.6(g) 可知，會使汽車產生橫擺力矩，使車輛出現橫擺運動現象，不利於汽車的縱向穩定行駛。故為避免產生橫擺力矩，可以使左側電機輸出的電磁與右側輸出的電磁相等。當左右電機輸出電磁不等時，取兩者較小的值。那麼這樣的控制方法會使汽車行駛狀態與實驗 (1) 結果相同。

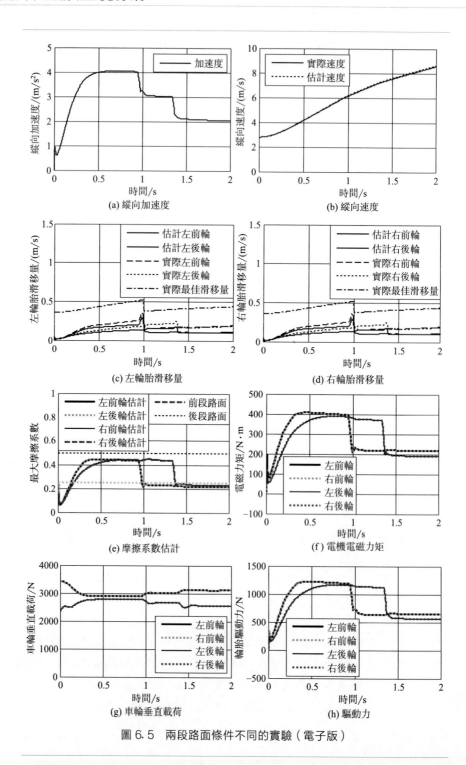

圖 6.5　兩段路面條件不同的實驗（電子版）

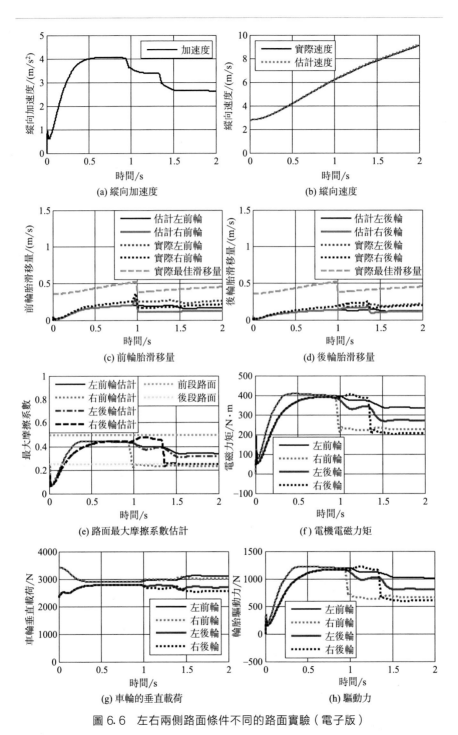

圖 6.6　左右兩側路面條件不同的路面實驗（電子版）

（3）車輛在有無路面摩擦係數估計情況下的牽引力控制對比實驗

為了驗證有路面摩擦係數估計的控制作用，我們做了一下對比實驗，比較一下汽車在有無路面摩擦係數估計情況下牽引力控制的性能。仿真實驗中汽車從 10km/h 速度開始以 $3m/s^2$ 加速度行駛 2s。路面條件設置為：前段路面長 4m 摩擦係數為 0.5，後段路面摩擦係數為 0.25。實驗效果如圖 6.7 所示。

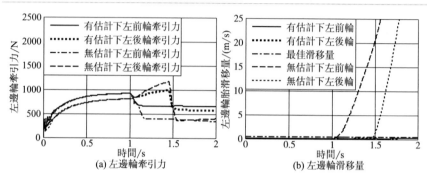

圖 6.7　在有無觀測器對路面摩擦係數估計下的牽引力控制對比實驗（電子版）

由於對稱性，同軸的左右輪牽引力和滑移量是一樣的，所以只給出了車輛左邊輪的圖。從圖 6.7(a) 可以看出車輛在前段路面都在穩定行駛。在車行駛 4m 後，有觀測器估計路面摩擦係數的電機電磁力矩飽和 PID 能夠控制車輛繼續穩定行駛。而無觀測器估計路面摩擦係數的一般 PID 控制車輪牽引力出現了很大的波動，這個現象可以從圖 6.7(b) 中看出，其輪胎滑移量在前段路面 4m 處急劇上升到很大值，出現很嚴重的打滑現象。

6.4　本章小結

本章提出了基於滑模觀測器（SMO）和 LuGre 摩擦動力學模型的四輪獨立驅動電動汽車的路面摩擦係數估計的方法。此方法只需要測量每個車輪對應電動機的電磁力矩和角速率，就能透過 SMO 對每個輪胎所處的路面條件進行估計，同時也將車輛的縱向速度作為狀態變數進行了估計。由於電機的電磁力矩和角速度資訊很容易獲得，也不需要外加傳感器，避免了使用昂貴的 GPS 設備測量車輛的速度來計算滑移率。從 6.3 節的實驗結果分析可以看出，估計的精度很接近真實值，精度較高的同時還能實時根據路面條件變化而變化，避免了採用視覺或溫度傳感器來估計路面類型時估計精度不高和實時差等問題。總體來說，本章設計的

觀測器能夠在低成本的條件下實現路面條件估計的較高精度和很好的實時性。為設計飽和 PI 控制器提供了準確的車輛資訊和路面參數。

本章在 SMO 估計得到的路面條件參數 $\hat{\theta}$ 的基礎上設計了飽和 PI 控制器。透過估計得到的 $\hat{\theta}$ 和穩態 LuGre 模型，計算出每個車輪對應的路面最大摩擦係數，然後計算出路面能產生的最大驅動力。根據估計得到的每個車輪所能提供的最大驅動力，透過飽和控制來限制對應電機的電磁力矩，電動汽車能夠充分利用路面所能提供的驅動力，使汽車在任意條件的路面上獲得最大的加速度同時保持穩定行駛。最後，通過 CarSim 與 Simulink 聯合仿真實驗，並與無路面條件估計和飽和控制的實驗做對比，驗證了這種方法可行性和有效性。

參考文獻

［1］　ZHAO Y, TIAN Y T, LIAN Y F, et al. A sliding mode observer of road condition estimation for four-wheel-independent-drive electric vehicles. Proceeding of the 11th World Congress on Intelligent Control and Automation, June29-July4, 2014[C]. Shenyang, China: IEEE, 2014.

［2］　劉金琨. 滑模變結構控制 MATLAB 仿真[M]. 北京: 清華大學出版社. 2005.

［3］　HUI S, ZAK S H. Observer design for systems with unknown inputs[J]. International Journal of Applied Mathematics and Computer Science, 2005, 15（4）: 431.

［4］　EDWARDS C, SPURGEON S K. On the development of discontinuous observers [J]. International Journal of control, 1994, 59（5）: 1211-1229.

［5］　XIANG J, SU H, CHU J. On the design of Walcott-Zak sliding mode observer. Proceedings of the 2005, American Control Conference, June 8-10, 2005[C]. Portland, OR, USA: IEEE, 2005.

［6］　RAJAMANI R, PHANOMCHOENG G, PIYABONGKARN D, et al. Algorithms for real-time estimation of individual wheel tire-road friction coefficients[J]. IEEE/ASME Transactions on Mechatronics, 2012, 17（6）: 1183-1195.

［7］　IMINE H, M'SIRDI N K, DELANNE Y. Sliding-mode observers for systems with unknown inputs: application to estimating the road profile[J]. Proceedings of the Institution of Mechanical Engineers, Part D: Journal of Automobile Engineering, 2005, 219（8）: 989-997.

［8］　熊璐, 陳晨, 馮源. 基於 Carsim/Simulink 聯合仿真的分布式驅動電動汽車建模[J]. 系統仿真學報, 2014, 26（5）: 1143-1155.

［9］　姜男. 輪轂電機電動汽車動力學建模與轉矩節能分配算法研究[D]. 長春: 吉林大學. 2012.

［10］　MAGALLAN G A, DE ANGELO H C, GARCIA G O. Maximization of the traction forces in a 2WD electric vehicle[J]. IEEE Transactions on Vehicular Technology, 2011, 60（2）: 369-380.

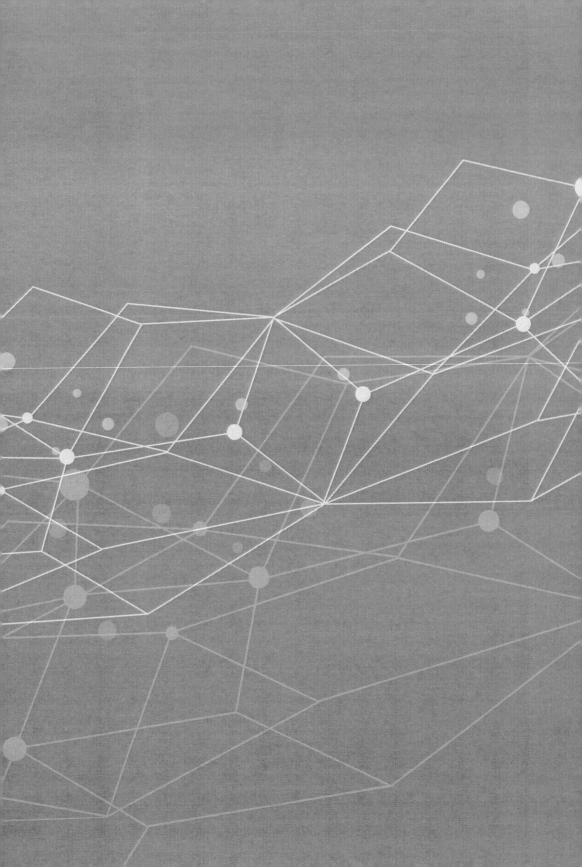

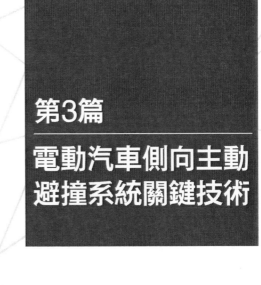

第3篇
電動汽車側向主動
避撞系統關鍵技術

第7章

車輛狀態與車路耦合特徵估計

本章研究重點為輪胎側偏剛度估計的簡化方法與車身側偏角估計的非線性觀測器設計。車身側偏角在車輛側向穩定控制系統中常用來作為被控變數。Lechner 等人利用橫擺角速率、側向加速度和車輛速度資訊來估計車身側偏角。車身側偏角很容易透過車身側偏角變化率的積分獲得。目前，關於輪胎側偏剛度估計的方法有很多，估計方法主要分成兩類。一類估計方法為基於車身側偏角資訊的輪胎側偏剛度估計。輪胎側偏剛度估計過程中需要車身側偏角資訊，因此，此方法需要同時估計車身側偏角和輪胎側偏剛度。Fujimoto 等人提出了一個同時估計車身側偏角與輪胎側偏剛度的方法。Anderson 等人使用 GPS 天線構成了車身側偏角與輪胎側偏剛度同時估計器。Baffet 等人設計了滑模估計器來同時估計車身側偏角與輪胎側偏剛度。此類方法由於計算過程複雜導致了估計器的計算負擔比較大。另一類估計方法為不基於車身側偏角資訊的輪胎側偏剛度估計。輪胎側偏剛度估計過程中不需要車身側偏角資訊。Leeuween 等人開發了一種用來測量輪胎側向力的新型車用傳感器，輪胎側向力傳感器的問世為車輛狀態估計與車輛動力學控制在理論研究和實際應用上提供了一個新的且行之有效的解決方案。

本章基於輪胎側向力傳感器所獲得的資訊，提出了不基於車身側偏角資訊的輪胎側偏剛度估計的簡化方法。基於已估計的輪胎側偏剛度資訊，設計了車身側偏角估計的非線性觀測器。結合一階斯梯林插值濾波器（DD1-filter）和一階低通濾波器，可獲得較好的車身側偏角估計效果。

7.1 輪胎側偏剛度估計

7.1.1 輪胎側向動力學簡化

車輛模型中的非線性主要來自於輪胎的非線性，輪胎側偏剛度在輪胎模型中起著重要作用。對於不同路面條件，輪胎側偏剛度也不同。因

此，輪胎側偏剛度資訊的準確獲取有利於提高車輛對不同路面的適應能力，便於設計具有自適應功能的車輛轉向控制器。

結合式(3.12) 和式(3.13)，消去方程中的中間變數車身側偏角，可得：

$$F_\text{f}^y = \frac{C_\text{f}}{C_\text{r}} F_\text{r}^y + 2C_\text{f}\left(\delta_\text{f} - \frac{l\gamma}{v_x}\right) \tag{7.1}$$

假設左右輪胎側偏剛度相同，即 $C_\text{fl} = C_\text{fr} = C_\text{f}$，則左前輪與右前輪的側向動力學方程可分別表示為：

$$F_\text{fl}^y = -C_\text{f}\left(\frac{v_x\beta + l_\text{f}\gamma}{v_x - \dfrac{d}{2}\gamma} - \delta_\text{f}\right) \tag{7.2}$$

$$F_\text{fr}^y = -C_\text{f}\left(\frac{v_x\beta + l_\text{f}\gamma}{v_x + \dfrac{d}{2}\gamma} - \delta_\text{f}\right) \tag{7.3}$$

結合式(7.2) 和式(7.3)，左前輪和右前輪的關係如下：

$$\left(v_x + \frac{d}{2}\gamma\right)F_\text{fr}^y - \left(v_x - \frac{d}{2}\gamma\right)F_\text{fl}^y = d\gamma\delta_\text{f}C_\text{f} \tag{7.4}$$

式(7.1) 和式(7.4) 構成了輪胎側偏剛度估計的遞推模型。在式(7.1) 和式(7.4) 中，雖然沒有車身側偏角參與估計，但前後輪胎側偏剛度估計會相互影響，估計過程中需要矩陣運算，無形中增加了估計器的運算負擔，影響了估計器的運算速度。因此，以減輕估計器負擔為目標簡化輪胎側向動力學模型的研究是必要的。

假設左右輪的行駛條件相同，則設左右輪輪胎側向力的大小與方向相同，即 $F_\text{fl}^y = F_\text{fr}^y = \frac{1}{2}F_\text{f}^y$。結合式(7.4)，前輪輪胎側向力可簡化為：

$$F_\text{f}^y = 2C_\text{f}\delta_\text{f} \tag{7.5}$$

將式(7.5) 代入式(7.1) 中，後輪輪胎側向力可簡化為：

$$F_\text{r}^y = \frac{2lC_\text{r}}{v_x}\gamma \tag{7.6}$$

式(7.5) 和式(7.6) 構成了輪胎側偏剛度估計的簡化遞推模型。在式(7.5) 和式(7.6) 中，同樣沒有車身側偏角參與估計，而且前後輪側偏剛度估計完全解耦。

7.1.2　遞推最小二乘算法設計

上述所討論的輪胎側向動力學模型可分別用下面的參數識別形式描述：

$$y(t) = \boldsymbol{\varphi}^\text{T}(t)\boldsymbol{\theta}(t) + e(t) \tag{7.7}$$

式中　$\boldsymbol{\theta}(t)$——估計參數矢量；

$\boldsymbol{\varphi}(t)$——輸入遞推矢量;

$\boldsymbol{e}(t)$——輸出 $\boldsymbol{y}(t)$ 與估計值 $\boldsymbol{\varphi}^{\mathrm{T}}(t)\boldsymbol{\theta}(t)$ 的識別誤差。

則基於式(7.1) 和式(7.4) 的輪胎側向動力學模型與基於式(7.5) 和式(7.6) 的簡化輪胎側向動力學模型所對應的遞推模型分別如下:

$$\begin{cases} \boldsymbol{y}_{(4.9),(4.12)}(t)=\begin{bmatrix} F_{\mathrm{f}}^{y} \\ \left(v_x+\dfrac{d}{2}\gamma\right)F_{\mathrm{fr}}^{y}-\left(v_x-\dfrac{d}{2}\gamma\right)F_{\mathrm{fl}}^{y} \end{bmatrix} \\ \boldsymbol{\varphi}_{(4.9),(4.12)}^{\mathrm{T}}(t)=\begin{bmatrix} F_{\mathrm{r}}^{y} & 2\left(\delta_{\mathrm{f}}-\dfrac{l\gamma}{v_x}\right) \\ 0 & d\gamma\delta_{\mathrm{f}} \end{bmatrix} \\ \boldsymbol{\theta}_{(4.9),(4.12)}(t)=\begin{bmatrix} \dfrac{C_{\mathrm{f}}}{C_{\mathrm{r}}} & C_{\mathrm{f}} \end{bmatrix}^{\mathrm{T}} \end{cases} \tag{7.8}$$

$$\begin{cases} \boldsymbol{y}_{(4.13),(4.14)}(t)=\begin{bmatrix} F_{\mathrm{f}}^{y} & F_{\mathrm{r}}^{y} \end{bmatrix}^{\mathrm{T}} \\ \boldsymbol{\varphi}_{(4.13),(4.14)}^{\mathrm{T}}(t)=\begin{bmatrix} 2\delta_{\mathrm{f}} & 0 \\ 0 & \dfrac{2l\gamma}{v_x} \end{bmatrix} \\ \boldsymbol{\theta}_{(4.13),(4.14)}(t)=\begin{bmatrix} C_{\mathrm{f}} & C_{\mathrm{r}} \end{bmatrix}^{\mathrm{T}} \end{cases} \tag{7.9}$$

由式(7.8) 和式(7.9) 可以看出,簡化的遞推矢量為對角矩陣,將前後輪胎側偏剛度進行完全解耦估計。簡化的估計參數矢量為直接參數估計矢量,即直接估計前後輪胎側偏剛度,而簡化前的估計參數矢量為間接參數估計矢量,即前輪胎側偏剛度可直接估計,而後輪胎側偏剛度則是由參數估計後計算得到的,因此,簡化前的參數估計方法除了計算過程繁瑣外,估計參數若存在誤差還會直接影響後輪胎側偏剛度的計算精度。

RLS是對未知矢量 $\boldsymbol{\theta}(t)$ 的迭代算法。對於每個採樣週期,使用已有採樣數據,透過反復迭代來計算未知矢量 $\boldsymbol{\theta}(t)$。RLS迭代算法以模型誤差的最小方差為目標,具體的迭代步驟如下。

第1步:測量系統輸出變數 $\boldsymbol{y}(t)$,並計算迭代矢量 $\boldsymbol{\varphi}(t)$;

第2步:計算識別誤差 $\boldsymbol{e}(t)$;

$$\boldsymbol{e}(t)=\boldsymbol{y}(t)-\boldsymbol{\varphi}^{\mathrm{T}}(t)\boldsymbol{\theta}(t-1) \tag{7.10}$$

第3步:計算增益矢量 $\boldsymbol{K}(t)$ 和協方差矩陣 $\boldsymbol{P}(t)$;

$$\boldsymbol{K}(t)=\frac{\boldsymbol{P}(t-1)\boldsymbol{\varphi}(t)}{\lambda+\boldsymbol{\varphi}^{\mathrm{T}}(t)\boldsymbol{P}(t-1)\boldsymbol{\varphi}(t)} \tag{7.11}$$

$$\boldsymbol{P}(t)=\frac{1}{\lambda}\left[\boldsymbol{P}(t-1)-\frac{\boldsymbol{P}(t-1)\boldsymbol{\varphi}(t)\boldsymbol{\varphi}^{\mathrm{T}}(t)\boldsymbol{P}(t-1)}{\lambda+\boldsymbol{\varphi}^{\mathrm{T}}(t)\boldsymbol{P}(t-1)\boldsymbol{\varphi}(t)}\right] \tag{7.12}$$

第4步:更新估計參數矢量 $\boldsymbol{\theta}(t)$。

$$\boldsymbol{\theta}(t)=\boldsymbol{\theta}(t-1)+\boldsymbol{K}(t)\boldsymbol{e}(t) \tag{7.13}$$

式中，λ 被稱為遺忘因子，能夠有效地減少與模型相關的歷史數據帶來的影響。通常，遺忘因子的取值範圍在 $[0.9, 1]$。

以上為標準的 RLS 算法，在此基礎上，輪胎側偏剛度估計需要約束條件以保證估計值能夠快速穩定地追蹤真實值的變化。

7.1.3 仿真分析

(1) 輪胎側偏剛度估計的約束條件

輪胎側偏剛度估計仿真實驗中使用的側向運動軌跡、前輪轉向角、前後輪側向力和橫擺角速率資訊在實際應用中均可以用相應的檢測元件獲得，例如加速度傳感器、光學傳感器、側向力傳感器和陀螺儀等。上述提及的數據資訊均作為給定資訊來估計前後輪側偏剛度，並假設這些數據資訊均為訊號處理後的有用資訊。此外，當車輛直線行駛時，上述數據是在零值附近的一些數值，這時輪胎側偏剛度估計器所估計的參數將會存在隨機的不確定數據，既不符合實際工況，又會影響主動避撞系統對路面條件的判斷。因此，為了確保輪胎側偏剛度估計器具有良好的估計性能，文獻 [1] 給出了估計過程的約束條件，即當前時刻的前輪轉向角與橫擺角速率的絕對值均小於一確定值時，所估計的輪胎側偏剛度不進行更新。然而，要想獲得較好的輪胎側偏剛度的估計性能，這些約束條件是遠遠不夠的，本書在這些約束條件的基礎上進一步補充了約束條件，即當前時刻的前輪轉向角、橫擺角速率與前一時刻輪胎側偏剛度的估計值的絕對值均小於一確定值時，所估計的輪胎側偏剛度不進行更新。本章研究了輪胎側偏剛度的簡化方法，前後輪胎側偏剛度彼此完全解耦。因此，估計過程中可分別給出前後輪胎側偏剛度估計的約束條件。仿真實驗中設該值為 0.001，式(7.14) 和式(7.15) 分別給出了前後輪胎側偏剛度估計過程中的約束條件：

$$\text{s. t.} \quad |\delta_f(t)| \leqslant 0.001 \quad \text{且} \quad |C_f(t-1)| \leqslant 0.001 \quad (7.14)$$

$$\text{s. t.} \quad |\gamma(t)| \leqslant 0.001 \quad \text{且} \quad |C_r(t-1)| \leqslant 0.001 \quad (7.15)$$

(2) 前輪胎側偏剛度估計

為躲避自車前方的障礙物，包括車輛、行人、路障等，自車側向運動軌跡如圖 7.1 所示。車輛前後輪胎側向力的變化趨勢如圖 7.2 所示，前輪轉向角的變化趨勢如圖 7.3 所示。假設前輪側偏剛度的模型值在估計過程中由 5600N/rad 變化到 8000N/rad，遺忘因子取 $\lambda = 0.995$，結合式(7.8)、式(7.9) 和式(7.14)，採用 RLS 估計的前輪側偏剛度如圖 7.4 所示。簡化前估計曲線在 1.2s 左右開始估計，而簡化後估計曲線在 1.0s 左右開始估計，簡化後估計曲線先於簡化前曲線估計，說明簡化後估計器的計算速度

較快,減輕了估計器的運算負擔。圖7.5和圖7.6分別給出了簡化前後的絕對誤差曲線和相對誤差曲線。由對比曲線可以看出,動態時,簡化前估計曲線的誤差較大;穩態時,簡化後估計曲線誤差略大一些。雖然簡化後估計曲線的誤差略大於簡化前估計曲線,但兩者的追蹤效果都比較理想。因此,簡化後估計曲線能夠替代簡化前估計曲線來描述路面條件。

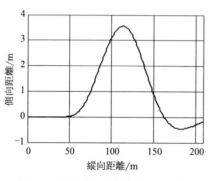

圖 7.1　側向運動軌跡(電子版)

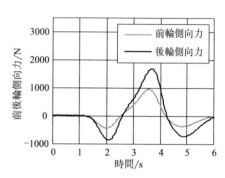

圖 7.2　前後輪側向力(電子版)

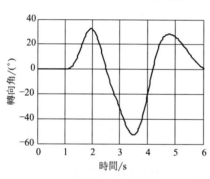

圖 7.3　前輪轉向角(電子版)

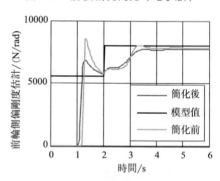

圖 7.4　前輪側偏剛度估計(電子版)

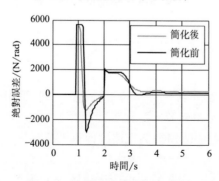

圖 7.5　絕對誤差曲線(電子版)

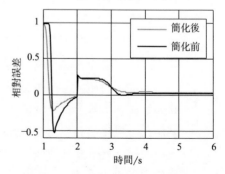

圖 7.6　相對誤差曲線(電子版)

(3) 後輪胎側偏剛度估計

車輛轉向避撞時橫擺角速率變化趨勢如圖7.7所示。假設後輪胎側偏剛度的模型值在估計過程中由18000N/rad變化到8000N/rad，遺忘因子取 λ＝0.995，結合式(7.8)、式(7.9)和式(7.15)，採用RLS估計的後輪胎側偏剛度如圖7.8所示。簡化後估計曲線的追蹤效果比較理想，而簡化前估計曲線的追蹤效果比較差，主要原因來自於式(7.8)遞推矢量中存在耦合關係，後輪胎側偏剛度須透過估計參數矢量中兩個估計變數計算得到，為間接估計。因此，後輪胎側偏剛度的估計效果相對比較差。圖7.9和圖7.10分別給出了簡化前後的絕對誤差曲線和相對誤差曲線。由對比曲線可以看出，動態時，簡化前估計曲線的誤差較大，尤其在1～2s之間的誤差很大；穩態時，簡化後估計曲線誤差略大一些。雖然簡化後估計曲線的誤差略大於簡化前估計曲線，但簡化後估計曲線的追蹤效果比較理想。因此，簡化後估計曲線能夠替代簡化前估計曲線來描述路面條件。

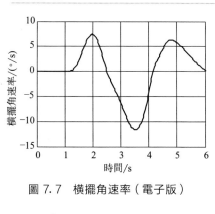

圖7.7 橫擺角速率（電子版）

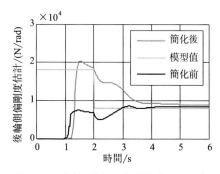

圖7.8 後輪側偏剛度估計（電子版）

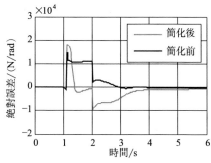

圖7.9 絕對誤差曲線（電子版）

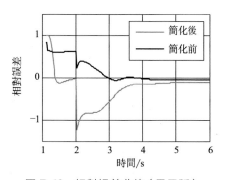

圖7.10 相對誤差曲線（電子版）

此外，式(7.6) 中包含車輛縱向行駛速度，仿真實驗假設路面條件不變，輪胎側偏剛度估計器分別在 60km/h、90km/h、120km/h 和 150km/h 條件下進行估計，估計效果如圖 7.11 所示，車輛縱向速度的變化不影響後輪胎側偏剛度估計的精度。

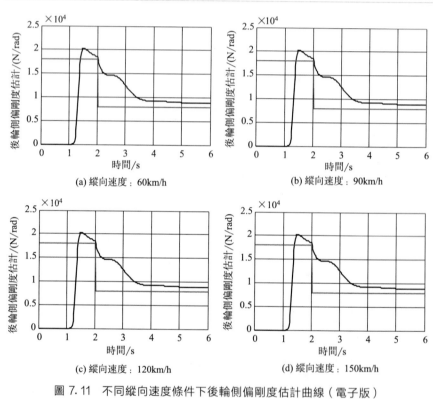

圖 7.11　不同縱向速度條件下後輪側偏剛度估計曲線（電子版）

7.2　車身側偏角估計

針對四輪獨立驅動輪轂電機電動汽車，結合兩輪車輛側向動力學模型和輪胎動力學模型，設計了車身側偏角的非線性觀測器。

7.2.1　輪胎動力學模型

為了反映輪胎側向動態變化過程，輪胎側向力計算使用典型的動態輪胎模型：

$$\tau_{\text{lag}}\dot{F}_{y\_\text{lag}}+F_{y\_\text{lag}}=F_y \tag{7.16}$$

式中　F_y——輪胎側向力；

　　F_{y_lag}——輪胎動態滯後側向力；

　　τ_{lag}——時間常數。

將式(3.12)和式(3.13)代入式(7.15)中，得到前後輪側向力的動力學描述：

$$\begin{cases} \dot{F}_f^y = -\dfrac{1}{\tau_f}F_f^y - \dfrac{2C_f}{\tau_f}\beta - \dfrac{2C_f l_f}{\tau_f v_x}\gamma + \dfrac{2C_f}{\tau_f}\delta_f \\[3mm] \dot{F}_r^y = -\dfrac{1}{\tau_r}F_r^y - \dfrac{2C_r}{\tau_r}\beta + \dfrac{2C_r l_r}{\tau_r v_x}\gamma \end{cases} \tag{7.17}$$

7.2.2　輪胎縱向力計算

由式(3.14)和式(3.9)可知，橫擺力矩可以由四個輪胎的縱向力計算得到。因此，需要研究四個輪胎的縱向力資訊的獲得方法。本章的研究工作是在車輛安裝輪胎側向力傳感器的前提下進行的，因此，輪胎側向力資訊可直接測量獲得。輪胎縱向力資訊是透過式(3.21)獲得的。文獻［2］和［3］中解釋了車輛的各種約束條件，如圖7.12所示。垂直載荷、路面附著係數和輪胎特性決定了摩擦圓約束，車輪轉角決定了執行器的橫向約束，最大驅動/制動力矩決定了執行器的縱向約束，以及輪胎力在車輪座標系和車輛座標系間的轉換，共同構成了總的約束條件。因此，結合透過輪胎縱向力觀測器計算得到的輪胎縱向力與其約束條件，可計算出輪胎縱向力，為車身側偏角非線性觀測的設計與實現提供必要的輪胎縱向力資訊。

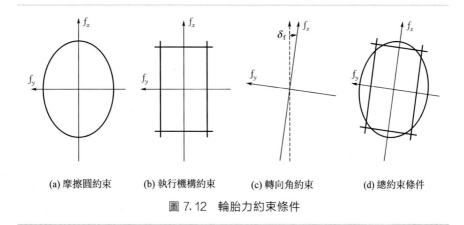

(a)摩擦圓約束　　(b)執行機構約束　　(c)轉向角約束　　(d)總約束條件

圖7.12　輪胎力約束條件

基於上述分析，輪胎約束條件可描述如下：

$$
\begin{cases}
(F_{\mathrm{fl}}^{x})^{2}+(F_{\mathrm{fl}}^{y})^{2}\leqslant(\mu_{\mathrm{fl}}F_{\mathrm{fl}}^{z})^{2} \\
(F_{\mathrm{fr}}^{x})^{2}+(F_{\mathrm{fr}}^{y})^{2}\leqslant(\mu_{\mathrm{fr}}F_{\mathrm{fr}}^{z})^{2} \\
(F_{\mathrm{rl}}^{x})^{2}+(F_{\mathrm{rl}}^{y})^{2}\leqslant(\mu_{\mathrm{rl}}F_{\mathrm{rl}}^{z})^{2} \\
(F_{\mathrm{rr}}^{x})^{2}+(F_{\mathrm{rr}}^{y})^{2}\leqslant(\mu_{\mathrm{rr}}F_{\mathrm{rr}}^{z})^{2} \\
F_{\mathrm{fl}}^{x}+F_{\mathrm{fr}}^{x}+F_{\mathrm{rl}}^{x}+F_{\mathrm{rr}}^{x}>F_{\mathrm{aero}}+R_{x\mathrm{f}}+R_{x\mathrm{r}}+mg\sin\theta+ma_{x} \\
M_{z}+(F_{\mathrm{fl}}^{y}+F_{\mathrm{fr}}^{y})l_{\mathrm{f}}=(F_{\mathrm{rl}}^{y}+F_{\mathrm{rr}}^{y})l_{\mathrm{r}}
\end{cases}
\tag{7.18}
$$

式中　μ_{fl}——左前輪輪胎摩擦係數；

μ_{fr}——右前輪輪胎摩擦係數；

μ_{rl}——左後輪輪胎摩擦係數；

μ_{rr}——右後輪輪胎摩擦係數。

假設車輛行駛的路面條件不變，即 $\mu_{\mathrm{fl}}=\mu_{\mathrm{fr}}=\mu_{\mathrm{rl}}=\mu_{\mathrm{rr}}$。

7.2.3　車身側偏角觀測器設計

基於車輛 2DOF 模型和輪胎側向動力學模型，設計了車身側偏角非線性觀測器。為了使車身側偏角估計器能夠適應不同的路面條件，將基於簡化輪胎側向動力學模型估計得到的輪胎側偏剛度資訊作為車身側偏角非線性觀測器的測量狀態變數。考慮研究對象為四輪獨立驅動輪轂電機電動汽車，結合式(3.9) 和輪胎力，車身側偏角非線性觀測器的數學描述為：

$$
\begin{cases}
\dot{\boldsymbol{x}}(t)=\widetilde{\boldsymbol{f}}[\boldsymbol{x}(t),\boldsymbol{u}(t)]+\boldsymbol{v}(t) \\
\boldsymbol{y}(t)=\widetilde{\boldsymbol{g}}[\boldsymbol{x}(t)]+\boldsymbol{w}(t)
\end{cases}
\tag{7.19}
$$

式中，狀態矢量由車身側偏角、橫擺角速率、前輪側向力、後輪側向力、前輪胎側偏剛度和後輪胎側偏剛度構成。

$$
\begin{aligned}
\boldsymbol{x} &=[\beta,\gamma,F_{\mathrm{f}}^{y},F_{\mathrm{r}}^{y},C_{\mathrm{f}},C_{\mathrm{r}}]^{\mathrm{T}} \\
&=[x_{1},x_{2},x_{3},x_{4},x_{5},x_{6}]^{\mathrm{T}}
\end{aligned}
\tag{7.20}
$$

測量矢量由橫擺角速率、前輪側向力、後輪側向力、前輪胎側偏剛度和後輪胎側偏剛度構成。

$$
\begin{aligned}
\boldsymbol{y} &=[\gamma,F_{\mathrm{f}}^{y},F_{\mathrm{r}}^{y},C_{\mathrm{f}},C_{\mathrm{r}}]^{\mathrm{T}} \\
&=[y_{1},y_{2},y_{3},y_{4},y_{5}]^{\mathrm{T}}
\end{aligned}
\tag{7.21}
$$

輸入矢量由前輪轉向角、左前輪縱向力、右前輪縱向力、左後輪縱向力和右後輪縱向力構成。

$$\boldsymbol{u} = \left[\delta_{\mathrm{f}}, F_{\mathrm{fl}}^{x}, F_{\mathrm{fr}}^{x}, F_{\mathrm{rl}}^{x}, F_{\mathrm{rr}}^{x}\right]^{\mathrm{T}} \tag{7.22}$$
$$= \left[u_1, u_2, u_3, u_4, u_5\right]^{\mathrm{T}}$$

過程噪聲 $v(t)$ 和測量噪聲 $w(t)$ 假設為均值為零、白色的、不相關、相對獨立的噪聲。假設前後輪胎側偏剛度在整個轉向過程中保持不變,即:

$$\begin{cases} \dot{C}_{\mathrm{f}} = 0 \\ \dot{C}_{\mathrm{r}} = 0 \end{cases} \tag{7.23}$$

結合式(3.9)~式(3.11)、式(7.17) 和式(7.21),非線性狀態函數 $\widetilde{f}[x(t), u(t)]$ 與觀測函數 $\widetilde{g}[x(t)]$ 可分別表示為:

$$\begin{cases} \widetilde{f}_1(\boldsymbol{x}, \boldsymbol{u}) = -x_2 + \dfrac{x_3 \cos u_1}{m v_x} + \dfrac{x_4}{m v_x} \\[2mm] \widetilde{f}_2(\boldsymbol{x}, \boldsymbol{u}) = \dfrac{l_{\mathrm{f}} x_3 \cos u_1}{I_z} - \dfrac{l_{\mathrm{r}} x_4}{I_z} + \dfrac{d(u_5 - u_4 + u_3 \cos u_1 - u_2 \cos u_1)}{2 I_z} \\[2mm] \widetilde{f}_3(\boldsymbol{x}, \boldsymbol{u}) = -\dfrac{2 x_1 x_5}{\tau_{\mathrm{f}}} - \dfrac{2 l_{\mathrm{f}} x_2 x_5}{v_x \tau_{\mathrm{f}}} - \dfrac{x_3}{\tau_{\mathrm{f}}} + \dfrac{2 x_5 u_1}{\tau_{\mathrm{f}}} \\[2mm] \widetilde{f}_4(\boldsymbol{x}, \boldsymbol{u}) = -\dfrac{2 x_1 x_6}{\tau_{\mathrm{r}}} + \dfrac{2 l_{\mathrm{r}} x_2 x_6}{v_x \tau_{\mathrm{r}}} - \dfrac{x_4}{\tau_{\mathrm{r}}} \\[2mm] \widetilde{f}_5(\boldsymbol{x}, \boldsymbol{u}) = 0 \\[2mm] \widetilde{f}_6(\boldsymbol{x}, \boldsymbol{u}) = 0 \end{cases} \tag{7.24}$$

$$\begin{cases} \widetilde{g}_1(\boldsymbol{x}) = x_2 \\ \widetilde{g}_2(\boldsymbol{x}) = x_3 \\ \widetilde{g}_3(\boldsymbol{x}) = x_4 \\ \widetilde{g}_4(\boldsymbol{x}) = x_5 \\ \widetilde{g}_5(\boldsymbol{x}) = x_6 \end{cases} \tag{7.25}$$

7.2.4 非線性系統狀態估計

對於非線性系統辨識與估計等問題,廣泛採用的是基於擴展卡爾曼濾波器 (Extended Kalman Filter,EKF) 的辨識方法。使用 EKF 之前首先需要將非線性系統進行線性化,線性化方法採用 Taylor 線性近似,然而 Taylor 線性化在很多情況下線性化較粗糙,致使出現偏差較大,甚至存在收斂等問題。Norgaard 等人提出了基於多項式近似的一階差分 (Divided Difference,DD1) 濾波方法。DD1 濾波是根據多元 Stirling 插值方法,將函數進行多項式展開,取其中的線性項作為函數的近似,避免了 Taylor 線性化遇到的問題並減輕了運算負擔。

考慮車身側偏角非線性觀測器，式(7.19) 離散化形式為：

$$\begin{cases} \boldsymbol{x}_{k+1} = \widetilde{\boldsymbol{f}}(\boldsymbol{x}_k, \boldsymbol{u}_k) + \boldsymbol{v}_k \\ \boldsymbol{y}_k = \widetilde{\boldsymbol{g}}(\boldsymbol{x}_k) + \boldsymbol{w}_k \end{cases} \tag{7.26}$$

則按條件期望表示的系統狀態估計公式為：

$$\widehat{\boldsymbol{x}}_k = \bar{\boldsymbol{x}}_k + \boldsymbol{K}_k [\boldsymbol{y}_k - \bar{\boldsymbol{y}}_k] \tag{7.27}$$

式中　$\boldsymbol{K}_k$——增益矩陣；

　　$\bar{\boldsymbol{x}}_k$——狀態向量 $\boldsymbol{x}_k$ 的一步預報。

$$\boldsymbol{K}_k = \boldsymbol{P}_{xy}(k) \boldsymbol{P}_y^{-1}(k) \tag{7.28}$$

$$\bar{\boldsymbol{x}}_k = E[\boldsymbol{x}_k | \boldsymbol{Y}^{k-1}] \tag{7.29}$$

$$\bar{\boldsymbol{y}}_k = E[\boldsymbol{y}_k | \boldsymbol{Y}^{k-1}] \tag{7.30}$$

$$\boldsymbol{P}_{xy}(k) = E[(\boldsymbol{x}_k - \bar{\boldsymbol{x}}_k)(\boldsymbol{y}_k - \bar{\boldsymbol{y}}_k)^{\mathrm{T}} | \boldsymbol{Y}^{k-1}] \tag{7.31}$$

$$\boldsymbol{P}_y(k) = E[(\boldsymbol{y}_k - \bar{\boldsymbol{y}}_k)(\boldsymbol{y}_k - \bar{\boldsymbol{y}}_k)^{\mathrm{T}} | \boldsymbol{Y}^{k-1}] \tag{7.32}$$

估計誤差的方差矩陣為：

$$\widehat{\boldsymbol{P}}(k) = E[(\boldsymbol{x}_k - \widehat{\boldsymbol{x}}_k)(\boldsymbol{x}_k - \widehat{\boldsymbol{x}}_k)^{\mathrm{T}} | \boldsymbol{Y}^k] \tag{7.33}$$

$$= \bar{\boldsymbol{P}}(k) - \boldsymbol{K}_k \boldsymbol{P}_y(k) \boldsymbol{K}_k^{\mathrm{T}}$$

式中，$\boldsymbol{Y}^{k-1} = [\boldsymbol{y}_0 \quad \boldsymbol{y}_1 \quad \cdots \quad \boldsymbol{y}_{k-1}]^{\mathrm{T}}$，$\boldsymbol{Y}^k = [\boldsymbol{y}_0 \quad \boldsymbol{y}_1 \quad \cdots \quad \boldsymbol{y}_k]^{\mathrm{T}}$。

7.2.5　一階斯梯林插值濾波器

DD1 濾波對估計誤差的方差陣不是直接估計，而是對其 Cholesky 分解矩陣進行遞推，然後再合成得到估計誤差的方差陣。將四個方差陣進行 Cholesky 分解：

$$\begin{cases} \boldsymbol{Q} = \boldsymbol{S}_v \boldsymbol{S}_v^{\mathrm{T}} \\ \boldsymbol{R} = \boldsymbol{S}_w \boldsymbol{S}_w^{\mathrm{T}} \\ \bar{\boldsymbol{P}} = \bar{\boldsymbol{S}}_x \bar{\boldsymbol{S}}_x^{\mathrm{T}} \\ \widehat{\boldsymbol{P}} = \widehat{\boldsymbol{S}}_x \widehat{\boldsymbol{S}}_x^{\mathrm{T}} \end{cases} \tag{7.34}$$

狀態一步預報與預報誤差的方差陣分別為：

$$\bar{\boldsymbol{x}}_{k+1} \approx \widetilde{\boldsymbol{f}}(\widehat{\boldsymbol{x}}_k, \boldsymbol{u}_k) + \bar{\boldsymbol{v}}_k \tag{7.35}$$

$$\begin{aligned} \bar{\boldsymbol{P}}(k+1) &= \bar{\boldsymbol{S}}_x(k+1) \bar{\boldsymbol{S}}_x^{\mathrm{T}}(k+1) \\ &= [\boldsymbol{S}_{x\widehat{x}}(k) \quad \boldsymbol{S}_{xv}(k)][\boldsymbol{S}_{x\widehat{x}}(k) \quad \boldsymbol{S}_{xv}(k)]^{\mathrm{T}} \\ &= [\{\boldsymbol{S}_{x\widehat{x}}(k)_{(i,j)}\} \quad \{\boldsymbol{S}_{xv}(k)_{(i,j)}\}][\{\boldsymbol{S}_{x\widehat{x}}(k)_{(i,j)}\} \quad \{\boldsymbol{S}_{xv}(k)_{(i,j)}\}]^{\mathrm{T}} \end{aligned}$$
$$\tag{7.36}$$

式中，

$$\{\boldsymbol{S}_{x\hat{x}}(k)_{(i,j)}\} = \left\{\frac{1}{2h}\left[\tilde{f}_i(\hat{x}_k + h\hat{s}_{x,j}, u_k) + \bar{v}_k - \tilde{f}_i(\hat{x}_k - h\hat{s}_{x,j}, u_k) - \bar{v}_k\right]\right\}$$

(7.37)

$$\{\boldsymbol{S}_{xv}(k)_{(i,j)}\} = \left\{\frac{1}{2h}\left[\tilde{f}_i(\hat{x}_k, u_k) + (\bar{v}_k + hs_{v,j}) - \tilde{f}_i(\hat{x}_k, u_k) - (\bar{v}_k - hs_{v,j})\right]\right\}$$

(7.38)

式中，h 為步長。

輸出估計與輸出估計的誤差方差陣分別為：

$$\bar{y}_k = \tilde{\boldsymbol{g}}(\bar{x}_k) + \bar{w}_k$$

(7.39)

$$\begin{aligned}
\boldsymbol{P}_y(k) &= \boldsymbol{S}_y(k)\boldsymbol{S}_y^{\mathrm{T}}(k) \\
&= [\boldsymbol{S}_{y\bar{x}}(k) \quad \boldsymbol{S}_{yw}(k)][\boldsymbol{S}_{y\bar{x}}(k) \quad \boldsymbol{S}_{yw}(k)]^{\mathrm{T}} \\
&= [\{\boldsymbol{S}_{y\bar{x}}(k)_{(i,j)}\} \quad \{\boldsymbol{S}_{yw}(k)_{(i,j)}\}][\{\boldsymbol{S}_{y\bar{x}}(k)_{(i,j)}\} \quad \{\boldsymbol{S}_{yw}(k)_{(i,j)}\}]^{\mathrm{T}}
\end{aligned}$$

(7.40)

式中，

$$\{\boldsymbol{S}_{y\bar{x}}(k)_{(i,j)}\} = \frac{1}{2h}\{\tilde{g}_i(\bar{x}_k + h\bar{s}_{x,j}) - \tilde{g}_i(\hat{x}_k - h\bar{s}_{x,j})\} \quad (7.41)$$

$$\{\boldsymbol{S}_{yw}(k)_{(i,j)}\} = \left\{\frac{1}{2h}\left[\tilde{g}_i(\bar{x}_k) + (\bar{w}_k + hs_{w,j}) - \tilde{g}_i(\bar{x}_k) - (\bar{w}_k - hs_{w,j})\right]\right\}$$

(7.42)

一步預報誤差與輸出估計誤差的協方差陣為：

$$\boldsymbol{P}_{xy}(k) = \bar{\boldsymbol{S}}_x(k)\boldsymbol{S}_{y\bar{x}}^{\mathrm{T}}(k)$$

(7.43)

DD1 算法遞推時具體步驟如下：

第 1 步：由式(7.37) 和式(7.38) 計算 $\boldsymbol{S}_{x\hat{x}}(k)$ 和 $\boldsymbol{S}_{xv}(k)$，再由式(7.36) 計算 $\bar{\boldsymbol{P}}(k+1)$ 和 $\bar{\boldsymbol{S}}_x(k+1)$；

第 2 步：由式(7.41) 和式(7.42) 計算 $\boldsymbol{S}_{y\bar{x}}(k+1)$ 和 $\boldsymbol{S}_{yw}(k+1)$，再由式(7.40) 和式(7.43) 計算 $\boldsymbol{S}_y(k+1)$、$\boldsymbol{P}_y(k+1)$ 和 $\boldsymbol{P}_{xy}(k+1)$；

第 3 步：由式(7.28) 計算 $\boldsymbol{K}_{k+1}$；

第 4 步：由式(7.27) 計算 $\hat{\boldsymbol{x}}_{k+1}$；

第 5 步：由式(7.36) 和式(7.33) 計算 $\hat{\boldsymbol{P}}(k+1)$。

7.2.6 仿真分析

(1) 輪胎縱向力計算

為了給車身側偏角非線性觀測器提供四個輪胎的縱向力資訊來估計

車身側偏角,需先計算四個輪胎的縱向力。假設車輛行駛路面的摩擦係數為 0.7,結合輪胎約束條件、四個輪胎的垂直載荷、輪胎側向力和輪胎縱向力觀測器,可計算出輪胎縱向力,其變化趨勢分別如圖 7.13～圖 7.20 所示。

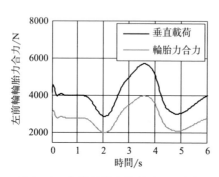

圖 7.13　左前輪垂直載荷(電子版)

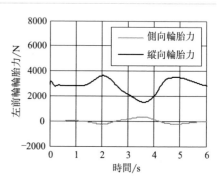

圖 7.14　左前輪輪胎力(電子版)

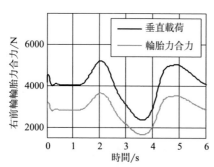

圖 7.15　右前輪垂直載荷(電子版)

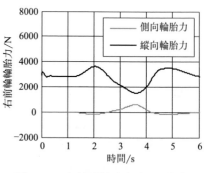

圖 7.16　右前輪輪胎力(電子版)

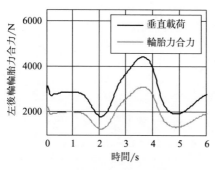

圖 7.17　左後輪垂直載荷(電子版)

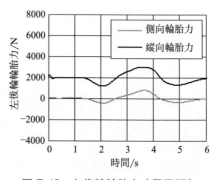

圖 7.18　左後輪輪胎力(電子版)

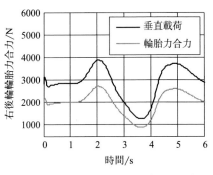

圖 7.19　右後輪垂直載荷（電子版）

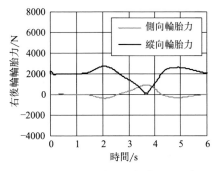

圖 7.20　右後輪輪胎力（電子版）

（2）車身側偏角估計

在車身側偏角非線性觀測器中，其狀態矢量所需資訊是由圖 7.7、圖 7.2 所示的資訊和輪胎側偏剛度簡化方法所獲得的前後輪胎側偏剛度資訊構成；測量矢量所需資訊是由圖 7.7、圖 7.2 所示的資訊和輪胎側偏剛度簡化方法所獲得的前後輪胎側偏剛度資訊構成；輸入矢量所需資訊是由圖 7.3、圖 7.14、圖 7.16、圖 7.18 和圖 7.20 所示的資訊構成。針對 DD1 濾波器估計算法，仿真參數設置如表 7.1 所示。

表 7.1　DD1 濾波器參數初始化設置

初始化參數	初始值
初始協方差矩陣	$\boldsymbol{P}_0 = \begin{bmatrix} 1 & 0 & 0 & 0 & 0 & 0 \\ 0 & 1 & 0 & 0 & 0 & 0 \\ 0 & 0 & 1 & 0 & 0 & 0 \\ 0 & 0 & 0 & 1 & 0 & 0 \\ 0 & 0 & 0 & 0 & 1 & 0 \\ 0 & 0 & 0 & 0 & 0 & 1 \end{bmatrix}$
過程噪聲協方差矩陣	$\boldsymbol{Q} = \begin{bmatrix} 0.5 & 0 & 0 & 0 & 0 & 0 \\ 0 & 0.5 & 0 & 0 & 0 & 0 \\ 0 & 0 & 0.5 & 0 & 0 & 0 \\ 0 & 0 & 0 & 0.5 & 0 & 0 \\ 0 & 0 & 0 & 0 & 0.5 & 0 \\ 0 & 0 & 0 & 0 & 0 & 0.5 \end{bmatrix}$
測量噪聲協方差矩陣	$\boldsymbol{R} = \begin{bmatrix} 4 & 0 & 0 & 0 & 0 \\ 0 & 4 & 0 & 0 & 0 \\ 0 & 0 & 4 & 0 & 0 \\ 0 & 0 & 0 & 4 & 0 \\ 0 & 0 & 0 & 0 & 4 \end{bmatrix}$
初始狀態	$x_0 = [0,0,0,0,12000,28000]^{\mathrm{T}}$

　　結合車身側偏角的非線性觀測器和 DD1 濾波器，可以很好地估計車身側偏角。為了使估計曲線更加平滑，在 DD1 濾波器的基礎上引入一階低通濾波器：

$$y(k)=\frac{K_c T_c}{T+T_c}u(k)+\frac{T}{T+T_c}y(k-1)$$ (7.44)

式中　K_c——濾波器的比例常數，$K_c=1$；

　　　　T——濾波器的時間常數，$T=50.5\text{s}$；

　　　　T_c——採樣時間，$T_c=30.5\text{s}$。

　　基於 DD1 濾波器和一階低通濾波器的車身側偏角估計趨勢如圖 7.21 所示，估計誤差如圖 7.22 所示。車輛在側向運動中，車身側偏角的估計範圍為 $-2.1285°\sim4.1382°$，車身側偏角估計器運算速度快，估計過程穩定；車身側偏角估計誤差的範圍為 $-0.1173°\sim0°$，誤差較小，精度較高。一階低通濾波器的引入使車身側偏角估計曲線更加平滑，波動減少。透過使用輪胎側偏剛度簡化方法所獲得的前後輪胎側偏剛度資訊，精確可靠的車身側偏角估計得以實現，解決了車身側偏角傳感器在安裝環境、經濟和技術等方面的限制問題。

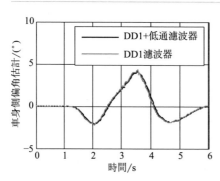

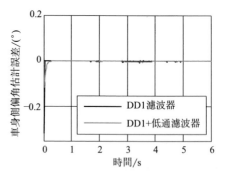

圖 7.21　車身側偏角估計（電子版）　　圖 7.22　車身側偏角估計誤差（電子版）

7.3　本章小結

　　本章提出了輪胎側偏剛度估計的簡化方法和車身側偏角的非線性觀測器。結合輪胎側向力資訊，輪胎側向動力學模型得以簡化，使 RLS 中的遞推矩陣的次對角線元素均為零，從而前後輪胎側偏剛度得以完全解耦估計，避免了估計過程中矩陣計算，提高了估計器的運算速度。結合

前後輪胎側偏剛度資訊，本章中設計了車身側偏角的非線性觀測器。結合 DD1 濾波器和一階低通濾波器，車身側偏角可以準確地獲得，估計過程穩定，誤差較小。基於車輛邊緣軌跡的側向安全距離模型、輪胎側偏剛度估計的簡化方法和車身側偏角非線性觀測器的安全性和有效性均已透過仿真實驗得以驗證。

參考文獻

[1] NAM K, FUJIMOTO H, HORI Y. Lateral Stability Control of In-wheel-motor-driven Electric Vehicle Based on Sideslip Angle Estimation Using Lateral Tire Force Sensors[J]. IEEE Transactions on Vehicular Technology. 2012, 5（61）: 1972-1985.

[2] FREDRIKSSON J, ANDRESSON J, LAINE L. Wheel force distribution for improved handling in a hybrid electric vehicle using nonlinear control. 2004 43rd IEEE Conference on Decision and Control（CDC）, Dec. 14-17, 2004[C]. Nassau, Bahamas: IEEE, 2004.

[3] 余卓平, 姜煒, 張立軍. 四輪輪轂電機驅動電動汽車ın矩分配控制[J]. 同濟大學學報（自然科學版）, 2008, 8（36）: 1115-1119.

[4] LECHNER D. Embedded Laboratory for Vehicle Dynamic Measurements. 9th International Symposium on Advanced Vehicle Control, Oct. 6-9, 2008[C]. Kobe, Japan: Springer, 2008.

[5] PIYABONGKARN D, RAJAMANI R, GROGG J A. et al. Development and Experimental Evaluation of a Slip Angle Estimator for Vehicle Stability Control[J]. IEEE Transactions on Control System Technology, 2009, 1（17）: 78-88.

[6] STEPHANT J, BAFFET G, CHARARA A. Sideslip angle, lateral tire force and road friction estimation in simulations and experiments. 2006 IEEE Conference on Computer Aided Control System Design, 2006 IEEE International Conference on Control Applications, 2006 IEEE International Symposium on Intelligent Control, Oct. 4-6, 2006[C]. Munich, Germany: IEEE, 2006.

[7] GRIP H F, IMSLAND L, JOHANSEN T A, et al. Vehicle sideslip estimation: Design, implementation and experimental validation[J]. IEEE Control Systems Magazine, 2009, 5（29）: 36-52.

[8] CHELI F, SABBIONI E, PESCE M, et al. A Methodology for Vehicle Slip Angle Identification: Comparison with Experiment Data [J] . Vehicle System Dynamics, 2007, 6（45）: 549-563.

[9] SIENEL W. Estimation for Tire Cornering Stiffness and Its Application to Active Car Steering. Proceedings of the 36th IEEE Conference on Decision and Control, Dec. 12, 1997 [C] . San Diego, USA: IEEE, 1997.

[10] SIERRA C, TSENG E, JAIN A, et al. Cornering Stiffness Estimation Based on

Vehicle Lateral Dynamics[J]. Vehicle System Dynamics, 2006, Supplement 1 (44): 24-38.

[11] FUJIMOTO H, TSUMASAKA A, NOGUCHI T. Direct Yaw-moment Control of Electric Vehicle Based on Cornering Stiffness Estimation. 31st Annual Conference of IEEE Industrial Electronics Society (IECON 2005), Nov. 6-10, 2005[C]. Raleigh, NC, USA: IEEE, 2005.

[12] ANDERSON R, BEVLY D M. Estimation of Tire Cornering Stiffness Using GPS to Improve Model Based Estimation of Vehicle States. Proceedings of IEEE Intelligent Vehicles Symposium, June 6-8, 2005[C]. Las Vegas, NV, USA: IEEE, 2005.

[13] BAFFET G, CHARARA A, LECHNER D. Experimental Evaluation of a Sliding Mode Observer for Tire-road Forces and an Extended Kalman Filter for Vehicle Sideslip Angle. 46th IEEE Conference on Decision and Control (CDC), Dec. 12-14, 2007[C]. New Orleans, LA, USA: IEEE, 2007.

[14] TUNONEN A J. Optical Position Detection to Measure Tyre Carcass Deflection[J]. Vehicle System Dynamics, 2008, 6 (46): 471-481.

[15] RAJAMANI R, PHANOMCHOENG G, PIYABONGKARN D, et al. Algorithms for real-time estimation of individual wheel tire-road friction coefficients [J]. IEEE Transactions on Mechatronics, 2012, 6 (17): 1183-1195.

[16] RAJAMANI R. Vehicle Dynamics and Control[M]. New York: Springer, 2005.

[17] NORGAARD M, POULSEN N K, RAVN O. New Developments in State Estimation for Nonlinear Systems [J]. Automatica, 2000, 11 (36): 1627-1638.

[18] NORGAARD M, POULSEN N K, RAVN O. Advances in Derivative-Free State Estimation for Nonlinear Systems[R]. IMM-REP-1998-15, Department of Mathematical Modelling, DTU, Revised edition, 2004.

第8章

基於車輛邊緣轉向軌跡的
側向安全距離模型

　　研究車輛換道模型時需要考慮駕駛員的主觀能動性、車輛的制動性能、路面條件、交通環境、道路通行量等因素的影響，用數學模型來描述諸多影響因素是有很大難度的，因此，對車輛換道模型的研究相對滯後。車輛換道行為是指駕駛員依據自身駕駛和車輛動力學特性，從行駛環境中獲取周圍車輛的速度、車輛距離等資訊，不斷調整駕駛目標策略並完成換道的行為過程，其包括資訊判斷和操作執行兩個過程。換道操作是在車輛行駛過程中駕駛員的一種常見操作行為。有兩個基本因素影響換道操作中駕駛員的操作行為：保持期望的行車速度和為即將進行的操作選擇正確的車道。由於換道原因的不同，換道模型大致可分為兩種：強制性換道和自由換道。強制換道是指駕駛員必須駕駛車輛離開當前車道。自由換道是指駕駛員意識到目標車道的駕駛條件更適合駕駛，此時可以選擇換道行駛，也可以保持原有行駛行為。在多車道路面行駛中，如果駕駛員對在本車道的駕駛行為不滿意，則可選擇換道或超車操作。至於能否滿足換道或超車要求，要取決於相鄰車道上車輛的位置。本章考慮自由換道情況，結合第 4 章所提出的縱向安全距離模型，提出了基於車輛邊緣軌跡的側向安全距離模型。該模型一方面可以作為制動與轉向避撞方式邏輯切換策略的判斷依據；另一方面可以計算車輛轉向過程所需要的橫擺角速率和車身側偏角，確保車輛轉向運動穩定、安全。

8.1　車輛邊緣轉向軌跡安全距離模型

8.1.1　車輛邊緣轉向軌跡安全距離模型

　　基於避撞目的的車輛在緊急變換車道時一般採用單移線的行駛軌跡。目前用於表徵車輛最佳車道變換的數學模型有很多種，本書採用基於

正弦函數加速度模型的車道變換軌跡模型。

研究工作對基於避撞目的的車輛緊急變換車道運動時作如下假設。

① 車輛在車道變換操作之前沿直線行駛，初始的側向加速度、側向速度及側向位移都為零。換道過程中，換道車輛以恆定加速度進行換道。

② 自車前方的目標車緊急制動時，對自車來說視為靜止障礙物。

③ 自車在整個變換車道過程中縱向車速視為不變。

④ 自車與目標車的尺寸相同。

如圖 8.1 所示，車輛在變換車道時的側向運動模型為：

$$S_y = \frac{y_e v_x}{D} t - \frac{y_e}{2\pi} \sin\left(\frac{2\pi v_x}{D} t\right) \tag{8.1}$$

式中　y_e——車道寬度。

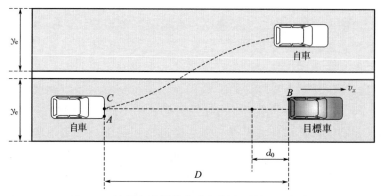

圖 8.1　基於車道變換的車輛側向避撞運動模型

為了使車輛側向安全距離模型也能夠適應於不同路面條件，將縱向安全距離模型中的最小保持距離引入式(8.1) 中，可得 C 點運動軌跡：

$$S_{yC} = \frac{y_e v_x}{D - d_0} t - \frac{y_e}{2\pi} \sin\left(\frac{2\pi v_x}{D - d_0} t\right) \tag{8.2}$$

當車輛變換車道時，自車右側邊緣 A 點與目標車左側邊緣 B 點最易發生碰撞，則基於式(8.2)，自車變換車道時邊緣軌跡可描述為：

$$S_{yA} = \frac{y_e v_x}{D - d_0} t - \frac{y_e}{2\pi} \sin\left(\frac{2\pi v_x}{D - d_0} t\right) - \frac{d}{2} \tag{8.3}$$

根據假設④，結合式(8.3)，則 A 點與 B 點的坐標可分別表示為：

$$\begin{cases} A\left(t, \dfrac{y_e v_x}{D - d_0} t - \dfrac{y_e}{2\pi} \sin\left(\dfrac{2\pi v_x}{D - d_0} t\right) - \dfrac{d}{2}\right) \\ B\left(\dfrac{D}{v_x}, \dfrac{d}{2}\right) \end{cases} \tag{8.4}$$

則 AB 間的距離，即基於車輛邊緣轉向軌跡的安全距離模型可由下式表示：

$$L_{AB} = \sqrt{\left(\frac{D}{v_x} - t\right)^2 + \left[\frac{d}{2} - \frac{y_e v_x}{D - d_0} t + \frac{y_e}{2\pi} \sin\left(\frac{2\pi v_x}{D - d_0} t\right) + \frac{d}{2}\right]^2} \quad (8.5)$$

由式（8.5）可知，當 $L_{AB} > 0$ 時，則自車與目標車不發生碰撞，為安全工況；當 $L_{AB} = 0$ 時，則自車與目標車發生碰撞，為危險工況。

8.1.2　仿真分析

基於車輛邊緣軌跡的側向安全距離模型結合了最小保持車距，為了驗證側向安全距離模型的有效性，實驗環境仍然使用表 4.5 中給出的數據。實驗中車道寬度 $y_e = 3.5\text{m}$。圖 8.2 分別給出了工況一條件下車輛邊緣軌跡和安全距離模型的變化趨勢。當路面條件較好時，結合縱向最小保持車距的側向運動軌跡與不結合最小保持車距的側向運動軌跡基本重合，車輛在縱向位移約為 98m 處完成轉向避讓，轉向時最小車間距大約為 1.8m。安全距離模型 L_{CB} 相對於安全距離模型 L_{AB} 過於保守。圖 8.3 分別給出了工況二下車輛邊緣軌跡和安全距離模型的變化趨勢。當路面條件較差時，結合最小保持車距的側向運動軌跡先於不結合最小保持車距的側向運動軌跡，車輛在縱向位移約為 60m 處完成轉向避讓，轉向時最小車間距大於 2.0m。安全距離模型 L_{CB} 相對於安全距離模型 L_{AB} 過於冒進。因此，結合縱向最小保持車距的側向安全距離模型針對不同路面所計算的安全距離比較合理，更加切合實際。實驗證明側向安全距離模型能夠根據不同路面條件調整合理的碰撞距離避免車輛碰撞，具有較好的安全性。

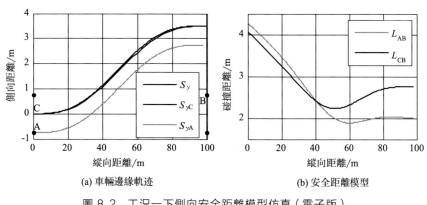

圖 8.2　工況一下側向安全距離模型仿真（電子版）

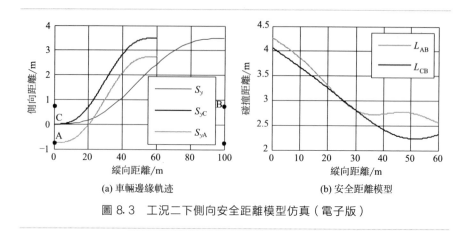

(a) 車輛邊緣軌迹　　　　　(b) 安全距離模型

圖 8.3　工況二下側向安全距離模型仿真（電子版）

8.2　車輛換道安全距離模型

側向換道行為是車輛在高速交通系統中常採用的策略，但不當的換道行為會引發車輛碰撞事故或交通擁擠等。與縱向制動相比，側向換道需要考慮車道狀態、車流量、司機決策等因素，模型的複雜性大大增加。國外研究的典型換道模型有 NETSIM 模型、FRESIM 模型、MITSIM 模型、MRS 模型、南加州大學最小安全換道距離模型等。

8.2.1　側向換道安全距離建模

一般情況下，分析換道安全性需要考慮被控車（F 車）及可能會與被控車發生碰撞的車輛運動狀況，鑒於所有車輛分析方法基本一致，本書以被控車（F 車）與目標車道前車（B 車）為例分析換道模型建立條件。由於換道情況複雜，為了簡化模型，首先作如下假設：

① 忽略車輛在減速/加速過程中加速度變化過程；

② 所有車規格相同，即長度、寬度都相同；

③ 換道過程中，F 車縱向分運動與側向分運動相對獨立。

車輛側向安全換道示意圖如圖 8.4 所示，相關參數如表 8.1 所示。整個側向換道過程可分為以下三階段。

① 車姿車速調整階段（0，t_{adj}）：F 車在原來車道上適當減速並調整車體姿態，選擇合適換道間隙，縱向行駛位移為 D_1。

② 換道避撞階段（t_{adj}，t_{cr}）：$|a_{yF}|>0$，F 車以一定車速換道，直至到達最大臨撞點（F 車行駛轉向角 θ 最大），縱向行駛位移為 D_2。

③ 相鄰車道調整階段（t_{cr}，t_e）：進入相鄰車道後，調整自身車速至與 B 車均處於安全狀態。

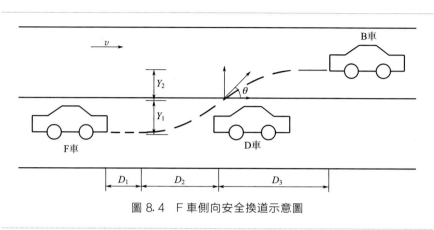

圖 8.4　F 車側向安全換道示意圖

表 8.1　側向安全距離模型中參數說明

符號	符號說明
t_{adj}	車進行側向換道行為起始時刻
t_{cr}	到達最大臨撞點時刻
t_e	安全完成換道的時刻（v_y、a_y 都為 0）
φ	輪胎與路面的附著係數
θ	換道過程中，車輛軌跡與縱向（X 軸）夾角
D_0，d_0	兩車初始縱向間距，兩車間需保持的最小縱向間距
H，W，L	車道寬度，車體的寬度，長度
v_x，v_y	車速在縱向（x 軸）和側向（y 軸）上的分量
v_{F0}，v_{B0}	F 車、B 車縱向初始車速

基於換道過程中側向速度的變化趨勢（先增後減），F 車的側向加速度採用正弦函數車道變換模型，相關橫向加速度、橫向速度、換道軌跡模型為：

$$a_{yF} = \begin{cases} \left(\dfrac{2\pi H}{t_e^2}\right)\sin\left[\dfrac{2\pi(t-t_{adj})}{t_e}\right], & t \in [t_{cr}, t_e] \\ 0, & \text{其他} \end{cases} \tag{8.6}$$

$$v_{yF} = \begin{cases} \dfrac{H}{t_e}\left[1-\cos\left(\dfrac{2\pi(t-t_{adj})}{t_e}\right)\right], & t \in [t_{adj}, t_e] \\ 0, & \text{其他} \end{cases} \tag{8.7}$$

$$y_{yF} = \begin{cases} \dfrac{H}{t_e}(t-t_{adj}) - \dfrac{H}{2\pi}\sin\left(\dfrac{2\pi}{t_e}(t-t_{adj})\right), t\in[t_{adj},t_e) \\ H \qquad\qquad\qquad\qquad\qquad\qquad\quad, t\in[t_e,\infty) \end{cases} \tag{8.8}$$

$(0, t_{adj})$ 階段：駕駛員以一定加速度 $a_{adj}(a_{adj}<0)$ 減緩車速，並擺正車體姿態到適合換道的位置，為換道做準備工作：$a_{max}=g\varphi$，$a_{adj}=\alpha a_{max}$ $(\alpha<1)$。在 $t=t_{adj}$ 時刻，F 車的速度、位移與兩車當前間距表達式為：

$$\begin{cases} v_F(t_{adj}) = v_{F0} - a_{adj}t_{adj} \\ X_{F1} = v_{F0}t_{adj} + \dfrac{1}{2}a_{adj}t_{adj}^2 \\ D_1 = D_0 + X_B - X_{F1} \end{cases} \tag{8.9}$$

(t_{adj}, t_{cr}) 階段：F 車開始進行側向換道，縱向速度不變，車輛的運動軌跡為縱向和側向的合成運動。F 車速度和距離表達式如下：

$$\begin{cases} v_{Fx} = v_F(t_{adj}) \\ v_{Fy} = \dfrac{H}{t_e}\left\{1-\cos\left[\dfrac{2\pi}{t_e}(t-t_{adj})\right]\right\} \\ D_2 = D_1(t_{adj}) + (v_B - v_{Fx})(t-t_{adj}) \end{cases} \tag{8.10}$$

(t_{cr}, t_e) 階段：F 車已經進入相鄰車道，基本完成換道避撞行為；F 開始以加速度 a'_{adj} 加速或減速，使 F 車與 B 車保持一致的速度，適應相鄰車道上車輛的整體行駛狀態。

綜合上述分析，在整個安全換道過程中，F 車側向換道的安全距離為：

$$\begin{cases} D_{br} = D_1 + D_2 + D_3 + d_0 \\ D_w = D_{br} + v_1(T_r + T_s) + v'_1 T_s \end{cases} \tag{8.11}$$

8.2.2　換道中安全性條件分析

車輛在行駛過程中，為確保安全性，必須保證一定的安全裕度。在換道時，F 車除了可能會與別的車輛發生碰撞危險外，還可能由於轉向不足或轉向過度出現車輛撞欄或翻轉打滑危險。為了提高系統安全性，需要進一步詳細分析換道中車輛的狀態變化，明確車輛行駛轉角 θ 的變化情況，瞭解實現安全換道的必要條件。

如圖 8.5 所示，為了保證 F 車能順利從原車道換行到相鄰車道且不會因轉向不足導致衝出車道，則需保證 F 車側向實際位移小於理論計算值（$y_{Fy} \leqslant y_B - W$）。假設以 $t=0$ 時刻 F 車所在位置為坐標原點，則 y_B 表示 B 車相對於 F 車所在側向位置，$y_B = \beta H$（$1\leqslant\beta<1.5$），為計算簡便，此處取 $\beta=1$。在 $t=t_{cr}$ 時刻，F 車最大程度上接近 B 車最外側輪廓，

則 $y_{Fy}(t_{cr})=y_B-W$，t_{cr} 和最大轉角 θ_{max} 的估計值為：

$$\begin{cases} \dfrac{H}{t_e}(t_{cr}-t_{adj})-\dfrac{H}{2\pi}\sin\left[\dfrac{2\pi}{t_e}(t_{cr}-t_{adj})\right]=H-W \\[4mm] \tan\theta_{max}=\dfrac{v_{Fy}(t_{cr})}{v_{Fx}(t_{cr})}=\dfrac{\dfrac{H}{t_e}\left\{1-\cos\left[\dfrac{2\pi}{t_e}(t_{cr}-t_{adj})\right]\right\}}{v_{Fx}(t_{adj})} \end{cases} \tag{8.12}$$

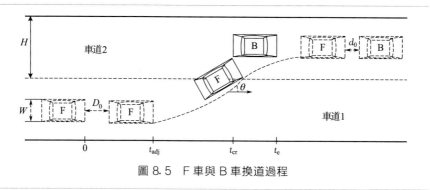

圖 8.5　F 車與 B 車換道過程

以 $t=0$ 時刻 F 車車頭左上角所在位置為坐標原點，則 F 車與 B 車縱向間距表達式為：

$$\begin{cases} D(0)=D_0 \\ D(t)=X_B(t)-X_F(t)+D(0) \end{cases} \tag{8.13}$$

考慮到一般性，式(8.13) 可改寫為：

$$D(t)=D(0)+\iint\limits_{0\ \ 0}^{t\ \ \lambda}[a_B(\tau)-a_F(\tau)]d\tau d\lambda+[v_B(0)-v_F(0)]t$$

$$\tag{8.14}$$

可見，$D(0)$ 的正確選取是保證 F-B 車無碰撞的前提條件。從圖 8.5 可看出，F 車與 B 車的碰撞主要可能發生在 $t\in(t_{adj},\ t_{cr})$ 時段內，碰撞類型包括追尾碰撞、側向擦邊碰撞或側角碰撞。只要保證 $(t_{adj},\ t_{cr})$ 時間段內，F 車與 B 車縱向間距大於安全距離裕度，即可保證兩車無碰撞。同理，F 車與 B 車的碰撞主要可能發生在 $t\in(t_{cr},\ t_e)$ 時段內，碰撞類型包括追尾碰撞和側角碰撞。從兩車相對距離角度出發，只要保證在 $(t_{cr},\ t_e)$ 時段內，F 車與 B 車之間縱向間距 $D(t)>0$ 且側向換道位移不超過一個車道寬度，則 F 車和 B 車肯定不會發生碰撞行為。故 F-D，F-B 無碰撞條件為：

$$\begin{cases} D_{F\text{-}D}(t_{cr})>d_0，\quad t\in(t_{adj},t_{cr}) \\ D_{F\text{-}B}(t_e)>d_0，\quad t\in(t_{cr},t_e) \end{cases} \tag{8.15}$$

8.2.3　側向換道控制策略研究

在整個換道過程中，無論 B 車處於何種運動狀態，換道策略是：在 $(0, t_e)$ 內，車輛按照期望的轉向角 θ 轉向，只要兩車縱向最小間距不小於安全裕度 $(D_{min}(t) \geqslant d_0)$，則兩車可在縱向上實現無碰撞安全行駛。由於 F 車換道過程中的縱向運動狀態會對整個側向換道有很大影響，故以 F 車縱向勻速換道為例，研究換道中 F 車與 B 車需保持的最小安全車距。

從換道安全條件分析可得出：當 $t \in (t_{cr}, t_e)$，若 $X_B(t) - X_F(t) > 0$，則 $D(t) > D_0$ 恆成立，兩車始終不會相撞，駕駛員不需採取任何駕駛操作；若 $X_B(t) - X_F(t) \leqslant 0$，只要保證 $X_F(t) - X_B(t) \leqslant D_0$，就可保證兩車安全。則定義兩車最大相對位移為：

$$MD(F, B) = \max_t \{X_F(t) - X_B(t)\}, t \in (t_{cr}, t_e) \qquad (8.16)$$

根據式(8.16)，只要 $MD(F, B) < D(0)$，則 $D(t) > 0$ 恆成立。

當 F 在換道中縱向始終保持勻速運動，則 F 車和 B 車之間最大相對位移表達式：

$$\underset{max}{MD}(F, B) = \begin{cases} (v_F - v_B)t_e & v_B \leqslant v_F \\ (v_F - v_B)t_{cr} & \text{其他} \end{cases} \qquad (8.17)$$

當 $v_B \geqslant v_F$ 時，由於 F 車換道時縱向勻速運動與側向加/減速運動是相互獨立的，所以在 (t_{cr}, t_e) 內，B 車的縱向位移大於 F 車的縱向位移，即 $S_B > S_F$，$\max\{MD(F, B)\} < 0 < D_0$ 恆成立，兩車不會有碰撞發生。

同理，當 $v_B < v_F$ 時，$S_B < S_F$，$\max\{MD(F, B)\} > 0$，此時兩車之間是否發生碰撞，很大程度取決於 $t = t_{cr}$ 時刻 F 車與 B 車縱向間距大小，即：

$$\begin{cases} (v_F - v_B)(t_{cr} - t_{adj}) < D(0) \\ D(0) = v_B t_{cr} - X_{F1} - v_F(t_{adj})(t_{cr} - t_{adj}) \end{cases}, t \in (t_{cr}, t_e) \qquad (8.18)$$

根據上述分析，車輛避撞控制系統透過調整車輛轉向角 θ、t_{cr} 與 t_{adj}，可保證 F 車無碰撞換道行駛。若 F 車在 $(0, t_{adj})$ 時間段內，已透過減速實現了 $v_B = v_F$，則只需保證 F 車能安全進入相鄰車道即可。$t_{adj} = (v_F - v_B)/a_{adj}$，根據 B 車側向位置可算出 t_e。若 F 車在 t_{adj} 時刻，仍未實現兩車速度一致的目標，需在換道過程結束進行縱向車速調整，盡快地實現 $v_B = v_F$。

現實生活中，道路空間有限，F 車必須在保證安全的基礎上，盡可能快地完成換道過程，以保證整個交通的暢行。因此考慮 F 車在縱向以 a_F 勻加/減速行駛情況。

如圖 8.6 所示，假設 0 時刻 F 車決定換道避撞，t_{adj} 時刻開始換道且此時 F 車縱向加速度為 a_F，t_1 時刻 F 車與 B 車縱向速度在車道 2 達到一致。若兩車初始間距 $D(0)$ 較近，危險度較高，F 車需要在換道前進行縱向調整；反之，可直接進行換道，即 $t_{adj}=0$。

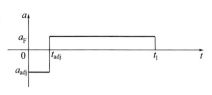

圖 8.6 F 車加速度變化示意圖

（1）$t_{adj}=0$

在 $t=0$ 時刻，車道上所有車輛均以勻速狀態行駛，當 F 車前方有潛在的碰撞危險且制動距離不足而相鄰車道空間相對充裕的情況下，F 車可直接在當前時刻換道。同時為了保證換道的快速性，在換道過程中 F 車以縱向勻加/減速狀態行駛。在 $t=t_1$ 時刻換道過程結束，$v_{yF}=0$，$a_{yF}=0$，且 $v_F=v_B$，兩車保持一定間距在車道 2 上勻速行駛。F 車加速度為：

$$a_F = \begin{cases} \dfrac{v_B-v_{F0}}{t_1} & ,t \leqslant t_1 \\ 0 & ,其他 \end{cases} \tag{8.19}$$

結合式(8.16) 和式(8.19)，整理可得：

$$\underset{t}{MD}(F,B)=(v_B-v_{F0})\left(t-\dfrac{t^2}{2t_1}\right),t \in [t_{cr},t_1] \tag{8.20}$$

當 $v_B>v_{F0}$ 時，MD 函數在邊界 t_{cr} 時刻取到最大值；當 $v_B<v_{F0}$ 時，此時 MD 函數在邊界 t_1 時刻取到最大值。則可得到 F 車和 B 車之間避撞的最小安全距離表達式如下：

$$\underset{max}{MD}(F,B)=\begin{cases} (v_{F0}-v_B)\dfrac{t_1}{2} & ,v_B \leqslant v_{F0} \\ (v_{F0}-v_B)t_{cr} & ,其他 \end{cases} \tag{8.21}$$

（2）$t_{adj}>0$

從以上分析可得，F 車與 B 車的位置狀態資訊可由兩車的縱向相對速度和縱向相對距離獲得。若兩車初始相對速度和初始縱向間距 $D(0)$ 定義的位置處於安全區域範圍內，則無需採用任何策略，兩車也能安全換道。如果初始定義的位置處於非安全區域時，則 F 車必須在換道之前進行速度調整才可安全換道。考慮到 F 車在 $(0，t_{adj})$ 段的縱向變速運動和換道過程中的縱向運動形式，可採用狀態空間方法進行分析。

定義兩個狀態變數 $\begin{cases} X_1 = X_B - X_F + D_0 \\ X_2 = v_B - v_F \end{cases}$，對 t 求導，得到：

$$\begin{cases} \dot{X}_1 = \dot{X}_B - \dot{X}_F = v_B - v_F = X_2 \\ \dot{X}_2 = -\dot{v}_F = -a_{adj} \end{cases} \qquad (8.22)$$

求解得 $X_1 = -\dfrac{X_2^2}{2a_{adj}} + c$，其中 c 為積分常數，主要取決於 $X_1(0)$ 和 $X_2(0)$。

利用狀態變數初始值特性：$X_1(0) = D_0$，$X_2(0) = v_B - v_{F0}$，可求得 c：

$$c = D_0 + \frac{(v_B - v_{F0})^2}{2a_{adj}} \qquad (8.23)$$

根據式(8.23)，當 $D_0 = 10$，$v_{F0} - v_B = 8.5$ 時，F 車在 $(0, t_{adj})$ 時間段內不同的加速度對換道過程的影響如圖 8.7 所示，X_0 為 F 車和 B 車之間相對初速度和相對初始間距定義的位置資訊。雖然 X_0 處於非安全區域，但是並不代表這種初始狀態的兩車無法成功換道。只要 F 車在 $(0, t_{adj})$ 時間段進行合理的縱向的加/減速運動，就可以調整到側向換道的安全區域。

在 $(0, t_{adj})$ 時間段內，a_{adj} 的合理選擇對於能否快速實現安全換道是十分關鍵的。圖 8.7 反映了在 $(0, t_{adj})$ 的加/減速階段，加速度 a_{adj} 越大，F 車的縱向速度越能得到快速調整，可快速進入換道安全區域。但在實際生活中，加速度越大，車速變化越大，車子穩定性相對降低，可控性也會降低。所以在避撞換道中，快速性和安全性是需要權衡折中的。

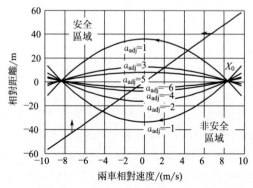

圖 8.7　不同的 a_{adj} 對於車輛初始運動狀態的影響

在上述分析中，車輛在（0，t_{adj}）時間段內可透過利用 a_{adj} 調整車速實現順利換道。但是在實際生活中，上述理論算法車速調整策略可能會超出車輛實際車速限制，甚至使車速出現負值。因此，上述的側向換道策略還需根據實際情況就進行改進。假設存在一個時刻 t_c（$0 < t_c < t_{adj}$），在（0，t_c）以加速度 a_{adj} 減速調整，在（t_c，t_{adj}）再次勻速行駛一段距離，為其他車輛預留充足的距離以滿足換道需求，如圖 8.8 所示。

同樣採用狀態變數的方法，按照式(8.22)，將（t_c，t_{adj}）時間段內狀態變數方程改為：

$$\begin{cases} \dot{X}_1 = \dot{X}_B - \dot{X}_F = v_B - v_F = X_2 \\ \dot{X}_2 = -\dot{v}_F = 0 \end{cases} \quad (8.24)$$

解得：

$$\begin{cases} X_1 = X_2(t_c)(t - t_c) + X_1(t_c) \\ X_2 = c = X_2(t_c) \end{cases}, t \in (t_c, t_{adj}) \quad (8.25)$$

從式(8.25) 可以看出：X_1 為兩車相對間距，若要 X_1 盡可能大，則 $X_1(t_c)$ 應當取正值。也就是說，在 $t = t_c$ 時刻，X_1 已處於相對速度為 0 所在軸的左側；在（t_c，t_{adj}）時間段，透過勻速運動，可以增加相對距離，即進入安全區域，如圖 8.9 所示。

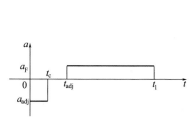

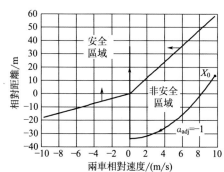

圖 8.8　改進式 F 車加速度變化示意圖　　圖 8.9　改進調整加速度對安全距離的影響

8.2.4　側向安全距離模型驗證

（1）F 車勻速換道情況，車道上所有車輛都勻速行駛

初始參數為：$D_0 = 1$m，$v_B = v_D = 40$km/h，$v_F = 70$km/h，$T = 35$s，$y_B = 0.9$H，$t_{adj} = 2$s，$a_{adj} = -0.588$m/s^2。F 車在安全換道策略下的各個參量變化如圖 8.10 所示。

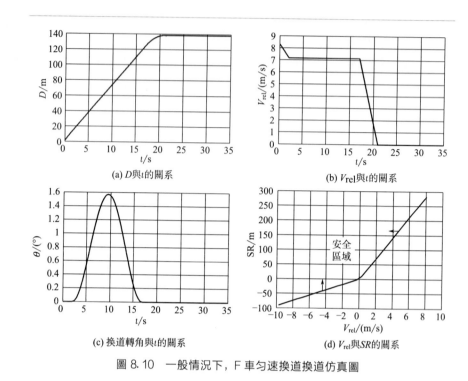

(a) D 與 t 的關系

(b) V_{rel} 與 t 的關系

(c) 換道轉角與 t 的關系

(d) V_{rel} 與 SR 的關系

圖 8.10 一般情況下，F 車勻速換道換道仿真圖

如圖 8.10(a)~(c) 所示，$t=0$s 時，F 與 D 車間距 1m，初始相對速度為 30km/h，由於縱向間距不足以實現縱向制動過程，因此選擇換道避撞方式。經 2s 的車速車姿調整階段後，車輛開始轉向，此時 F 車車速為 7.24m/s，車輛轉角 $\dot{\theta}>0$；在 $t=9.86$s 時，F 車轉向角達到最大值 $\theta_{max}=1.58°$，縱向車速保持不變；在 $t=17.61$s 時，F 車轉角 $\theta=0°$，表示 F 車已經成功避開 D 車換到相鄰車道；為了調整自身速度與相連車道前車 B 保持一致，F 車進入相鄰車道後開始進行減速調整。在 $t=21.88$s 時，F 車與 B 車相對速度為 0，兩車保持合適間距勻速行駛，整個換道過程結束。從圖 8.10(d) 看出，F 車速度比 B 車速度越大，兩車碰撞的可能性越大，兩車相對速度越小，越容易實現安全避撞。

（2）F 車在換道過程中進行縱向變速運動，其他車進行縱向勻速運動

初始參數為：$D_0=1$m，$v_B=v_D=40$km/h，$v_F=70$km/h，$T=35$s，$y_B=0.9$H，$t_{adj}=0$s，$a_{adj}=-0.588$m/s^2。F 車在上述安全換道策略下的各運動狀態量的變化如圖 8.11 所示。

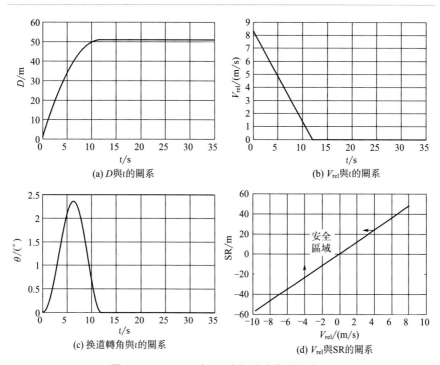

圖 8.11　t_{adj} = 0 時，F 車勻減速換道仿真圖

　　圖 8.11(a)～(c) 所示：t＝0s 時，F 與 D 車間距 1m，初始相對速度為 30km/h，由於縱向間距不足以實現縱向制動過程，因此選擇換道避撞方式。若 F 車不經調整車速車姿階段，在 t＝0 時刻直接開始邊減速邊轉向，轉角開始逐漸增大；在 t＝6.88s 時，F 車轉向角達到最大值 θ_{max}＝2.35°，F 車縱向車速為 3.62m/s；在 t＝12s 時，F 車轉角又歸於 0，表示 F 車已經換道到相鄰車道，成功避開 D 車；但 F 車進入相鄰車道後，需要調整自身速度與此時所處車道上的 B 保持一致，因此，F 車仍然需要繼續減速。在 t＝12.45s 時，F 車與 B 車相對速度為 0，兩車保持合適間距勻速行駛，整個換道過程結束。

　　對比圖 8.10 與圖 8.11 可看出：比起勻速行駛，換道中減速行駛的安全區域會減小。勻速換道時的安全狀態在勻減速換道過程中反而可能會導致碰撞情況發生。但減速換道比勻速換道需要的時間更少，能更快速實現換道過程。

　　透過仿真對比可知：車輛避撞的安全性和快速性之間存在一定的矛盾，若希望快速實現換道就要承擔一定風險，安全性就不能完全保證；反之，若要保證安全性，則換道效率相對就會下降。在實際中，要針對

具體情況，權衡兩者，擇重而選。

8.3 本章小結

　　本章提出了基於車輛邊緣轉向軌跡的側向安全距離模型，使車輛能夠適應不同路面條件，並且透過車輛邊緣軌跡間的距離來判斷轉向過程的安全性，簡單、直觀，容易實現，有效地提高了側向車輛安全系統的適應性和安全性。同時，從換道角度出發，透過研究以避撞為目的的換道過程中被控車參量的變化情況，建立了側向換道安全距離模型，並對能實施安全換道的安全性條件給出了參考公式，最後針對安全性分析，研究了車輛勻速換道情況下滿足汽車無碰撞行駛的控制策略問題。

參考文獻

［1］ 楊雙賓 . 公路車輛行駛安全輔助換道預警系統研究[D]. 長春：吉林大學，2009.

［2］ 邊明遠 . 基於緊急變道策略的汽車主動避障安全車距模型[J]. 重慶理工大學學報（自然科學），2012, 26（4）：1-4.

［3］ HOSSEIN J, ELIAS B k, Ioannou PA. Collision avoidance analysis for lane change and merging[J]. IEEE Transactions on Vehicular Technology, 2000, 49（6）：2295-2308.

［4］ 王江鋒，邵春福，閏學東 . 基於虛擬現實的車輛換道最小安全距離研究[J]. 公路交通科技，2010, 27（8）：109-113.

［5］ JULA H, KOSMATOPOULOS E B, IO-ANNOU P A. Collision Avoidance Analysis for Lane Changing and Merging[J]. IEEE Transactions on Vehicular Technology, 2000, 6（49）：2295-2308.

［6］ 郭文蓮 . 城市道路車輛變道安全距離模型

研究[D]. 長沙：長沙理工大學，2009.

［7］ 徐英俊 . 城市微觀交通仿真車道變換模型研究[D]. 長春：吉林大學，2005.

［8］ 王榮本，游峰，崔高健，等 . 車輛安全換道分析[J]. 吉林大學學報（工學版），2005, 2（35）：179-182.

［9］ SHLADOVER S E, DESOER C A, HEDRICK J K, et al. Automated Vehicle Control Developments in the PATH Program[J], IEEE Transactions on Vehicular Technology, 1991, 1（40）：114-130.

［10］ SLEDGE N H. An Investigation of Vehicle Critical Speed and Its Influence on Lane-change Trajectories[D]. Austin: University of Texas at Austin, 1997.

［11］ 邊明遠 . 基於緊急變道策略的汽車主動避障安全車距模型[J]. 重慶理工大學學報（自然科學），2012, 4（26）：1-4.

［12］ XU H, XU M T. A cellular automata traffic

flow model based on safe lane-changing distance constraint rule. 2016 IEEE Advanced Information Management, Communicates, Electronic and Automation Control Conference（IMCEC）, Oct. 3-5, 2016[C]. Xi'an, China: IEEE, 2016.

[13] DANG R, WANG J, LI S E, et al. Coordinated Adaptive Cruise Control System With Lane-Change Assistance[J]. IEEE Transactions on Intelligent Transportation Systems, 2015, 16（5）: 2373-2383.

[14] DO Q H, TEHRANI H, MITA S, et al. Human Drivers Based Active-Passive Model for Automated Lane Change[J]. IEEE Intelligent Transportation Systems Magazine, 2017, 9（1）: 42-56.

[15] CHEN J, ZHAO P, MEI T, et al. Lane change path planning based on piecewise Bezier curve for autonomous vehicle. Proceedings of 2013 IEEE International Conference on Vehicular Electronics and Safety, July 28-30, 2013[C]. Dongguan, China: IEEE, 2013.

[16] NISHIWAKI Y, MIYAJIMA C, KITAOKA N, et al. Generating lane-change trajectories of individual drivers. 2008 IEEE International Conference on Vehicular Electronics and Safety, Sept. 22-24, 2008[C]. Columbus, OH, USA: IEEE, 2008.

[17] MAR J, LIN H T. The car-following and lane-changing collision prevention system based on the cascaded fuzzy inference system [J]. IEEE Transactions on Vehicular Technology, 2005, 54（2）: 910-924.

基於半不確定動力學的直接橫擺力矩魯棒控制

　　車輛側向主動避撞系統的控制器採用分層式控制結構。橫擺角速率/車身側偏角計算器為上位控制器,用來計算期望的橫擺角速率或是車身側偏角;直接橫擺力矩控制器為下位控制器,根據上位控制器給出的期望值與實際的反饋值進行比較並計算出相應的控制量輸出給執行機構,實現車輛轉向過程穩定。

9.1 橫擺角速率/車身側偏角計算器

　　由式(8.3)可以計算出車輛轉向換道時車輛應具有的側向速度和側向加速度:

$$v_y = \frac{y_e v_x}{D-d_0} - \frac{y_e v_x}{D-d_0}\cos\left(\frac{2\pi v_x}{D-d_0}t\right) \tag{9.1}$$

$$a_y = \frac{2\pi y_e v_x^2}{(D-d_0)^2}\sin\left(\frac{2\pi v_x}{D-d_0}t\right) \tag{9.2}$$

　　進而可以得到期望的橫擺角速率或是車身側偏角:

$$\gamma_{\text{des}} \approx \frac{a_y}{v_x} = \frac{2\pi y_e v_x}{(D-d_0)^2}\sin\left(\frac{2\pi v_x}{D-d_0}t\right) \tag{9.3}$$

$$\beta_{\text{des}} = \arctan\left(\frac{v_y}{v_x}\right) = \arctan\left[\frac{y_e}{D-d_0} - \frac{y_e}{D-d_0}\cos\left(\frac{2\pi v_x}{D-d_0}t\right)\right] \tag{9.4}$$

9.2 直接橫擺力矩控制器設計

　　在側向運動過程中,主要影響車輛轉向的因素有車輛參數攝動和側向風干擾所產生的不確定性。由於 H_∞ 控制具有使干擾影響達到最小的能力,並且對模型的不確定性具有較強的魯棒性,因此,本書採用 H_∞

魯棒控制器來抑制這些干擾因素，使車輛能夠很好地追蹤期望軌跡。由車輛線性二自由度模型（3.14）可知，模型為兩輸入一輸出系統，狀態變數分別為車身側偏角 β 和橫擺角速率 γ。為了便於 H_∞ 魯棒控制器設計，將車輛模型簡化為一單輸入單輸出系統。

9.2.1 車輛側向半不確定動力學系統建模

在 β-γ 相圖中，文獻 [1] 給出了簡化的車輛運動穩定區域，即滿足如下條件：

$$|c_1\beta + c_2\dot{\beta}| < 1 \tag{9.5}$$

當 $\beta(s) \equiv 0$ 時可保證式（9.5）成立。將 $\beta(s) \equiv 0$ 代入式（3.14）得到橫擺力矩與前輪轉向角之間的傳遞函數：

$$\frac{M_z(s)}{\delta_f(s)} = \frac{a_{22}b_{11} - a_{12}b_{21}}{a_{12}b_{22} - a_{22}b_{12}} \tag{9.6}$$

將式（9.6）代入式（3.14）中，得到穩定的單輸入單輸出車輛線性系統模型：

$$\begin{cases} \dot{\boldsymbol{x}} = \bar{\boldsymbol{A}}\boldsymbol{x} + \bar{\boldsymbol{B}}\bar{u} \\ y = \bar{\boldsymbol{C}}\boldsymbol{x} \end{cases} \tag{9.7}$$

式中，$\boldsymbol{x} = [\beta \quad \gamma]^T$；$\bar{u} = \delta_f$；$y = \gamma$；

$$\bar{\boldsymbol{A}} = \begin{bmatrix} \dfrac{-2(C_f + C_r)}{mv_x} & \dfrac{-2(l_fC_f - l_rC_r)}{mv_x^2} - 1 \\ \dfrac{-2(l_fC_f - l_rC_r)}{I_z} & \dfrac{-2(l_f^2C_f + l_r^2C_r)}{I_zv_x} \end{bmatrix};$$

$$\bar{\boldsymbol{B}} = \begin{bmatrix} \dfrac{2C_f}{mv_x} \\ \dfrac{4C_f(l_f^2C_f + l_r^2C_r)}{I_z(mv_x^2 + 2l_fC_f - 2l_rC_r)} \end{bmatrix}; \quad \bar{\boldsymbol{C}} = [0 \quad 1]。$$

在車輛系統模型（9.7）中，m 和 I_z 不確切知道，但它們位於的區間已知，即：

$$\begin{cases} m = \bar{m}(1 + p_m\delta_m) \\ I_z = \bar{I}_z(1 + p_I\delta_I) \end{cases} \tag{9.8}$$

式中，δ_m 和 δ_I 為車輛質量和轉動慣量的攝動，它們未知但位於區間 $[-1, 1]$；$\bar{m}$ 和 $\bar{I}_z$ 為車輛質量和轉動慣量的標稱值；p_m 和 p_I 為車輛質量和轉動慣量的攝動範圍。則 $\dfrac{1}{m}$、m 和 $\dfrac{1}{I_z}$ 可分別表示成如下的

上線性分式變換（Upper Linear Fractional Transformation，ULFT）形式：

$$\begin{cases} \dfrac{1}{m}=\dfrac{1}{\bar{m}}-\dfrac{p_{\mathrm{m}}}{\bar{m}}\delta_{\mathrm{m}}(1+p_{\mathrm{m}}\delta_{\mathrm{m}})^{-1}=F_{\mathrm{u}}(M_{\mathrm{m1}},\delta_{\mathrm{m}}) \\[2mm] m=\bar{m}(1+p_{\mathrm{m}}\delta_{\mathrm{m}})=F_{\mathrm{u}}(M_{\mathrm{m2}},\delta_{\mathrm{m}}) \\[2mm] \dfrac{1}{I_z}=\dfrac{1}{\bar{I}_z}-\dfrac{p_{\mathrm{I}}}{\bar{I}_z}\delta_{\mathrm{I}}(1+p_{\mathrm{I}}\delta_{\mathrm{I}})^{-1}=F_{\mathrm{u}}(M_{\mathrm{I}},\delta_{\mathrm{I}}) \end{cases} \tag{9.9}$$

式中，$\boldsymbol{M}_{\mathrm{m1}}$、$\boldsymbol{M}_{\mathrm{m2}}$ 和 $\boldsymbol{M}_{\mathrm{I}}$ 為上線性分式變換的係數矩陣，其具體表示形式分別設為：

$$\boldsymbol{M}_{\mathrm{m1}}=\begin{bmatrix} -p_{\mathrm{m}} & -\dfrac{p_{\mathrm{m}}}{\bar{m}} \\ 1 & \dfrac{1}{\bar{m}} \end{bmatrix};\ \boldsymbol{M}_{\mathrm{m2}}=\begin{bmatrix} 0 & p_{\mathrm{m}}\bar{m} \\ 1 & \bar{m} \end{bmatrix};\ \boldsymbol{M}_{\mathrm{I}}=\begin{bmatrix} -p_{\mathrm{I}} & -\dfrac{p_{\mathrm{I}}}{\bar{I}_z} \\ 1 & \dfrac{1}{\bar{I}_z} \end{bmatrix}.$$

結合式(9.7) 和車輛系統模型中攝動參數對應的 ULFT，可得到含有參數攝動的車輛系統模型如圖 9.1 所示。當橫擺力矩與前輪轉向角之間滿足式(9.6) 時可保證車輛側向運動的穩定性，因此，研究工作中假設式(9.6) 中不含有不確定性以保證車輛操縱穩定性，而其他部分含有不確定性，則車輛系統模型中根據參數攝動部分的輸入輸出關係建立方程如下：

$$\begin{cases} \begin{bmatrix} y_{\mathrm{m1}} \\ \dot{\beta} \end{bmatrix}=\begin{bmatrix} -p_{\mathrm{m}} & -\dfrac{p_{\mathrm{m}}}{\bar{m}} \\ 1 & \dfrac{1}{\bar{m}} \end{bmatrix}\begin{bmatrix} u_{\mathrm{m1}} \\ u_{\beta} \end{bmatrix} \\[5mm] \begin{bmatrix} y_{\mathrm{m2}} \\ y_{\mathrm{m3}} \end{bmatrix}=\begin{bmatrix} 0 & p_{\mathrm{m}}\bar{m} \\ 1 & \bar{m} \end{bmatrix}\begin{bmatrix} u_{\mathrm{m2}} \\ \gamma \end{bmatrix} \\[5mm] \begin{bmatrix} y_{\mathrm{I}} \\ \dot{\gamma} \end{bmatrix}=\begin{bmatrix} -p_{\mathrm{I}} & -\dfrac{p_{\mathrm{I}}}{\bar{I}_z} \\ 1 & \dfrac{1}{\bar{I}_z} \end{bmatrix}\begin{bmatrix} u_{\mathrm{I}} \\ u_{\gamma} \end{bmatrix} \\[5mm] \begin{bmatrix} u_{\mathrm{m1}} \\ u_{\mathrm{m2}} \\ u_{\mathrm{I}} \end{bmatrix}=\begin{bmatrix} \delta_{\mathrm{m1}} & 0 & 0 \\ 0 & \delta_{\mathrm{m1}} & 0 \\ 0 & 0 & \delta_{\mathrm{I}} \end{bmatrix}\begin{bmatrix} y_{\mathrm{m1}} \\ y_{\mathrm{m2}} \\ y_{\mathrm{I}} \end{bmatrix} \end{cases} \tag{9.10}$$

式中，$u_{\beta}=\dfrac{2C_{\mathrm{f}}}{v_x}\delta_{\mathrm{f}}-\dfrac{2(C_{\mathrm{f}}-C_{\mathrm{r}})}{v_x}\beta-\dfrac{2(l_{\mathrm{f}}C_{\mathrm{f}}-l_{\mathrm{r}}C_{\mathrm{r}})}{v_x^2}\gamma-y_{\mathrm{m3}}$；

$u_{\gamma}=\dfrac{4C_{\mathrm{f}}(l_{\mathrm{f}}^2C_{\mathrm{f}}+l_{\mathrm{r}}^2C_{\mathrm{r}})}{\bar{m}v_x^2+2l_{\mathrm{f}}C_{\mathrm{f}}-2l_{\mathrm{r}}C_{\mathrm{r}}}\delta_{\mathrm{f}}-2(l_{\mathrm{f}}C_{\mathrm{f}}-l_{\mathrm{r}}C_{\mathrm{r}})\beta-\dfrac{2(l_{\mathrm{f}}^2C_{\mathrm{f}}+l_{\mathrm{r}}^2C_{\mathrm{r}})}{v_x}\gamma$。

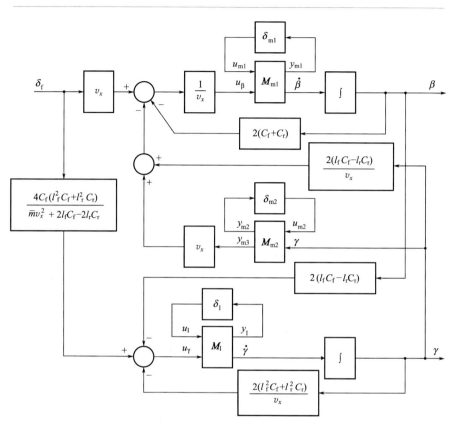

圖 9.1　含有參數攝動的車輛系統模型

式(9.10) 中不含有未知參數的部分為車輛系統模型的標稱部分。設 $G_0(s)$ 表示車輛輸入輸出動力學的標稱模型，其輸入為 $[u_{m1}$，u_{m2}，u_1，$u]$，輸出為 $[y_{m1}$，y_{m2}，y_1，$y]$，狀態變數為 $[\beta$，$\gamma]$，則 $G_0(s)$ 的狀態空間表達式為：

$$G_0(s) = \begin{bmatrix} \widetilde{A} & \widetilde{B}_1 & \widetilde{B}_2 \\ \hline \widetilde{C}_1 & \widetilde{D}_{11} & \widetilde{D}_{12} \\ \widetilde{C}_2 & \widetilde{D}_{21} & \widetilde{D}_{22} \end{bmatrix} \tag{9.11}$$

式中，$\widetilde{A} = \begin{bmatrix} \dfrac{-2(C_f+C_r)}{\overline{m}v_x} & \dfrac{-2(l_fC_f-l_rC_r)}{\overline{m}v_x^2}-1 \\ \dfrac{-2(l_fC_f-l_rC_r)}{\overline{I}_z} & \dfrac{-2(l_f^2C_f+l_r^2C_r)}{\overline{I}_zv_x} \end{bmatrix}$；

$$\widetilde{\boldsymbol{B}}_1 = \begin{bmatrix} 1 & -\dfrac{1}{\overline{m}} & 0 \\ 0 & 0 & 1 \end{bmatrix}; \quad \widetilde{\boldsymbol{B}}_2 = \begin{bmatrix} \dfrac{2C_{\mathrm{f}}}{\overline{m}v_x} \\[2ex] \dfrac{4C_{\mathrm{f}}(l_{\mathrm{f}}^2 C_{\mathrm{f}} + l_{\mathrm{r}}^2 C_{\mathrm{r}})}{\overline{I}_z(\overline{m}v_x^2 + 2l_{\mathrm{f}}C_{\mathrm{f}} - 2l_{\mathrm{r}}C_{\mathrm{r}})} \end{bmatrix};$$

$$\widetilde{\boldsymbol{C}}_1 = \begin{bmatrix} \dfrac{2p_{\mathrm{m}}(C_{\mathrm{f}} + C_{\mathrm{r}})}{\overline{m}v_x} & \dfrac{2p_{\mathrm{m}}(l_{\mathrm{f}}C_{\mathrm{f}} - l_{\mathrm{r}}C_{\mathrm{r}})}{\overline{m}v_x^2} + p_{\mathrm{m}} \\[2ex] 0 & p_m \overline{m} \\[2ex] \dfrac{2p_1(l_{\mathrm{f}}C_{\mathrm{f}} - l_{\mathrm{r}}C_{\mathrm{r}})}{\overline{I}_z} & \dfrac{2p_1(l_{\mathrm{f}}^2 C_{\mathrm{f}} + l_{\mathrm{r}}^2 C_{\mathrm{r}})}{v_x \overline{I}_z} \end{bmatrix};$$

$$\widetilde{\boldsymbol{D}}_{11} = \begin{bmatrix} -p_{\mathrm{m}} & \dfrac{p_{\mathrm{m}}}{\overline{m}} & 0 \\[1ex] 0 & 0 & 0 \\[1ex] 0 & 0 & -p_1 \end{bmatrix}; \quad \widetilde{\boldsymbol{D}}_{12} = \begin{bmatrix} -\dfrac{2p_{\mathrm{m}}C_{\mathrm{f}}}{\overline{m}v_x} \\[2ex] \dfrac{-4p_1 C_{\mathrm{f}}(l_{\mathrm{f}}^2 C_{\mathrm{f}} + l_{\mathrm{r}}^2 C_{\mathrm{r}})}{\overline{I}_z(\overline{m}v_x^2 + 2l_{\mathrm{f}}C_{\mathrm{f}} - 2l_{\mathrm{r}}C_{\mathrm{r}})} \end{bmatrix};$$

$$\widetilde{\boldsymbol{C}}_2 = \begin{bmatrix} 0 & 1 \end{bmatrix}; \quad \widetilde{\boldsymbol{D}}_{21} = \begin{bmatrix} 0 & 0 & 0 \end{bmatrix}; \quad \widetilde{\boldsymbol{D}}_{22} = \begin{bmatrix} 0 \end{bmatrix}.$$

　　車輛系統模型攝動參數部分可由一個結構固定參數未知的不確定對角矩陣表示：

$$\boldsymbol{\Delta}(s) = \begin{bmatrix} \delta_{\mathrm{m}1} & 0 & 0 \\ 0 & \delta_{\mathrm{m}1} & 0 \\ 0 & 0 & \delta_{\mathrm{I}} \end{bmatrix}, \; \|\boldsymbol{\Delta}(s)\|_\infty \leqslant 1 \tag{9.12}$$

　　由式(9.11)可知，車輛模型含有兩個狀態變數，即 β 和 γ。車輛操縱穩定控制中可用 β 或 γ 作為被控變數，亦可用 β 和 γ 作為被控變數。根據穩定約束條件 $\beta(s) \equiv 0$，則本章研究工作中選擇 γ 作為車輛轉向控制系統的被控變數。

9.2.2　H$_\infty$混合靈敏度問題

　　混合靈敏度問題是解決系統的魯棒穩定性和性能指標兩大問題。針對 S/KS 追蹤問題進行研究，閉環系統結構框圖如圖 9.2 所示。為簡便計算，省略複合頻率變數「s」。定義靈敏度函數：$\boldsymbol{S} = (\boldsymbol{I} + \boldsymbol{GK})^{-1}$。靈敏度函數反映系統輸出對干擾的抑制能力，是一項重要的性能指標。定義補靈敏度函數：$\boldsymbol{T} = (\boldsymbol{I} + \boldsymbol{GK})^{-1}\boldsymbol{GK}$。補靈敏度函數與系統的魯棒穩定性有關，其定義可以看成是系統在不確定性條件下的魯棒穩定性條件。引入兩個權值函數使系統具有好的追蹤性能和控制輸出限制，具體描述如下：

$$\left\|\begin{bmatrix} W_p S \\ W_u KS \end{bmatrix}\right\|_\infty = \left\|\begin{bmatrix} W_p(I+GK)^{-1} \\ W_u K(I+GK)^{-1} \end{bmatrix}\right\|_\infty < 1 \qquad (9.13)$$

式中，$G = F_u(G_0, \Delta)$，G 為車輛系統模型，其包含標稱模型和攝動參數的不確定性；靈敏度權值函數 W_p 代表了干擾的頻率特性，反映了對系統靈敏度函數的形狀要求，使其具有低頻高增益特性；控制權值函數 W_u 可以限制控制量。

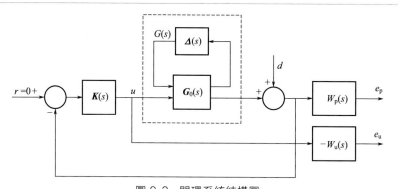

圖 9.2　閉環系統結構圖

上述混合靈敏度問題可以轉化為 H_∞ 標準控制問題。由圖 9.2 可以獲得閉環系統的輸入輸出方程（9.14），進而得到 S/KS 問題的廣義被控對象模型（9.15）。

$$\begin{bmatrix} e_p \\ e_u \\ \hline y \end{bmatrix} = \begin{bmatrix} W_p & -W_p G \\ 0 & W_u \\ \hline I & -G \end{bmatrix} \begin{bmatrix} d \\ \hline u \end{bmatrix} \qquad (9.14)$$

$$P(s) = \begin{bmatrix} P_{11}(s) & P_{12}(s) \\ P_{21}(s) & P_{22}(s) \end{bmatrix} = \begin{bmatrix} W_p & -W_p G \\ 0 & W_u \\ \hline I & -G \end{bmatrix} \qquad (9.15)$$

式中，$P_{11}(s) = \begin{bmatrix} W_p \\ 0 \end{bmatrix}$；$P_{12}(s) = \begin{bmatrix} -W_p G \\ W_u \end{bmatrix}$；$P_{21}(s) = I$；$P_{22}(s) = -G$。

從 d 到 $e = \begin{bmatrix} e_p & e_u \end{bmatrix}^T$ 的閉環傳遞函數為：

$$F_1(P, K) = P_{11} + P_{12} K (I - P_{22} K)^{-1} P_{21}$$
$$= \begin{bmatrix} W_p(I+GK)^{-1} \\ W_u K(I+GK)^{-1} \end{bmatrix} \qquad (9.16)$$

因此，式(9.13)混合靈敏度問題即可轉化為 H_∞ 標準控制問題，即：

$$\|F_1(P, K)\|_\infty < 1 \qquad (9.17)$$

9.3 　輪胎縱向力分配策略

本書採用全輪縱向力軸載比例分配方式，以前後輪垂直載荷為比例分配各個輪胎的驅動力與橫擺力矩。由第 3 章介紹的車輛縱向動力學模型 (3.1) 得：

$$(rF_{fl}^x + rF_{fr}^x) + (rF_{rl}^x + rF_{rr}^x) = r(ma_x + R_{xf} + R_{xr} + F_{aero}) \quad (9.18)$$

前後輪、左右輪縱向力矩按輪胎垂直載荷比例進行分配，得到如下方程組：

$$\begin{cases} T_{fl} + T_{fr} + T_{rl} + T_{rr} = r(ma_x + R_{xf} + R_{xr} + F_{aero}) \\[2mm] T_{fr} + T_{rr} - T_{fl} - T_{rl} = \dfrac{rM_z}{d} \\[2mm] \dfrac{T_{fl} + T_{fr}}{F_{zf}} = \dfrac{T_{rl} + T_{rr}}{F_{zr}} \\[2mm] \dfrac{T_{fr} - T_{fl}}{F_{zf}} = \dfrac{T_{rr} - T_{rl}}{F_{zr}} \\[2mm] F_{zf} + F_{zr} = mg \end{cases} \quad (9.19)$$

求解上述方程組，即可獲得四個輪胎縱向力矩：

$$\begin{cases} T_{fl} = \dfrac{F_{zf}}{mg}\left(T_{total} - \dfrac{rM_z}{d}\right) \\[3mm] T_{fr} = \dfrac{F_{zf}}{mg}\left(T_{total} + \dfrac{rM_z}{d}\right) \\[3mm] T_{rl} = \dfrac{F_{zr}}{mg}\left(T_{total} - \dfrac{rM_z}{d}\right) \\[3mm] T_{rr} = \dfrac{F_{zr}}{mg}\left(T_{total} + \dfrac{rM_z}{d}\right) \end{cases} \quad (9.20)$$

9.4 　仿真分析

採用二分法計算魯棒控制器次優解 $\varepsilon \in [\varepsilon_{min}, \varepsilon_{max}]$，設終止計算時誤差範圍為 T_{tol}，則魯棒控制器設計參數與權值函數的選擇如表 9.1 所示。設計魯棒控制器的主要目的是抑制車輛參數攝動和側向風干擾所產生的不確定性，進而提高車輛操縱穩定性。側向風阻力可描述為：

$$F_{\text{wind}} = \frac{1}{2}\rho C_y S [v_x^2 + (v_{\text{wind}}^y)^2] \tag{9.21}$$

式中　C_y——空氣阻力係數；

　　　S——汽車迎風面積；

　　　v_{wind}^y——側向風速。

側向空氣動力學實驗參數如表 9.2 所示。

表 9.1　魯棒控制器實驗參數

參數	數值
ε_{min}	0.95
ε_{max}	10
T_{tol}	0.001
$W_{\text{p}}(s)$	$\dfrac{0.095s^2 + 15.01s + 9.5}{s^2 + 0.5s + 0.005}$
$W_{\text{u}}(s)$	10^{-2}
p_{m}	0.2
p_1	0.3
δ_{m1}	$-1 \leqslant \delta_{\text{m1}} \leqslant 1$
δ_{m2}	$-1 \leqslant \delta_{\text{m2}} \leqslant 1$
δ_1	$-1 \leqslant \delta_1 \leqslant 1$

表 9.2　側向空氣動力學實驗參數

參數	數值
ρ	1.225kg/m^3
C_y	0.3
S	1.6m^2
v_x	90km/h

　　直接橫擺力矩魯棒控制器的給定輸入量，即期望橫擺角速率採用圖 7.7 中給出的橫擺角速率變化趨勢。側向風速分別設為 0m/s 和 17m/s 以驗證所設計的魯棒控制器對側向風干擾的抑制作用。橫擺角速率追蹤曲線與誤差曲線分別如圖 9.3 和圖 9.4 所示。車輛在側向風速為 0m/s 和 17m/s 的條件下實施轉向，實際的車輛橫擺角速率均可以很好地追蹤期望值，並且追蹤誤差較小。由此可說明所設計的 H_∞ 魯棒控制器對車輛參數攝動和側向風干擾所產生的不確定性具有較好的抑制作用，使側向主動避撞系統在安全實施轉向避撞的同時具有較好的車輛操縱穩定性。

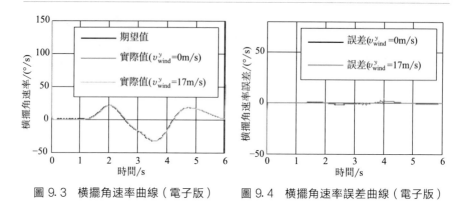

圖 9.3　橫擺角速率曲線（電子版）　　　圖 9.4　橫擺角速率誤差曲線（電子版）

9.5　車輛側向換道控制

9.5.1　側向車輛動力學模型線性化

　　四輪獨立驅動電動汽車在行駛過程（尤其是轉向過程）中車體狀態變化情況較為複雜。因此，為了便於進行電動車避撞控制器設計，車輛非線性動力學模型需要進行線性化處理。假設當車輛以較小角度轉向換道時，車輛兩前輪與兩後輪的轉向動作分別保持一致。此時電動汽車模型等效為自行車模型進行研究，如圖 9.5 所示。

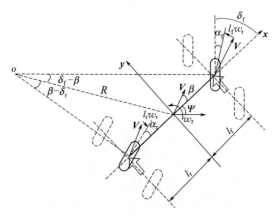

圖 9.5　二自由度車輛線性動力學模型（等效自行車模型）

側向加速度 a_y 主要是由沿 y 軸加速度和向心力 $v_x w_r$ 構成的，根據牛頓第二定律和側向擺動動力學方程，可以得到二自由度等效自行車模型動力學方程：

$$\begin{cases} M(\ddot{y}+w_r v_x)=2F_{yf}+2F_{yr} \\ I_z\ddot{\Psi}=I_z\dot{w}_r=2F_{yl}l_f-2F_{yr}l_r \end{cases} \tag{9.22}$$

輪胎側偏角定義指的是，車輛輪胎行進方向與車輪前行速度方向之間的差值。根據輪胎側偏角定義和圖 5.9 所示，分別得到前輪側偏角、後輪側偏角：

$$\begin{cases} \alpha_f=\delta_f-\beta-l_f w_r/v_x \\ \alpha_r=-\beta+l_r w_r/v_x \end{cases} \tag{9.23}$$

當輪胎側偏角較小時，輪胎側向力與輪胎側偏角近似呈線性關係。K_f，K_r 表示前後輪的側偏剛度，則前後輪輪胎側向力分別為：$F_{yf}=K_f\alpha_f$，$F_{yr}=K_r\alpha_r$。

綜上分析，得到自行車模型車輛動力學狀態方程：

$$\begin{bmatrix} \dot{\beta} \\ \dot{w}_r \end{bmatrix}=\begin{bmatrix} -\dfrac{2K_f+2K_r}{Mv_x} & -\dfrac{2K_f l_f-2K_r l_r}{Mv_x^2}-1 \\ -\dfrac{2K_f l_f-2K_r l_r}{I_z} & -\dfrac{2K_f l_f^2+2K_r l_r^2}{I_z v_x} \end{bmatrix}\begin{bmatrix} \beta \\ w_r \end{bmatrix}+\begin{bmatrix} \dfrac{2K_f}{Mv_x} \\ \dfrac{2K_f l_f}{I_z} \end{bmatrix}\delta \tag{9.24}$$

側向換道控制器的功能是保證車輛能安全換道至相鄰車道，成功避開原車道上與前車碰撞的危險。透過對自行車模型分析可知，車輛的側向控制主要是由車輪側偏角 Ψ 來實現，如圖 9.6 所示。車輛在全局座標系的速度狀態與自身座標系下的速度變化關係為：

$$\begin{cases} v_x=v_X\cos\Psi-\dot{y}\sin\Psi \\ v_y=v_X\sin\Psi+\dot{y}\cos\Psi \\ \Phi=\Psi \end{cases} \tag{9.25}$$

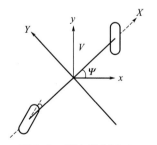

圖 9.6　側向控制速度坐標轉化示意圖

主動避撞系統上層控制器得到的期望軌跡可透過式(9.25) 轉化後應用於車輛的底層側向運動控制器。

為了能對車輪實際換道軌跡進行追蹤，車輛模型需要建立關於誤差狀態量的狀態方程，首先定義狀態量 e_1，e_2，分別表示車輛質心與道路中心線的距離、行進方向與期望行駛方向的差值。

設車輛期望行駛方向為 Ψ_{des}，則可得到 $\dot{e}_1$，e_2 的表達式如下：

$$\begin{cases} \dot{e}_1 = \dot{y} + v_x(\Psi - \Psi_{\text{des}}) \\ e_2 = (\Psi - \Psi_{\text{des}}) \end{cases} \tag{9.26}$$

車輛的側向運動是基於換道過程進行分析的，車輛沿車身方向的縱向速度保持不變。定義側向系統的狀態為 $x = \begin{bmatrix} e_1 & \dot{e}_1 & e_2 & \dot{e}_2 \end{bmatrix}^T$，則側向動力學模型可描述為：

$$\dot{x} = Ax + B_1\delta + B_2\dot{\Psi}_{\text{des}} \tag{9.27}$$

9.5.2 基於前饋補償的 LQR 側向控制策略研究

車輛側向運動控制主要是透過對側偏角 Ψ（或側偏角速率 $\dot{\Psi}$）的追蹤來實現期望軌跡。透過分析側向動力學誤差模型，系統 $(A，B_1)$ 是可控的。利用極點任意配置法對系統進行閉環狀態反饋控制。對於控制輸入 δ，基於狀態反饋採用 $\delta = Kx = k_1e_1 + k_2\dot{e}_1 + k_3e_2 + k_4\dot{e}_2$，則

$$\dot{x} = (A - B_1K)x + B_2\dot{\Psi}_{\text{des}} \tag{9.28}$$

側向動力學模型可透過控制器 K 的選擇，消除不穩定極點對系統響應特性的影響。車輛轉向過程中，側向控制器應在盡量減少或增加前輪側偏角 δ 的情況下，實現對車輛實際行駛的期望橫擺角度 Ψ_{des}（或橫擺角速率 $\dot{\Psi}_{\text{des}}$）的快速精確追蹤，來減輕駕駛員的負擔，並提高車輛的操縱性和軌跡保持特性。因此，可用線性二次型調節器 LQR 對車輛側向控制系統進行優化，減少系統控制誤差並提高控制性能。

基於車輛側向動力學模型 [式(9.27)]，LQR 的性能指標為：

$$J = \int_0^\infty (x^T Qx + u^T Ru)\mathrm{d}t \tag{9.29}$$

根據 LQR 理論，性能指標 J 要求在控制輸入 u（u 為前輪轉角 δ）盡量小的前提下使車輛系統的追蹤誤差最小。其中，$Q = I_{4 \times 4}$，R 為常數，可用於調節系統響應的快速性。

透過求解黎卡提方程，基於 LQR 的狀態反饋控制器為：

$$K = R^{-1}B_1^T P \tag{9.30}$$

LQR 利用反饋控制 K 構成一個閉環控制系統，在工程上容易實現，對解決車輛實際追蹤控制問題很有效，並具有一定的魯棒性。

透過對引入 LQR 反饋控制後的模型 [式(9.28)] 進行分析，系統在達到穩態時將存在穩態誤差（由於 $\dot{\Psi}_{\text{des}}$ 的存在）。在系統穩態時，$\dot{e}_1 =$

0，$\ddot{e}_1 = 0$，$\dot{e}_2 = 0$，$\ddot{e}_2 = 0$。

由車輛側向閉環反饋系統［式(9.28)］可得狀態誤差 e_2 為：

$$\ddot{e}_2 = (A_{42} - b_{14}k_2)e_1 + (A_{43} - b_{14}k_3)e_2 + (A_{44} - b_{14}k_4)\dot{e}_2 + b_{24}\dot{\Psi}_{\text{des}}$$

(9.31)

解得 $(A_{43} - b_{14}k_3)e_2 + b_{24}\dot{\Psi}_{\text{des}} = 0$，即：

$$e_2 = \frac{-b_{24}}{(A_{43} - b_{14}k_3)}\dot{\Psi}_{\text{des}}$$

(9.32)

可見，系統穩態時的誤差 e_2 只與 $\dot{\Psi}_{\text{des}}$ 有關。為了使系統能夠精確跟隨給定期望橫擺角 Ψ_{des}（即 e_2 最小），採用基於輸入補償的前饋補償策略對系統進行控制，即對期望偏轉角進行處理，令 $\Psi'_{\text{des}} = K_2\Psi_{\text{des}}$，則輸入系統的偏轉角速率為 $\dot{\Psi}'_{\text{des}} = K_2\dot{\Psi}_{\text{des}}$。當系統達到穩態時的偏轉角度誤差 e'_2 為：

$$e'_2 = \frac{-b_{24}}{(A_{43} - b_{14}k_3)}\dot{\Psi}'_{\text{des}} = \frac{-b_{24}K_2}{(A_{43} - b_{14}k_3)}\dot{\Psi}_{\text{des}}$$

(9.33)

根據偏轉角度誤差定義，穩態時系統的實際偏轉角度輸出為：

$$\Psi = e'_2 + K_2\Psi_{\text{des}} = K_2\Psi_{\text{des}} - \frac{b_{24}K_2}{(A_{43} - b_{14}k_3)}\dot{\Psi}_{\text{des}}$$

要使系統的實際輸出跟隨給定 Ψ_{des}，即 $\Psi_{\text{des}} = \Psi$，由此可推出 K_2：

$$K_2 = \frac{\Psi_{\text{des}}}{\Psi_{\text{des}} - (b_{24}\dot{\Psi}_{\text{des}})/(A_{43} - b_{14}k_3)}$$

(9.34)

在系統能夠快速達到穩態的條件下，基於輸入補償的前饋補償控制器 K_2 可以使系統精確跟隨期望的橫擺角度 Ψ_{des}。考慮到控制器 K_2 的分母特殊性，實際的 K_2 為：

$$K_2 = \begin{cases} 0, & \Psi_{\text{des}} = 0 \text{ 且 } \dot{\Psi}_{\text{des}} = 0 \\ k_{\text{const}}, & |\Psi_{\text{des}} - (b_{24}\dot{\Psi}_{\text{des}})/(A_{43} - b_{14}k_3)| < w \\ \dfrac{\Psi_{\text{des}}}{\Psi_{\text{des}} - (b_{24}\dot{\Psi}_{\text{des}})/(A_{43} - b_{14}k_3)}, & \text{其他} \end{cases}$$

(9.35)

式中，k_{const} 與 w 為常數，並且 $w < 1$，已對控制器 K_2 進行死區處理，防止出現無窮大情況。

為了實現上層側向換道控制器的規劃軌跡，則由速度轉換公式(9.25)可得系統的期望橫擺角度為：

$$\Psi_{\text{des}} = \arcsin\left(\frac{v_X}{\sqrt{v_x^2 + v_y^2}}\right) - \arcsin\left(\frac{v_x}{\sqrt{v_x^2 + v_y^2}}\right) \qquad (9.36)$$

基於前饋補償的 LQR 控制策略和期望橫擺角度 Ψ_{des}，車輛側向控制系統不僅能夠透過合理的控制輸入 δ 對車輛側向偏轉進行控制，還能精確實現期望的車輛側向換道軌跡，並對外界干擾和模型不確定性具有一定的抗擾魯棒性。

9.5.3　仿真分析

車輛側向換道控制策略採用二自由度側向自行車模型進行仿真，結構參數如表 9.3 所示。

表 9.3　車輛結構參數

車輛結構參數	數值
汽車質量(m)	1573kg
整車轉動慣量(I_Z)	2873kg・m^2
質心距前軸距離(l_f)	1.1m
質心距後軸距離(l_r)	1.58m
汽車行駛速度(V_x)	10m/s
前輪剛度係數(K_f)、後輪剛度係數(K_r)	80000N/rad

當系統給定的期望橫擺角度為 $\Psi_{\text{des}} = t$ 時，分別採用 LQR 策略和帶有前饋補償的 LQR 策略進行控制器設計。LQR 性能指標所採用的加權矩陣為 $Q = I_{4 \times 4}$，$R = 19.5$。由此產生的 LQR 控制器參數 $K = [0.2265\ 0.1058\ 1.4318\ 0.1520]$。車輛側向動力學系統採用 LQR 控制與基於前饋補償 LQR 控制的側向運動效果如圖 9.7 所示。

從圖 9.7 可以看出，經過調整後，LQR 控制和基於前饋補償 LQR 控制都能良好跟隨期望橫擺角度 Ψ_{des}。根據兩個控制效果的側偏角誤差曲線，控制器在經過大約 0.5s 調整時間後趨於穩定（該時刻由 LQR 控制器決定）。由於橫擺角速率 $\dot{\Psi}_{\text{des}}$ 的存在，系統穩態會存在穩態誤差。基於狀態反饋的 LQR 控制器只能根據系統的狀態透過最優控制輸入 δ 獲得最小的誤差性能指標，並不能消除穩態誤差。而基於前饋補償的 LQR 控制器則根據系統的穩態誤差對系統給定輸入進行補償，增加（或減小）系統的前輪控制轉角 δ，使穩態誤差減小為 -0.0006779（LQR 控制器的穩態誤差大約為 -0.083），大大提高了系統的精確程度。

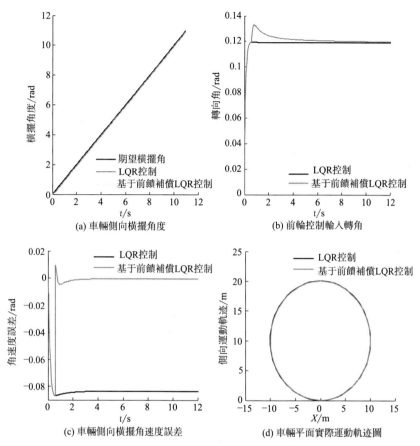

圖 9.7　LQR 控制與基於前饋補償 LQR 控制的側向運動效果（電子版）

此外，前饋補償控制器 K_2 採用分段函數進行設計。其中，當式(9.35) 的分母 $\Psi_{\text{des}} - (b_{24}\dot{\Psi}_{\text{des}})/(A_{43} - b_{14}k_3) \to 0$ 時，$K_2 = 1$（採用單獨的 LQR 控制策略），可有效防止控制系統出現尖端毛刺現象，更符合實際工程應用。

系統在全局座標系下的運動速度可透過式(9.36) 進行坐標變換求解。由於 $\Psi_{\text{des}} = t$，車輛動力學系統會基於前饋補償 LQR 控制策略進行圓周運動，實際運動效果如圖 9.7 所示。可見，基於前饋補償 LQR 控制精確度高於 LQR 控制。

在實際行駛中，由於外界干擾，車輛並不能保持自身速度 V_X 一直不變。同時車輛質量也將隨載荷發生變化。為了驗證基於前饋補償控制算法的抗擾性能，車輛在模型參數改變情況下（V_X 和 m 發生改變）的

控制效果如圖9.8和圖9.9所示。當車速V_X增大時，車輛在基於前饋補償LQR控制作用下減小前輪控制輸入轉角δ，使系統快速趨於穩定狀態，穩態誤差仍然控制在很小的範圍內（$V_X=25\mathrm{m/s}$時，穩態誤差約為0.01），保證了控制系統的跟隨精確度和魯棒抗擾性。當車輛的質量增加時，車輛在基於前饋補償LQR控制作用下增大前輪控制輸入轉角δ，使汽車輪胎的側向力增大，保證對系統期望側向橫擺角度的跟隨。當車輛的質量增加900kg時，系統的側向橫擺角度誤差約為0.0088，體現了對質量較強的抗擾性。可見，基於前饋補償LQR的側向偏轉控制策略對車輛側向動力學模型攝動具有一定的魯棒抗擾性能。

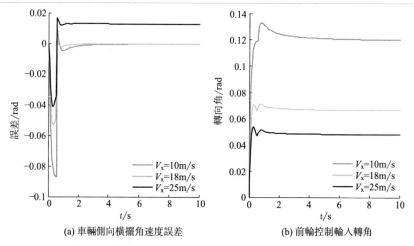

(a) 車輛側向橫擺角速度誤差　(b) 前輪控制輸入轉角

圖9.8　基於前饋補償的LQR控制器在V_X變化下的控制效果（電子版）

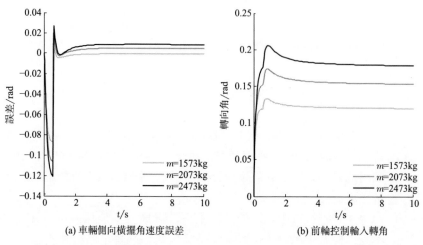

(a) 車輛側向橫擺角速度誤差　(b) 前輪控制輸入轉角

圖9.9　基於前饋補償的LQR控制器在m變化下的控制效果（電子版）

9.6 電動汽車側向主動避撞系統仿真實驗

為驗證所提出的狀態估計方法與控制策略的有效性和適應性，分別對側向主動避撞系統進行單工況行駛仿真實驗和混合工況行駛仿真實驗。

(1) 單工況行駛實驗

單工況行駛條件如表 4.5 所示。工況一路面條件較好，工況二路面條件較差，該實驗分別在兩個不同工況下進行。側向主動避撞系統實時仿真結果分別如圖 9.10 和圖 9.11 所示。側向安全距離模型結合了縱向安全距離中的最小保持車距，因此，圖 9.10(a) 和圖 9.11(a) 分別給出了路面條件較好和較差兩種行駛工況下的車輛邊緣軌跡。當路面條件較好時，結合縱向最小保持車距的側向運動軌跡與不結合最小保持車距的側向運動軌跡基本重合，即此工況下計算的側向運動軌跡可以保證車輛行駛安全；當路面條件較差時，與不結合最小保持車距的側向運動軌跡相比，結合最小保持車距的側向運動軌跡所計算的車輛橫擺角速率與車身側偏角相對較大，以保證車輛有足夠大的距離實施轉向。根據車輛邊緣軌跡可以計算對應的安全距離模型，兩種工況下安全距離模型分別如圖 9.10(b) 和圖 9.11(b) 所示。當路面條件較好時，安全距離模型 L_{CB} 較 L_{AB} 保守，即所計算的安全距離過大，道路利用率較低；當路面條件較差時，安全距離模型 L_{CB} 較 L_{AB} 冒進，即車輛安全性較低。相對而言，基於車輛邊緣轉向軌跡的側向安全距離模型 L_{AB} 比較合理，道路利用率較好，車輛安全性較高。根據側向安全距離模型可計算此時車輛應具有的期望橫擺角速率和期望車身側偏角，如圖 9.10(c)、(d) 和圖 9.11(c)、(d) 所示。由計算出的期望橫擺角速率和期望車身側偏角可以看出，路面條件較好時，車輛轉向所需的期望橫擺角速率和期望車身側偏角的幅值較小；當路面條件較差時，車輛轉向所需的期望橫擺角速率和期望車身側偏角的幅值較大。進一步驗證了所提出的側向安全距離模型具有一定的適應性和有效性。圖 9.10(e)～(h) 和圖 9.11(e)～(h) 分別給出了兩種工況下側向風速在 0m/s 和 17m/s 條件下車輛橫擺角速率閉環控制效果及輪胎縱向力分配效果。針對穩定的 SISO 車輛系統模型，閉環系統採用橫擺角速率作為被控變數。透過對 H_∞ 魯棒控制器的設計，車輛實際橫擺角速率的

追蹤效果較好，能夠有效地抑制車輛參數攝動和側向風干擾所產生的不確定性。圖 9.10(i)、(j) 和圖 9.11(i)、(j) 分別給出了兩種工況下側向風速在 0m/s 和 17m/s 條件下車輛橫擺角速率閉環控制曲線及誤差曲線。進一步驗證了所設計的 H_∞ 魯棒控制器在車輛轉向過程中對橫擺角速率控制的有效性，在保證車輛安全的前提下提高了車輛的操縱穩定性。

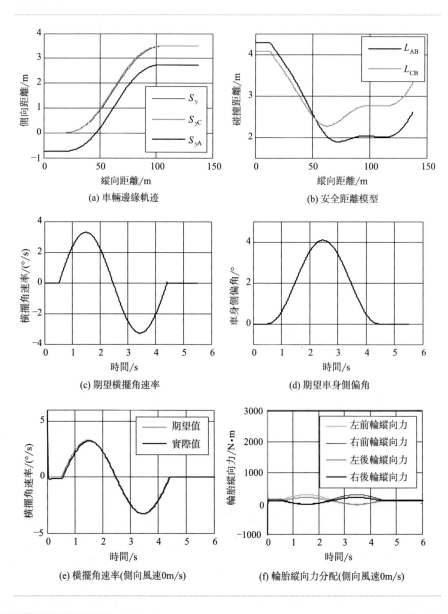

(a) 車輛邊緣軌跡

(b) 安全距離模型

(c) 期望橫擺角速率

(d) 期望車身側偏角

(e) 橫擺角速率(側向風速0m/s)

(f) 輪胎縱向力分配(側向風速0m/s)

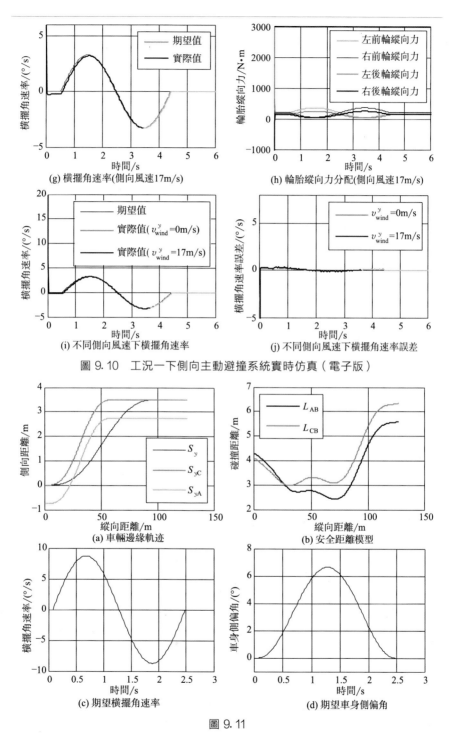

(g) 橫擺角速率(側向風速17m/s)

(h) 輪胎縱向力分配(側向風速17m/s)

(i) 不同側向風速下橫擺角速率

(j) 不同側向風速下橫擺角速率誤差

圖 9.10　工況一下側向主動避撞系統實時仿真（電子版）

(a) 車輛邊緣軌迹

(b) 安全距離模型

(c) 期望橫擺角速率

(d) 期望車身側偏角

圖 9.11

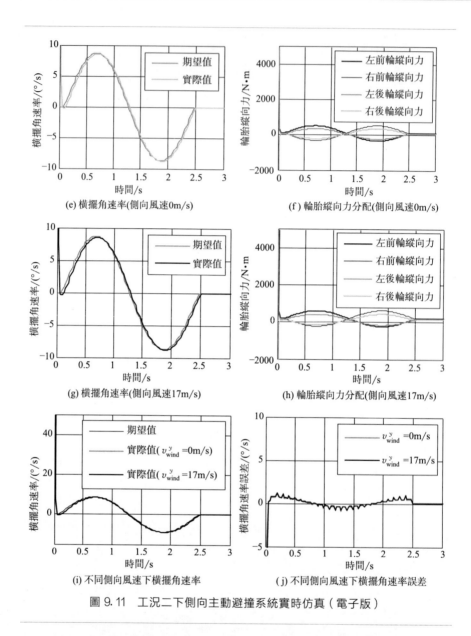

(e) 橫擺角速率(側向風速0m/s)

(f) 輪胎縱向力分配(側向風速0m/s)

(g) 橫擺角速率(側向風速17m/s)

(h) 輪胎縱向力分配(側向風速17m/s)

(i) 不同側向風速下橫擺角速率

(j) 不同側向風速下橫擺角速率誤差

圖 9.11　工況二下側向主動避撞系統實時仿真（電子版）

(2) 混合工況行駛實驗

實驗（1）給出了單工況行駛實驗，驗證了側向主動避撞系統適應於不同路面，即附著係數較大和較小的路面。實驗（2）則給出了具有不同附著係數的同一路面以驗證側向主動避撞系統對不同路面的適應能力。圖 9.12(a) 給出了混合工況的附著係數的變化趨勢，附著係數

先由 0.7 突變為 0.5，然後突變為 0.2。混合工況行駛實驗中，路面條件不同，為確保車輛轉向過程安全、穩定，安全距離模型中的駕駛意圖參數 $k=10$。由附著係數和駕駛意圖參數，即可計算混合工況下車輛邊緣的轉向軌跡，如圖 9.12(b) 所示。根據車輛邊緣轉向軌跡，即可計算出混合工況下車輛的安全距離模型。路面附著係數的突變進而導致安全距離模型在突變時刻產生波動，安全距離模型如圖 9.12(c) 所示。相應的期望橫擺角速率也出現波動，如圖 9.12(d) 所示。實驗仍然以側向風速為 0m/s 和 17m/s 為例，分別給出了其橫擺角速率控制及橫擺力矩分配效果圖。如圖 9.12(e)～(h) 所示，車輛的實際橫擺角速率能夠較好地追蹤期望橫擺角速率，且可有效地將橫擺力矩進行分配。圖 9.12(i)、(j) 分別給出了不同側向風速下橫擺角速率閉環控制曲線與誤差曲線。不同側向風速下車輛的橫擺角速率控制效果比較好，都可以很好地追蹤期望橫擺角速率。在 3.2s 左右，期望橫擺角速率的變化率突然增大，迫使車輛按照期望的橫擺角速率進行行駛。由於車輛慣性的存在，車輛實際橫擺角速率不能立刻追蹤期望橫擺角速率，因此，在 3.2s 左右車輛的實際橫擺角速率與期望橫擺角速率之間的誤差相對較大。但在所設計的魯棒控制器的作用下，橫擺角速率誤差將立刻減小。因此，基於 RCP 和 HIL 的側向主動避撞系統實時仿真實驗說明了所提出的基於車輛邊緣轉向軌跡的側向安全距離模型、輪胎側偏剛度估計的簡化方法、車身側偏角非線性觀測器以及基於穩定的車輛系統模型的直接橫擺力矩 H_∞ 魯棒控制是有效、合理的，且具有實用性。

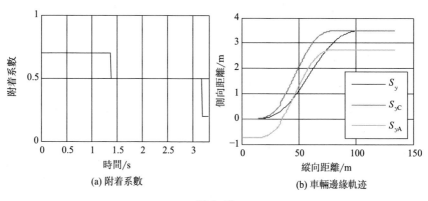

(a) 附着系數 (b) 車輛邊緣軌迹

圖 9.12

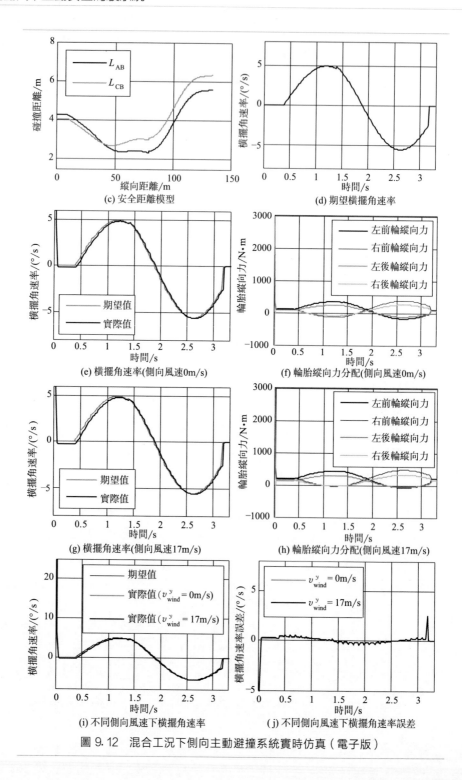

圖 9.12　混合工況下側向主動避撞系統實時仿真（電子版）

9.7 本章小結

　　本章結合轉向穩定約束和輪胎側偏剛度資訊，提出了車輛側向半不確定動力學模型，在確保車輛操縱穩定性的前提下，將車輛動力學多輸入多輸出系統簡化為單輸入單輸出系統，並給出了基於半不確定動力學模型的 H_∞ 混合靈敏度問題，完成了側向轉向避撞系統對車輛參數攝動和側向風干擾所產生不確定的抑制，有效地提高了車輛操縱穩定性。此外，本章設計了基於前饋補償的 LQR 側向控制器，能夠透過適當的控制輸入 δ 對車輛側向偏轉進行控制，精確實現期望換道軌跡，並對外界干擾和模型不確定性具有一定的魯棒性。基於 dSPACE 實時仿真系統進行了電動汽車主動避撞系統整車仿真實驗，並在整車仿真實驗中進一步驗證了在側向主動避撞系統中所提出的狀態估計方法與控制策略的有效性和合理性。更重要的是在實時仿真實驗中，所設計的車輛主動避撞系統在制動避撞方式和轉向避撞方式上的安全性均得到很好的保證，並使車輛主動避撞系統在縱向和側向上都對路面條件具有很好的適應性，能夠很好地體現駕駛員特性，達到了本書研究的目的和初衷。

參考文獻

［1］ GU D W, PETKOV P H, KONSTANTINOV M M. Robust Control Design with MATLAB [M]. New York: Springer, 2005.

［2］ 蘇宏業. 魯棒控制基礎理論[M]. 北京: 科學出版社, 2010.

［3］ 鄒廣才, 羅禹貢, 李克強. 基於全輪縱向力優化分配的 4WD 車輛直接橫擺力矩控制[J]. 農業機械學報, 2009, 5（40）: 1-6.

［4］ ABE M, MANNING W. Vehicle Handling Dynamics Theory and Application[M]. Amsterdam: Elsevier Ltd, 2009.

［5］ 於華. 全驅電動汽車橫擺穩定性控制策略研究[D]. 沈陽: 沈陽工業大學, 2013.

［6］ ZHANG R H, JIA H G, TAO C. Dynamics Simulation on Control Technology for 4WS Vehicle Steering Performance. 2008 ISECS International Colloquium on Computing, Communication, Control, and Management, Aug. 3-4, 2008[C]. Guangzhou, China: IEEE, 2008.

［7］ MOON S, MOON I, YI K. Design, Tuning, and Evaluation of a Full-range Adaptive Cruise Control System with Collision Avoidance [J]. Control Engineering Practice, 2009, 4 (17): 442-455.

[8] SEUNGWUK M, KYONGSU Y. Human Driving Databased Design of A Vehicle Adaptive Cruise Control Algorithm[J]. Vehicle System Dynamics, 2008, 8 (46): 661-690.

[9] Robert Bosch GmbH. Safety, Comfort and Convenience Systems[M]. 3rd ed. Bentley, 2007.

[10] LIAN Y F, TIAN Y T, HU L L, et al. A New Braking Force Distribution Strategy for Electric Vehicle Based on Regenerative Braking Strength Continuity[J]. Journal of Central South University, 2013, 12 (20): 3481-3489.

[11] LIAN Y F, ZHAO Y, HU L L, et al. Longitudinal collision avoidance control of electric vehicles based on a new safety distance model and constrained-regenerative-braking-strength-continuity braking force distribution strategy [J]. Transactions on Vehicular Technology, 2016, 65 (6): 4079-4094.

[12] 童季賢, 張顯明. 最優控制的數學方法及應用 [M]. 成都: 西南交通大學出版社, 1994.

[13] 馬培蓓, 吳進華, 紀軍, 等. dSPACE 實時仿真平台軟體環境及應用[J]. 系統仿真學報, 2004, 4 (16): 667-670.

[14] 潘峰, 薛定宇, 徐心和. 基於 dSPACE 半實物仿真技術的伺服控制研究與應用 [J]. 系統仿真學報, 2004, 5 (16): 936-939.

[15] 周克敏, 毛劍琴. 魯棒與最優控制[M]. 北京: 國防工業出版社, 2006.

第10章

四驅電動汽車穩定性控制力矩分配算法研究

10.1 控制分配算法綜述

為了充分利用車輛的性能潛力，需要一種設計良好的控制分配法。在這一節，對現有的控制分配方法進行了概述。主要有以下幾種方法：直接控制分配法、廣義逆法、鏈式遞增法和數學規劃法。

（1）直接控制分配法

直接控制分配法是由 Duram 基於車輛目標可達集（AMS）的概念提出的。可達集定義為所有滿足約束條件 $\Omega = \{u \in \mathrm{IR}^m : u^- \leqslant u \leqslant u^+\}$ 的可獲得的控制目標 $\bar{u}$ 的集合。直接控制分配問題的解決方案是計算矩陣 G，它表示控制輸入集合 u 到生成的控制目標 $\bar{u}$ 的映射。如果期望的控制目標向量不在可達集裡，需要在控制向量邊界去除它，並且使用原始向量會在控制輸入向量的方向上產生最大的影響。也就是說，在控制限制範圍內，尋找期望控制目標方向上幅值最大的可達向量及對應的控制量。

（2）廣義逆法

廣義逆法解決控制分配問題時，首先對任意矩陣 G，當滿足 $BG = I_m$ 時，$\mathrm{IR}^m \to \mathrm{IR}^n$。最廣泛應用的廣義逆法是求解偽逆矩陣 $G = B^{\mathrm{T}}[BB^{\mathrm{T}}]^{-1}$，因為會產生最小二範數解（最小控制能量）。廣義逆法是透過建立有效性矩陣 B 的偽逆矩陣 $B^{\dagger}$ 與期望控制目標之間的乘法求解的。

$$u = B^{\mathrm{T}}[BB^{\mathrm{T}}]^{-1}\bar{u} \tag{10.1}$$

另一種廣義逆解法是加權偽逆法，它在偽逆計算過程中引入一個權重矩陣 Q，加權偽逆解法計算如下：

$$u = Q^{-1}B^{\mathrm{T}}[BQ^{-1}B^{\mathrm{T}}]^{-1}\bar{u} \tag{10.2}$$

式中，矩陣 Q 透過強調或不再強調特定執行器的使用來選擇。

級聯廣義逆法（CGI）相對於先前提出的方法在執行器飽和控制方面有優勢。CGI 的方法解決了加權偽逆問題的反復性。根據期望的效果去除任意執行器飽和的影響，解決加權偽逆問題。重複這個過程，直到達到預期的效果，所有的執行器達到飽和或較少執行器維持預期的效果。

（3）鏈式遞增法

鏈式遞增法解決控制分配問題是把控制變數 u 和有效性矩陣 B 分成兩組或更多組。相繼使用這些組合產生期望的控制目標 $\bar{u}$，k 組變數的數學表達式如下：

$$Bu = [B_1 \cdots B_k] \begin{bmatrix} u_1 \\ \vdots \\ u_k \end{bmatrix} = B_1 u_1 + \cdots + B_k u_k \tag{10.3}$$

式中，$B_i(i=1,\cdots k)$ 是滿秩的可逆矩陣。

首先使用廣義逆方法，在其他組保持不變的情況下，試圖滿足第一組執行器的控制效果。如果一個或多個執行器飽和則使用第二組來補償飽和，與此同時所有其他組是保持不變的。重複這個過程，直到滿足預期的效果或所有組均達到飽和狀態。鏈式遞增法的缺點在於一組執行器的有效性是受限於該組最受約束的執行器的。因此，當執行器具有相似的物理限制不組合在一起時，就失去了控制器相互之間的權重關係。

（4）數學規劃法

針對控制分配問題，需要滿足約束條件的同時又要獲得期望控制目標。下面介紹基於數學規劃的優化分配算法，主要包括線性規劃法（LP）和二次規劃法（QP）。

線性規劃是一種涉及到在滿足線性等式和不等式約束的條件下，使一個線性代價函數最小化的最優化技術。線性規劃的標準形式如下：

$$\begin{aligned} \min_{u} \quad & c^{\mathrm{T}} u \\ s.t. \quad & Bu = \bar{u} \\ & u^- \leqslant u \leqslant u^+ \end{aligned} \tag{10.4}$$

二次規劃像最小二乘法一樣，是基於加權 2 範數的優化方法。二次規劃問題的一般形式和線性規劃是一樣的，不同的是二次規劃的目標函數增加了二次項。

$$\begin{aligned} \min_{u} \quad & \frac{1}{2} u^{\mathrm{T}} Q u + c^{\mathrm{T}} u \\ s.t. \quad & Bu = \bar{u} \\ & u^- \leqslant u \leqslant u^+ \end{aligned} \tag{10.5}$$

式中，等式約束定義了控制輸入的解空間，不等式約束代表執行器等約束條件的限制。

　　從實際求得的最優解來看，當執行器飽和時，最優解不在目標可達集合的範圍內，故尋求次優解；二次規劃則是根據代價函數和約束條件，對控制量相互之間進行加權或懲罰，進而實現複雜的控制分配問題。

　　因為二次規劃問題像最小二乘問題一樣，所以在求解過程中可以轉化成序列最小二乘法和加權最小二乘法，使求解的速度更快，這種控制方法得到了廣泛的應用。

10.2　優化目標選擇

　　車輛總的輪胎縱向力和總的車輛橫擺轉矩方程如下：

$$\begin{cases} F_{x1} + F_{x2} + F_{x3} + F_{x4} = F_x \\ (-F_{x1} + F_{x2} - F_{x3} + F_{x4})\dfrac{d}{2} = M_z \end{cases} \tag{10.6}$$

上述方程寫成矩陣形式如下：

$$w = Bu \tag{10.7}$$

式中，$w = [F_x \quad M_x]^T$；$u = [F_{x1} \quad F_{x2} \quad F_{x3} \quad F_{x4}]^T$；

$$B = \begin{bmatrix} 1 & 1 & 1 & 1 \\ -\dfrac{d}{2} & \dfrac{d}{2} & -\dfrac{d}{2} & \dfrac{d}{2} \end{bmatrix}。$$

　　式(10.7) 可以使用二次規劃方法求解。應用二次規劃方法時，首先應該確定優化目標函數和約束條件。選擇 4 個車輪的縱向力 F_{xi} 和側向力 F_{yi} 的平方和除以垂直載荷 F_{zi} 乘摩擦係數 μ 的平方作為優化目標函數，用來表達車輛的穩定裕度。輪胎的利用率越高，車輛的穩定裕度越低。當目標函數的值接近 1 時，輪胎正在接近其附著力極限，此時車輛處於即將失去穩定的臨界狀態。所以這裡的優化目標是使目標函數最小化，以保證車輛的穩定裕度最大化。目標函數表示為如下：

$$\min J = \sum_{i=1}^{4} \frac{F_{xi}^2 + F_{yi}^2}{(\mu F_{zi})^2}, \quad i = 1, 2, 3, 4 \tag{10.8}$$

式中，μ 為路面附著係數；$i = 1, 2, 3, 4$ 分別對應 $i = fl, fr, rl, rr$。

　　式(10.8) 可以改寫為如下的矩陣形式：

$$\min J = u^T W u \tag{10.9}$$

式中，$u = [F_{fl}, F_{fr}, F_{rl}, F_{rr}]^T$；

$$W = \begin{bmatrix} \dfrac{1}{(\mu_{fl}F_{zfl})^2} & & & \\ & \dfrac{1}{(\mu_{fr}F_{zrl})^2} & & \\ & & \dfrac{1}{(\mu_{rl}F_{zrl})^2} & \\ & & & \dfrac{1}{(\mu_{rr}F_{zrr})^2} \end{bmatrix} \circ$$

垂直載荷計算如下：

$$\begin{cases} F_{zfl} = \dfrac{m(gl_r - a_x h_g)}{2l} - \dfrac{h_{gf}l_r ma_y}{ld/2} \\[2mm] F_{zfr} = \dfrac{m(gl_r - a_x h_g)}{2l} + \dfrac{h_{gf}l_r ma_y}{ld/2} \\[2mm] F_{zrl} = \dfrac{m(gl_f - a_x h_g)}{2l} - \dfrac{h_{gr}l_f ma_y}{ld/2} \\[2mm] F_{zrr} = \dfrac{m(gl_f - a_x h_g)}{2l} + \dfrac{h_{gr}l_f ma_y}{ld/2} \end{cases} \tag{10.10}$$

在實際中，對於四輪獨立驅動電動汽車，側向力受條件限制不可控，故選擇縱向力作為控制變數，即 $u = [F_{xfl}, F_{xfr}, F_{xrl}, F_{xrr}]^T$。此時優化目標函數轉化為：

$$\min J = \sum_{i=1}^{4} \frac{F_{xi}^2}{(\mu F_{zi})^2} \tag{10.11}$$

由上式可以看出，本書所選擇的優化目標函數為輪胎利用率平方和最小的變形，忽略了側向力，考慮在縱向力作用下產生的輪胎利用率最小作為目標函數。雖然簡化了控制目標，但在實際中，縱向力和側向力不可能完全獨立，可以換個思路考慮，本書所採用的優化目標函數能夠使車輛穩定行駛時，獲得最小的執行器控制消耗。本書所提出的優化目標來進行縱向力和轉矩的分配，能夠使得電機保留更大的裕量，在車輛突發不穩定狀況時，能夠有更大能力去主動維持和改變車輛行駛狀態，增強了車輛行駛的安全性和穩定性，這對於穩定性控制系統來說也是具有一定意義的。

10.3 輪胎縱向力分配約束條件

下位控制器的主要任務為根據上位控制器輸出的廣義合力合理地分配到各自輪轂電機上，即對輪胎的縱向力進行優化分配，進而得到控制所需的橫擺力矩。但在一定路面條件下，縱向力同時還受路面附著和電

機最大輸出力矩等條件的限制。

首先對摩擦圓進行定義，當在車輛垂直載荷一定的條件下，輪胎會產生一個與路面之間的最大附著力，以最大附著力為半徑做圓，即為摩擦圓。輪胎的縱向力和側向力分別在摩擦圓互相垂直的坐標軸上，並且保證在摩擦圓內變化。實際中，路面附著摩擦圓是一個橢圓形狀。設路面附著係數為 μ，則滿足如下約束條件：

$$\left(\frac{F_x}{\mu F_z}\right)^2 + \left(\frac{F_y}{\mu F_z}\right)^2 \leqslant 1 \tag{10.12}$$

另外，縱向力還受執行器條件限制，綜合執行器與路面附著橢圓約束條件，可以得到輪胎力在總約束條件下的可行區域，如圖 10.1 所示。

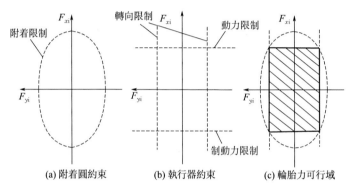

圖 10.1 輪胎力總約束條件

根據上述摩擦橢圓約束條件式(10.12)，可以得到縱向力約束條件如下：

$$|F_{xi}| \leqslant \sqrt{\left[1-\left(\frac{F_{yi}}{\mu F_{zi}}\right)^2\right]} \times \mu F_{zi} \tag{10.13}$$

電機最大輸出轉矩約束條件如下：

$$F_{xi} \leqslant \frac{T_{i\max}}{r} \tag{10.14}$$

式中，$T_{i\max}$ 為電機最大輸出轉矩。

路面附著條件限制如下：

$$|F_{xi}| \leqslant \mu_m F_{zi} \tag{10.15}$$

綜上所述，根據式(10.13) 到式(10.15)，各個車輪的縱向力約束條件表示如下：

$$|F_{xi}| \leqslant \min\left\{\mu_m F_{zi}, \frac{T_{i\max}}{r}, \sqrt{\left[1-\left(\frac{F_{yi}}{\mu F_{zi}}\right)^2\right]} \times \mu F_{zi}\right\} \tag{10.16}$$

10.4 優化分配算法求解

根據式（10.7）、式（10.11）和式（10.13）得到如下二次規劃標準型：

$$\min_{u} J = u^{\mathrm{T}} W u$$
$$s.\,t.\,\begin{cases} Bu = w \\ u_{\min} \leqslant u \leqslant u_{\max} \end{cases} \tag{10.17}$$

將上式的等式約束 $w = Bu$ 變型為 $\min \|Bu - w\|_2$，上述問題就轉化成為序列最小二乘問題：

$$\begin{cases} u = \operatorname*{argmin}_{u \in \Omega} \|W_{\mathrm{u}} u\|_2 \\ \Omega = \arg \min_{u_{\min} \leqslant u \leqslant u_{\max}} \|W_{\mathrm{w}}(Bu - w)\|_2 \end{cases} \tag{10.18}$$

式中，W_{u} 為控制變數 u 的權重矩陣；W_{w} 為分配需求 w 的權重矩陣。

透過引入權重係數 κ，可以將序列最小二乘問題轉化為加權最小二乘問題：

$$u = \arg \min_{u^- \leqslant u \leqslant u^+} \{ \|W_{\mathrm{u}} u\|_2^2 + \kappa \|W_{\mathrm{w}}(Bu - w)\|_2^2 \} \tag{10.19}$$

綜上所述，將式（10.19）轉化為如下形式：

$$\|W_{\mathrm{u}} u\|_2^2 + \kappa \|W_{\mathrm{w}}(Bu - w)\|_2^2 = \left\| \begin{pmatrix} \kappa^{\frac{1}{2}} W_{\mathrm{w}} B \\ W_{\mathrm{u}} \end{pmatrix} u - \begin{pmatrix} \kappa^{\frac{1}{2}} W_{\mathrm{w}} w \\ 0 \end{pmatrix} \right\|_2^2 = \|Au - b\|_2^2 \tag{10.20}$$

上式可以透過有效集方法求解，獲得電動汽車四輪轂電機驅動的力矩優化分配結果。

10.5 軸載比例分配算法

對於車輛穩定控制系統，車輛輪胎的縱向力分配方式普遍採用按軸載比例分配的方法。車輛總的驅動力和橫擺轉矩按前後軸載比例進行分配，前、後軸載荷值如下：

$$\begin{cases} F_{z\mathrm{f}} = \dfrac{m(g l_{\mathrm{r}} - a_x h)}{l} \\ F_{z\mathrm{r}} = \dfrac{m(g l_{\mathrm{f}} + a_x h)}{l} \end{cases} \tag{10.21}$$

式中，$F_{z\mathrm{f}}$、$F_{z\mathrm{r}}$ 為前、後軸的垂直載荷；a_x 為縱向加速度；h 為整車質量的質心高度。

四個車輪在滿足總驅動力和總橫擺轉矩條件下,還應滿足下式:

$$
\begin{cases}
\dfrac{F_{x1}+F_{x2}}{F_{zf}}=\dfrac{F_{x3}+F_{x4}}{F_{zr}} \\[3mm]
\dfrac{F_{x1}-F_{x2}}{F_{zf}}=\dfrac{F_{x3}-F_{x4}}{F_{zr}}
\end{cases}
\tag{10.22}
$$

故可以得到按軸載比例分配的各個車輪的縱向力如下:

$$
\begin{cases}
F_{x1}=\dfrac{F_{zf}(ma_x-2M_z/d)}{2mg} \\[3mm]
F_{x2}=\dfrac{F_{zf}(ma_x+2M_z/d)}{2mg} \\[3mm]
F_{x3}=\dfrac{F_{zr}(ma_x-2M_z/d)}{2mg} \\[3mm]
F_{x4}=\dfrac{F_{zr}(ma_x+2M_z/d)}{2mg}
\end{cases}
\tag{10.23}
$$

10.6　側向穩定性控制系統仿真實驗與結果分析

本節針對所提出的側向穩定性控制系統進行仿真實驗驗證,透過建立 CarSim/Simulink 聯合仿真模型,分別在不同車速和不同路面附著條件下對所提出的力矩優化分配算法與軸載比例分配算法進行了測試,實驗結果表明本書所提出的優化分配算法增強了系統的穩定性。

10.6.1　基於 CarSim 和 Simulink 聯合仿真實驗程序

本書利用 CarSim 中精確的車輛動力學模型和路面及駕駛條件,結合 Simulink 搭建的控制模塊構成側向穩定性控制系統程序圖,如圖 10.2 所示。文中 CarSim 車輛模型中的汽車參數如表 10.1 所示。

表 10.1　電動汽車各項參數

參數	單位	數值
質量	kg	1020+120
軸距	mm	2330
前軸到質心距離	mm	1165
後軸到質心距離	mm	1165
質心高度	mm	375
同軸兩輪輪距	mm	1481
車輪有效滾動半徑	mm	333

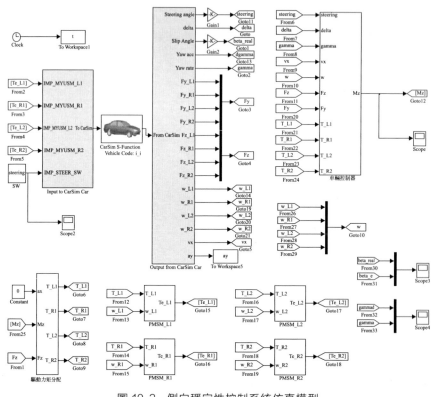

圖 10.2 側向穩定性控制系統仿真模型

10.6.2 仿真實驗設計與結果分析

相對於開環實驗，閉環駕駛員模型能夠更好地體現駕駛員真實的駕駛過程。實驗採用雙移線工況，對汽車轉向行駛過程中的側向穩定性控制策略進行驗證，分別在不同車速和路面條件下做了仿真實驗。圖 10.3 和圖 10.4 分別為初速度 60km/h 高附著和低附著路面條件下的實驗結果圖。圖 10.5 和圖 10.6 分別為初速度 120km/h 高附著和低附著路面條件下的實驗結果圖。

如圖 10.3 中（a）和（b）所示，車輛橫擺角速率和車輛側偏角的值能夠很好地跟隨參考值的變化而變化，說明本書所設計的控制器有良好的控制效果；圖 10.3(c) 為車輛的四個車輪的垂向力；圖 10.3(d) 為優化分配模式和平均分配模式及 PI 控制器得到的橫擺轉矩的變化，從圖中可以看出，本書所設計的控制算法與 PI 控制結果都很好；圖 10.3(e)、(f) 分別

為優化分配模式和平均分配模式的電磁轉矩。對比圖 10.3(e)、(f) 可以看出在車速適度和路面附著條件較好的情況下，優化分配模式和平均分配模式都具有良好的轉矩輸出結果。

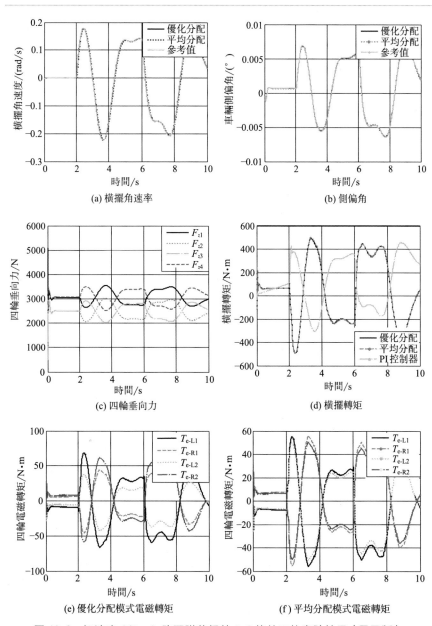

(a) 橫擺角速率

(b) 側偏角

(c) 四輪垂向力

(d) 橫擺轉矩

(e) 優化分配模式電磁轉矩

(f) 平均分配模式電磁轉矩

圖 10.3　初速度 60km/h 路面附著係數 0.9 條件下的實驗結果（電子版）

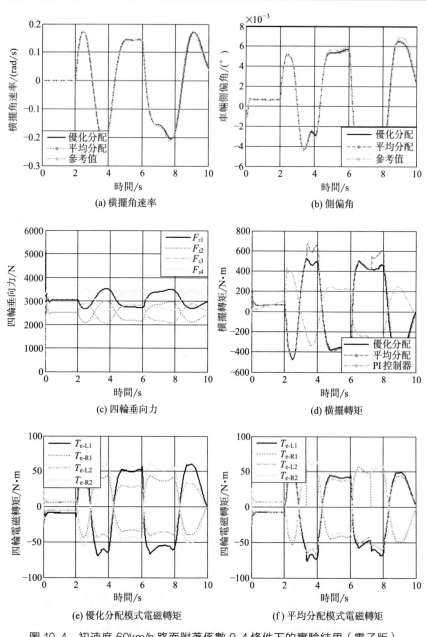

(a) 橫擺角速率

(b) 側偏角

(c) 四輪垂向力

(d) 橫擺轉矩

(e) 優化分配模式電磁轉矩

(f) 平均分配模式電磁轉矩

圖 10.4 初速度 60km/h 路面附著係數 0.4 條件下的實驗結果（電子版）

　　圖 10.4(a) 和 (b) 分別為橫擺角速率和車輛側偏角的控制結果圖，從圖中可以看出，無論是優化分配模式還是平均分配模式，書中

所設計的控制算法具有良好的效果；圖 10.4(c) 為車輛四個車輪的垂向力變化；圖 10.4(d) 為優化分配模式和平均分配模式及 PI 控制器得到的橫擺轉矩的變化，從圖中可以看出，此時優化分配模式的橫擺轉矩要優於平均分配模式的橫擺轉矩控制結果，優化分配模式需要更小的橫擺轉矩，即意味著車輛在此時有更大的能力去應對車輛突發的不穩定狀況，在一定程度上增強了車輛的穩定性；對比優化分配模式電磁轉矩圖 10.4(e) 和平均分配模式電磁轉矩圖 10.4(f) 可以看出在車速適度和路面附著條件差的情況下，優化分配模式的轉矩輸出結果更好。在路面條件較差時，平均分配模式已經出現了車輪抱死的狀態，不利於車輛穩定性控制。

對比圖 10.3 和圖 10.4 可以看出在相同車速下，採用優化分配模式的車輛穩定性控制不管在路面附著條件良好或較差情況時，都能具有良好的控制效果，優於平均分配模式，在一定程度上提高了車輛在低附著路面的穩定性。

圖 10.5 為初速度 120km/h 路面附著係數 0.9 時的實驗結果圖。圖 10.5(a) 和 (b) 分別為橫擺角速率和車輛側偏角，可以看出此時具有良好的車輛控制效果；圖 10.5(c) 為車輛四輪垂向力變化；圖 10.5(d) 為優化分配模式和平均分配模式及對應 PI 控制的橫擺轉矩圖，如圖所示，本書設計的優化分配模式和平均分配模式的控制效果優於 PI 控制效果，同時優化分配模式所需的橫擺轉矩略小於平均分配模式，這說明此時優化分配模式具有更優的控制效果，有助於增強車輛的穩定性。圖 10.5(e)、(f) 分別為優化分配模式和平均分配模式的電磁轉矩輸出，此時的優化分配模式存在優化與軸載比例分配的切換，存在一些較大的幅度變化，但能夠很好地維持車輛的穩定性。

圖 10.6 為初速度 120km/h 路面附著係數 0.4 的實驗結果圖，圖 10.6(a) 為車輛橫擺角速率變化曲線圖，圖 10.6(b) 為車輛側偏角控制結果圖，圖中可以看出此時車輛控制效果不如路面附著係數高的效果，橫擺角速率和車輛側偏角依然能夠跟隨參考值的變化而變化；圖 10.6(c) 為車輛四輪垂向力變化，車輛輸出的電磁轉矩變化具有和其相對應的變化趨勢；圖 10.6(d) 為車輛橫擺轉矩控制結果圖，可以看出此時優化分配模式相對於平均分配模式具有明顯的優勢，所需車輪提供的橫擺轉矩更小，車輛具有更強的穩定性與安全性。圖 10.6(e)、(f) 分別為優化和平均分配模式的電磁轉矩圖，可以看出此時優化分配模式透過優化分配模式與軸載比例分配模式的切換能夠更好地維持車輛穩定。

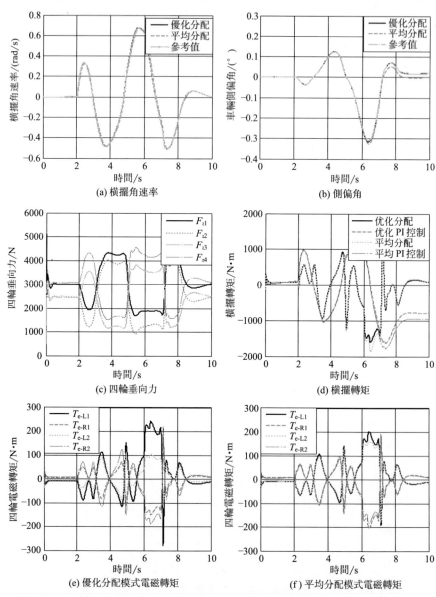

圖 10.5　初速度 120km/h 路面附著係數 0.9 條件下的實驗結果（電子版）

　　對比圖 10.4 與圖 10.6，本書所提出的優化控制算法在大側偏角和高速行駛時，能夠很好地發揮控制效果，在滿足路面條件和電機轉矩約束的條件下，透過合理地分配輪胎縱向力，來增強車輛穩定性與安全性。上述實驗驗證了本書所提出控制策略與分配算法的有效性。

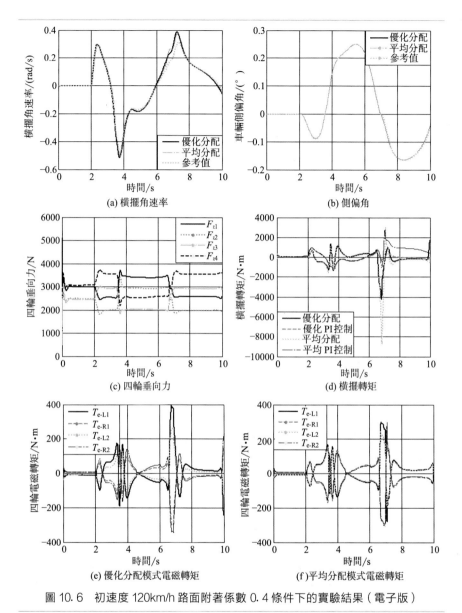

圖 10.6　初速度 120km/h 路面附著係數 0.4 條件下的實驗結果（電子版）

10.7　本章小結

　　本章完成了下位控制器透過控制縱向力的優化分配，滿足車輛穩定的橫擺轉矩條件，保證了車輛行駛的穩定性。建立了以輪胎利用率平方和最

小為目標的穩定性控制目標，綜合考慮路面附著條件和電機峰值轉矩等約束條件，採用加權最小二乘法優化分配輪胎的縱向力，保證車輛轉向行駛時的穩定性。最後進行了 CarSim 和 Simulink 仿真實驗，結果表明在不同車速和不同路面附著條件下，本書所設計的控制策略及分配算法能夠較好地保證車輛行駛的安全性與穩定性，驗證了所提出控制策略的有效性。

參考文獻

[1] PLUMLEE J H, BEVLY D M, HODEL A S. Control of a ground vehicle using quadratic programming based control allocation techniques. Proceedings of the 2004 American Control Conference, June30-July2, 2004[C]. Boston, MA, USA: IEEE, 2004.

[2] ZHAI L, SUN T, WANG J. Electronic Stability Control Based on Motor Driving and Braking Torque Distribution for a Four In-Wheel Motor Drive Electric Vehicle[J]. IEEE Transactions on Vehicular Technology, 2016, 65（6）: 4726-4739.

[3] 段丙旭. 輪轂電機驅動電動汽車的電子穩定控制研究[D]. 長春: 吉林大學, 2013.

[4] 趙偉. 汽車動力學穩定性橫擺力矩和主動轉向聯合控制策略的仿真研究[D]. 西安: 長安大學, 2008.

[5] 鄒廣才, 羅禹貢, 李克強. 基於全輪縱向力優化分配的 4WD 車輛直接橫擺力矩控制[J]. 農業機械學報, 2009, 40（5）: 1-6.

[6] NAM K, FUJIMOTO H, HORI Y. Lateral Stability Control of In-wheel-motor-driven Electric Vehicle Based on Sideslip Angle Estimation Using Lateral Tire Force Sensors [J]. IEEE Transactions on Vehicular Technology. 2012, 5（61）: 1972-1985.

[7] ZHANG J Z, ZHANG H T. Vehicle lateral stability control based on single neu-ron network. 2010 Chinese Control and Decision Conference, May 26-28, 2010 [C]. Xuzhou, China: IEEE, 2010.

[8] MENG Q, GE P, WANG P. Lateral motion stability control based on disturbance estimation for an electric vehicle. 2017 4th International Conference on Systems and Informatics（ICSAI）, Nov. 11-13, 2017[C]. Hangzhou, China: IEEE, 2017.

[9] LI S, ZHAO D, ZHANG L, et al. Lateral stability control system based on cooperative torque distribution for a four in-wheel motor drive electric vehicle. 2017 36th Chinese Control Conference（CCC）, July 26-28, 2017[C]. Dalian, China: IEEE, 2017.

[10] WANG W W, FAN J N, XIONG R, et al. Lateral stability control of four wheels independently drive articulated electric vehicle, 2016 IEEE Transportation Electrification Conference and Expo（ITEC）, June 27-29, 2016 [C]. Dearborn, MI, USA: IEEE, 2016.

[11] ATTIA R, ORJUELA R, BASSET M. Coupled longitudinal and lateral control strategy improving lateral stability for autonomous vehicle. 2012 American Control Conference （ACC）, June 27-29, 2012[C]. Montreal, QC, Canada: IEEE, 2012.

第11章

四驅電動汽車側向穩定性研究

本書中電動汽車的側向穩定性控制採用直接橫擺力矩控制（DYC），主要透過控制各輪的縱向力產生的直接橫擺力矩，提高車輛在大側偏角和高側向加速度時的操縱穩定性和主動安全性。在車輛穩定性控制系統中，需要精確地測量橫擺角速率和側偏角。橫擺角速率的資訊能夠用廉價的陀螺儀傳感器獲得，但是由於直接測量車輛側偏角的傳感器太昂貴了，因此側偏角需要透過現有的一般的傳感器（陀螺儀、加速度傳感器、轉向角傳感器等）和車輛動力學模型來估算。

11.1 電動汽車側向動力學狀態估計

11.1.1 基於擴展卡爾曼的車輛側偏角估計

車輛的側偏角是汽車轉向工況下，判斷車輛行駛狀態的一個重要參數，同時還可以用來估計反應輪胎與路面性能的主要參數——側偏剛度。車輛側偏角的估計方法中採用了輪胎側向力傳感器。目前大多採用多傳感輪轂單元（MSHub）來測量輪胎側向力。所以本書仿真試驗中將直接利用側向力作為傳感器測量的值。

觀測器的設計基於簡化的兩輪自行車模型和輪胎側向運動動力學模型。本書不考慮路面的傾角，車身翻滾運動和懸架的偏轉因素。非線性狀態方程如下所示：

$$\begin{cases} \dot{x}(t) = f(x(t), u(t)) + \rho(t) \\ y(t) = h(x(t)) + \sigma(t) \end{cases} \tag{11.1}$$

狀態向量 x 由車輛側偏角、橫擺角速率、前輪胎側向力、後輪胎側向力組成。

$$x = \begin{bmatrix} \beta & \gamma & F_{yf} & F_{yr} \end{bmatrix}^T = \begin{bmatrix} x_1 & x_2 & x_3 & x_4 \end{bmatrix}^T \tag{11.2}$$

觀測向量 y 由橫擺角速率，前後輪側向力組成。

$$y = \begin{bmatrix} \gamma & F_{yf} & F_{yr} \end{bmatrix}^T = \begin{bmatrix} y_1 & y_2 & y_3 \end{bmatrix}^T \tag{11.3}$$

輸入向量 $\boldsymbol{u}$ 由轉向角，四個輪胎的驅動力組成：

$$\boldsymbol{u}=\begin{bmatrix} \delta & F_{x\text{fl}} & F_{x\text{fr}} & F_{x\text{rl}} & F_{x\text{rr}} \end{bmatrix}^{\text{T}}=\begin{bmatrix} u_1 & u_2 & u_3 & u_4 & u_5 \end{bmatrix}^{\text{T}}$$

$$(11.4)$$

在狀態方程（11.1）中的過程噪聲和測量噪聲假設為不相關的白色噪聲。那麼系統的非線性狀態方程 $\boldsymbol{f}(\boldsymbol{x}(t),\boldsymbol{u}(t))$ 和觀測方程 $\boldsymbol{h}(\boldsymbol{x}(t))$ 如下：

$$\begin{cases} f_1(\boldsymbol{x},\boldsymbol{u})=-x_2+\dfrac{\cos u_1}{mv_x}x_3+\dfrac{x_4}{mv_x} \\[2mm] f_2(\boldsymbol{x},\boldsymbol{u})=\dfrac{ax_3\cos u_1}{I_z}-\dfrac{bx_4}{I_z}-\dfrac{du_2}{2I_z}+\dfrac{du_3}{2I_z} \\[2mm] f_3(\boldsymbol{x},\boldsymbol{u})=0 \\[1mm] f_4(\boldsymbol{x},\boldsymbol{u})=0 \end{cases}$$

$$(11.5)$$

$$\begin{cases} h_1(\boldsymbol{x})=x_2 \\ h_2(\boldsymbol{x})=x_3 \\ h_3(\boldsymbol{x})=x_4 \end{cases}$$

$$(11.6)$$

基於前面的非線性動力學模型，設計了擴展卡爾曼（EKF）估計車輛的側偏角。為了能在電腦上面實現，這裡用歐拉近似理論將其離散化為如下形式：

$$\begin{cases} \boldsymbol{x}_k=\boldsymbol{f}(\boldsymbol{x}_{k-1},\boldsymbol{u}_k)+\boldsymbol{\rho}(t) \\ \boldsymbol{y}_k=\boldsymbol{h}(\boldsymbol{x}_k)+\boldsymbol{\sigma}(t) \end{cases}$$

$$(11.7)$$

一階擴展卡爾曼（EKF）總結如下。

① 初始化：初始狀態的最優估計 $\hat{x}_0$ 和初始協方差 P_0 如下：

$$\begin{cases} \hat{x}_0=E(x_0) \\ P_0=E[(x_0-\hat{x}_0)(x_0-\hat{x}_0)^{\text{T}}] \end{cases}$$

$$(11.8)$$

② 時間更新：基於前一時刻的狀態估計和協方差得到後一時刻的狀態估計和協方差。

$$\begin{cases} \hat{\boldsymbol{x}}_{k|k-1}=\boldsymbol{f}(\hat{\boldsymbol{x}}_{k-1|k-1},\boldsymbol{u}_k) \\ \boldsymbol{P}_{k|k-1}=\boldsymbol{A}_k\boldsymbol{P}_{k-1|k-1}\boldsymbol{A}_k^{\text{T}}+\boldsymbol{Q}_\rho \end{cases}$$

$$(11.9)$$

這裡 $\boldsymbol{A}_k$ 是過程雅可比矩陣，它是 $\boldsymbol{f}(\boldsymbol{x}_{k-1},\boldsymbol{u}_k)$ 的偏導矩陣。

$$\boldsymbol{A}_k=\frac{\partial \boldsymbol{f}(\hat{\boldsymbol{x}}_{k-1|k-1},\boldsymbol{u}_k)}{\partial \boldsymbol{x}}$$

$$(11.10)$$

③ 狀態更新：在這一步，觀測向量 $\boldsymbol{y}_k$ 用來校正狀態估計與協方差。狀態更新的狀態估計、KF 增益和估計協方差如下：

$$\begin{cases} \hat{\boldsymbol{x}}_{k|k}=\hat{\boldsymbol{x}}_{k|k-1}+\boldsymbol{K}_k[\boldsymbol{y}_k-\boldsymbol{h}(\hat{\boldsymbol{x}}_{k|k-1})] \\ \boldsymbol{K}_k=\boldsymbol{P}_{k|k-1}\boldsymbol{H}_k^{\text{T}}[\boldsymbol{H}_k\boldsymbol{P}_{k|k-1}\boldsymbol{H}_k^{\text{T}}+\boldsymbol{R}_\sigma]^{-1} \\ \boldsymbol{P}_{k|k}=[\boldsymbol{I}-\boldsymbol{K}_k\boldsymbol{H}_k]\boldsymbol{P}_{k|k-1} \end{cases}$$

$$(11.11)$$

這裡 H_k 為非線性方程的 K 階測量雅可比矩陣，透過觀測矩陣求偏導得到：

$$H_k = \frac{\partial h(\hat{x}_{k|k-1})}{\partial x} \tag{11.12}$$

本書選擇的協方差噪聲矩陣為對角矩陣，協方差的過程與測量噪聲矩陣如下：

$$Q_\rho = diag[Q_\beta, Q_\gamma, Q_{F_{yf}}, Q_{F_{yr}}] \tag{11.13}$$

$$R_\sigma = diag[R_\gamma, R_{F_{yf}}, R_{F_{yr}}] \tag{11.14}$$

在協方差矩陣設置中，須指出的是相對於模型的不確定性，測量傳感器的噪聲越小則狀態方程越能適應傳感器的測量。由於狀態運用的是可靠的車輛動力學模型，那麼過程噪聲會相對比較小。

11.1.2　基於遺忘因子遞推最小二乘法的輪胎側偏剛度估計

本書的狀態估計和穩定性控制採用簡化後的兩輪自行車模型，這個車輛動力學模型用到了輪胎的側偏剛度。輪胎的側偏剛度反映了輪胎與路面條件，並且是一個時變參數。在不同的輪胎與路面條件就會有不同的側偏剛度，在乾瀝青路面的值比濕滑的路面上的值大。文獻［26］提出了幾種基於測量數據的估計側偏剛度的方法。文獻［27］採用線性輪胎模型和測量得到的輪胎側偏力得到一個線性回歸模型來估計輪胎側偏剛度。本章利用上文估計得到的側偏角和橫擺角速率傳感器得到的橫擺角速率結合輪胎側向線性輪胎模型，得到一個線性回歸模型，來對輪胎的側偏剛度進行估計。進而，用前輪和後輪側向力模型如下所示，得到一個線性回歸模型。

$$F_{yf} = -2C_f\left(\beta + \frac{\gamma l_f}{v_x} - \delta\right) \tag{11.15}$$

$$F_{yr} = -2C_r\left(\beta - \frac{\gamma l_r}{v_x}\right) \tag{11.16}$$

這裡假設輪胎左右輪的側偏剛度是相同的，因為影響同軸輪胎的側偏剛度主要是車輛的重心轉移，又因為輪轂電動汽車的重心比較低，而且側向的重心轉移比較小，對左右輪的側偏剛度影響很小，可以忽略不計。

輪胎的側偏剛度的識別採用如下的線性回歸模型：

$$y(t) = \varphi^{\mathrm{T}}(t)\theta(t) \tag{11.17}$$

式中，$\theta(t)$ 為待估參數向量；$\varphi^{\mathrm{T}}(t)$ 為數據向量；測量輸出向量為：

$$\boldsymbol{y}(t)=\begin{bmatrix}F_{yf}\\F_{yr}\end{bmatrix}=\boldsymbol{\varphi}^{\mathrm{T}}(t)\boldsymbol{\theta}(t);\ \boldsymbol{\varphi}^{\mathrm{T}}(t)=\begin{bmatrix}-2\left(\beta+\dfrac{\gamma l_{\mathrm{f}}}{v_{x}}-\delta\right)&0\\[4mm]0&-2\left(\beta-\dfrac{\gamma l_{\mathrm{r}}}{v_{x}}\right)\end{bmatrix};$$

$$\boldsymbol{\theta}(t)=\begin{bmatrix}C_{\mathrm{f}}\\C_{\mathrm{r}}\end{bmatrix}.$$

本書採用遺忘因子遞推最小二乘法（FFRLS）估計上述方程中的側偏剛度，過程如下：

$$\begin{cases}\hat{\boldsymbol{\theta}}(t)=\hat{\boldsymbol{\theta}}(t-1)+\boldsymbol{\phi}\{\boldsymbol{K}(t)[\boldsymbol{y}(t)-\boldsymbol{\varphi}^{\mathrm{T}}(t)\hat{\boldsymbol{\theta}}(t-1)]\}\\[2mm]\boldsymbol{K}(t)=\dfrac{\boldsymbol{P}(t-1)\boldsymbol{\varphi}(t)}{\lambda\boldsymbol{I}+\boldsymbol{\varphi}^{\mathrm{T}}(t)\boldsymbol{P}(t)\boldsymbol{\varphi}(t)}\\[4mm]\boldsymbol{P}(t)=\dfrac{1}{\lambda}[\boldsymbol{I}-\boldsymbol{K}(t)\boldsymbol{\varphi}^{\mathrm{T}}(t)]\boldsymbol{P}(t-1)\end{cases}$$

$$\phi=\begin{cases}0,當\ \hat{\theta}_{j}\geqslant\theta_{j,\max}\ 且\{\boldsymbol{K}(t)[\boldsymbol{y}(t)-\boldsymbol{\varphi}^{\mathrm{T}}(t)\hat{\boldsymbol{\theta}}(t-1)]\}>0\\[2mm]0,當\ \hat{\theta}_{j}\leqslant\theta_{j,\min}\ 且\{\boldsymbol{K}(t)[\boldsymbol{y}(t)-\boldsymbol{\varphi}^{\mathrm{T}}(t)\hat{\boldsymbol{\theta}}(t-1)]\}>0\ (11.18)\\[2mm]\boldsymbol{I},其他\end{cases}$$

式中，$\boldsymbol{I}$ 為單位矩陣；$\boldsymbol{K}(t)$ 為卡爾曼增益矩陣；$\boldsymbol{P}(t)$ 為協方差矩陣。

在真實情況下，輪胎的側偏剛度的大小是有一定範圍的，這取決於路面條件。那麼可以將估計的值限定在一定的範圍內，如 $C_{\mathrm{f}}\in(C_{\mathrm{f,min}},C_{\mathrm{f,max}})$，$C_{\mathrm{r}}\in(C_{\mathrm{r,min}},C_{\mathrm{r,max}})$，遞推最小二乘估計法的估計的準確度很大程度取決於輸入訊號的質量。當轉向角很小的時候，獲得的實驗數據會在零點附近，那麼估計的值將會是隨機不確定的。所以為了獲得一個好的估計性能，當轉向角和輪胎的側偏角很小的時候，遞推最小二乘的數據將不會更新。

11.2　仿真分析

基於 Simulink 搭建的車輛側偏角估計仿真程序如圖 11.1 所示。CarSim 中車輛模型的數據如表 11.1 所示。由於 CarSim 車輛模型中可以輸出車輛在運行過程中各個變數變化情況的數據，可以將 CarSim 車輛模型中的變數數據作為實際的值。本書將可在現實車輛中測量的車輛輸出變數作為已知量，作為觀測器的輸入，並將估計得到車輛側偏角 $\hat{\beta}$ 與 CarSim 中車輛模型的真實值 β 做比較。

表 11.1 CarSim 車輛模型參數數據

參數	單位	數值
質量	kg	1020＋120
軸距	mm	2330
前軸到質心距離	mm	1165
後軸到質心距離	mm	1165
質心高度	mm	375
同軸兩輪輪距	mm	1481
車輪有效滾動半徑	mm	333

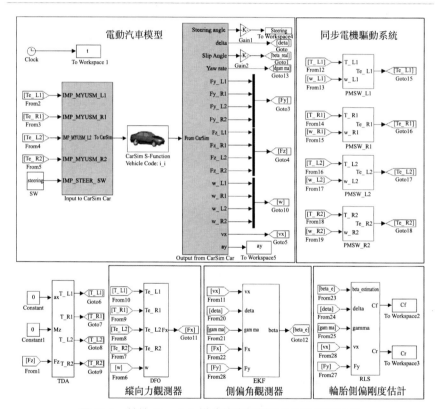

圖 11.1 基於 Simulink 搭建的車輛側偏角估計仿真程序

　　雖然車輛模型中沒有輪胎的側偏剛度變數，但是我們可以利用車輛模型已知量，如輪胎的側偏角和側向力，來直接計算得到，並作為輪胎側偏剛度的真實值，與估計的側偏剛度進行對比，檢驗估計效果。

　　在 CarSim 仿真模型中設置車輛初始速度為 60km/h，車輛的方向盤轉向角 δ 以週期為 4s、振幅為 60°的正弦規律變化。汽車分別在不同的路面條

件下行駛，路面摩擦係數分別為 0.75 和 0.4。摩擦係數為 0.75 的路面代表
乾燥良好的路面條件，而摩擦係數為 0.4 的路面代表濕滑不佳的路面。為
系統採用車輛的轉向角以正弦規律變化的目的是為了驗證在車輛轉向過程
中擴展卡爾曼狀態估計車輛側偏角和遺忘因子遞推最小二乘法估計輪胎側
偏剛度的實時性和準確性。並比較遺忘因子遞推最小二乘法估計與遞推最小
二乘法估計的效果，車輛狀態估計結果如圖 11.2、圖 11.3 和圖 11.4 所示。

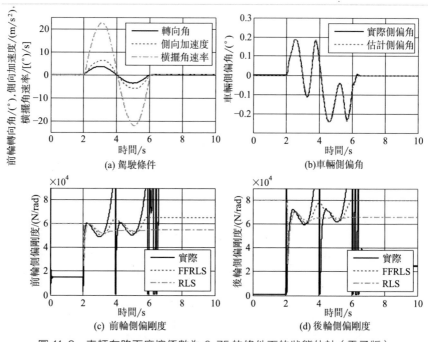

圖 11.2　車輛在路面摩擦係數為 0.75 的條件下的狀態估計（電子版）

從圖 11.2（b）和圖 11.3（b）中可以看出本書設計的擴展卡爾曼觀測
器在轉向角以正弦曲線變化的行駛過程中，能夠在不同的路面條件下實時
地估計出車輛側偏角，同時可以從圖 11.4 的估計誤差中可以體現出來。這
說明了觀測器在不同的路面條件下，都有良好的估計效果。側偏角的準確
估計能夠為側向穩定性分析與控制提供很重要的車輛資訊。圖 11.2（c）、（d）
和圖 11.3（c）、（d）為車輛的前輪和後輪側偏剛度的估計值與真實值比較，
可以看出採用遺忘因子遞推最小二乘法相比遞推最小二乘法估計輪胎的側
偏剛度，能更好地跟隨真實值的變化而變化，有更好的實時性。這為下面
滑模控制器提供了一個比較準確的參數，有助於提升控制器的控制性能和
品質。圖中前面的 2s 由於車輛轉向角為零或則在零附近，此時的側偏剛度
估計誤差會很大，而且也沒有太大意義，所以數據不會更新。

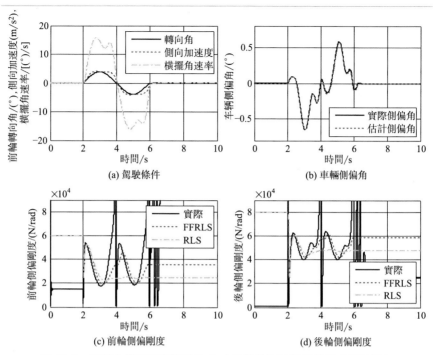

圖 11.3　車輛在路面摩擦係數為 0.4 的條件下的狀態估計（電子版）

FFRLS—遺忘因子遞推最小二乘法估計；RLS—遞推最小二乘法估計

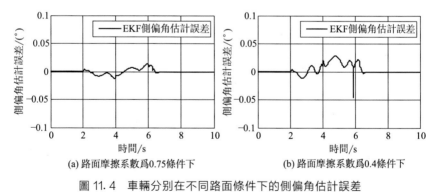

圖 11.4　車輛分別在不同路面條件下的側偏角估計誤差

在 2～6s 期間前輪轉向角正弦變化，這個時候輪胎側偏剛度開始估計，可以看出輪胎側偏剛度的真實值在轉向角很小或者在零附近時劇烈變化，這給控制系統帶來了很大的麻煩，所以需要適當處理。本書採用的帶遺忘因子最小二乘法能夠在轉向角變化的大部分範圍內比較準確地估計出輪胎的側偏剛度，同時在轉向角很小時能消除側偏剛度劇烈震盪。而對應的遞推最小二乘法估計雖能在轉向角很小時能消除側偏剛度劇烈

震盪，但是在轉向角比較大的時候，不能真實估計側偏剛度的變化，會給控制系統精確控制帶來一定的影響。

11.3 直接橫擺力矩側向穩定性控制器設計

本章前面的小節闡述了車輛質心側偏角和輪胎的側偏剛度的估計，本小節根據駕駛員方向盤給定的轉角 δ_f 和估計得到的側偏角 $\hat{\beta}$ 結合車輛動力學穩態模型計算得到期望橫擺角速率 γ_d，並將得到的控制目標 γ_d 和測量的 γ 進行比較後計算得到應給汽車施加直接橫擺力矩 M_z。下位控制器會根據給定的 δ_f 和 M_z 兩個量還有每個輪轂電機輸出的最大電磁轉矩 T_{max} 來控制車輛的轉向和力矩分配。

首先根據駕駛員方向盤給定的轉角 δ_f 和估計得到的車輛側偏角 β 結合車輛動力學模型計算出控制目標：期望橫擺角速率 γ_d。透過對期望橫擺角速率 γ_d 和測量實際的 γ 進行比較後計算得到應給汽車施加直接橫擺力矩 M_z。下位控制器會根據得到的 M_z 還有每個輪轂電機輸出的最大電磁轉矩 T_{max} 來控制車輛側向穩定性。圖 11.5 為提出的電動汽車穩定性控制的結構圖。

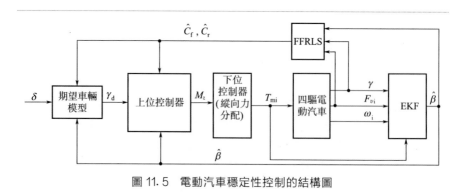

圖 11.5　電動汽車穩定性控制的結構圖

11.3.1 期望控制目標

車輛側向穩定性控制用來改善汽車穩態和瞬態響應特性，在車輛轉向運動過程中加強車輛的操縱性能並維持車輛的穩定性。例如，讓車輛的橫擺角速率 γ 追蹤期望的車輛橫擺角速率 γ_d。對於車輛的期望響應可以根據駕駛員的轉向意圖（如汽車方向盤的轉向角）來得到。通常情況

可以將車輛在穩定狀態（即 $\dot\beta = \dot\gamma = 0$）時，車輛的響應作為期望的車輛的響應。那麼可以根據駕駛員給定的轉向角 δ_f，透過式(3.14) 可以計算出車輛穩態時期望的橫擺角速率 γ_d。

$$\gamma_d = \left(\frac{\omega_\lambda}{s+\omega_\lambda}\right) \frac{v_x}{\left[L + \dfrac{m(l_rC_r - l_fC_f)}{2LC_fC_r}v_x^2\right]}\delta_f \tag{11.19}$$

$$K_s = \frac{m(l_rC_r - l_fC_f)}{2L^2C_fC_r} \tag{11.20}$$

式中　ω_λ——車輛期望模型中的橫擺角速率和側偏角的濾波器截止頻率；

K_s——車輛的穩定性因素，可以用來描述車輛轉向的特性。

$l_rC_r - l_fC_f$ 體現了車輛在轉向過程中的運動行為。車輛的轉向特性可以分類為：不足轉向（$l_rC_r - l_fC_f > 0$），適中轉向（$l_rC_r - l_fC_f = 0$）和過度轉向（$l_rC_r - l_fC_f < 0$）。

同時對於車輛的安全行駛，車輛的側偏角必須滿足下面的條件：

$$|\beta| \leqslant 10° - 7°\frac{v_x^2}{40^2} \tag{11.21}$$

為了使車輛的側偏角保持在穩定的範圍內，那麼當 $|\beta| > 10° - 7°$

$\dfrac{v_x^2}{(40[\text{m/s}])^2}$ 時，可以透過式(3.14) 調整期望的橫擺角速率。由式(3.14)

可知

$$\dot\beta = a_{11}\beta + a_{12}\gamma + \delta \tag{11.22}$$

式中　a_{11}——狀態矩陣 **A** 的第一行；

a_{12}——狀態矩陣 **A** 的第二列。

由於 $a_{11} < 0$，當 $|\beta| > \beta_m$ 時令

$$\begin{cases} a_{11}\beta_m + a_{12}\gamma + \delta = 0, \beta > \beta_m \\ -a_{11}\beta_m + a_{12}\gamma + \delta = 0, \beta < -\beta_m \end{cases} \tag{11.23}$$

這樣 β 與 $\dot\beta$ 形成一個負反饋，阻止 β 進一步增大，從而使車輛的側偏角保持在穩定的範圍內。

綜合式(11.19)～式(11.23) 可以得到車輛期望模型如下：

$$\begin{cases} \gamma_d = \left(\dfrac{\omega_\lambda}{s+\omega_\lambda}\right)\dfrac{v_x}{(1+K_sv_x^2)L}\delta_{\text{cmd}}, |\beta| \leqslant \beta_m \quad \text{或} \quad \dfrac{a_{11}\beta_m - \delta_{\text{cmd}}}{a_{12}} \leqslant \gamma_d \leqslant \dfrac{-a_{11}\beta_m - \delta_{\text{cmd}}}{a_{12}} \\[2mm] \gamma_d = \dfrac{a_{11}\beta_m - \delta_{\text{cmd}}}{a_{12}}, \qquad\qquad\qquad\qquad \gamma_d < \dfrac{a_{11}\beta_m - \delta_{\text{cmd}}}{a_{12}} \\[2mm] \gamma_d = \dfrac{-a_{11}\beta_m - \delta_{\text{cmd}}}{a_{12}}, \qquad\qquad\qquad\quad \gamma_d > \dfrac{-a_{11}\beta_m - \delta_{\text{cmd}}}{a_{12}} \end{cases} \tag{11.24}$$

11.3.2　基於前饋和反饋的側向穩定性控制器設計

本書的穩定控制系統採用前饋和反饋控制結構,如圖 11.6 所示,主要為了其中將車輛前輪的轉向角 δ 和由車輛四個輪胎的縱向力產生的直接橫擺力矩 M_z 作為能控性輸入量。直接橫擺力矩 M_z 可以透過後面小結的驅動力分配系統實現。最後的控制效果,透過控制四個車輪的驅動力來追蹤駕駛員期望的橫擺角速率 γ_d。

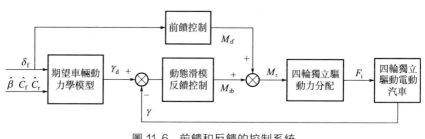

圖 11.6　前饋和反饋的控制系統

(1) 前饋補償器

採用前饋補償器,主要是為了使控制量 γ 名義穩態值跟隨期望值 γ_d,並且加快系統的響應,有利於車輛的穩定行駛。考慮車輛在行駛過程中,由於路面條件和輪胎的實際載荷是變化的,這造成了車輛的側向動力學模型裡面的參數是時變的(如車輪的側偏剛度和車速)。由於傳統的一階控制器(例如 PID 控制器)的參數是固定的,當車輛的參數變化很大的時候,傳統的一階控制器的性能會變得很差。為了應對控制模型中參數的變化,本書設計了自適應前饋控制器。透過前面章節論述的對輪胎的側偏剛度(C_f 和 C_r)的估計,實時更新前饋補償控制器中的參數,提高控制的魯棒性。

根據車輛側向動力學模型(3.14),可以得到 M_z 對 γ、δ_f 和 β 的一階傳遞函數:

$$M_z(s) = \frac{-a_{21}\beta(s) - b_{21}\delta_f(s) + (s - a_{22})\gamma(s)}{b_{22}} \tag{11.25}$$

由於穩態時 $\dot{\beta} = \dot{\gamma} = 0$,那麼根據式(11.25)得到前饋控制量 M_{zf} 為

$$M_{zf} = \frac{-a_{21}\beta - b_{21}\delta_f - a_{22}\gamma_d}{b_{22}} \tag{11.26}$$

（2）反饋控制器

在反饋控制器設計中，車輛的橫擺角速率 γ 透過調節 M_z 來追蹤期望的橫擺角速率 γ_d。由於在控制橫擺角速率 γ 時車輛前輪轉向角 δ 是變化的，可以將 δ 的變化看成如車輪側偏剛度（C_f、C_r）和車速（v_x）等車輛模型參數的變化。為了提高控制系統的魯棒性採用滑模控制。本書採用動態滑模控制，避免了一般滑模控制量的震顫，提高控制瞬態響應性能。

取 $\Delta\gamma = \gamma_d - \gamma$，$z = [z_1 \quad z_2]^T = [\Delta\gamma \quad \Delta\dot{\gamma}]^T$ 那麼就有如下等式：

$$\dot{z}_1 = \dot{\gamma}_d - \dot{\gamma} = z_2 \tag{11.27}$$

$$\dot{z}_2 = \ddot{\gamma}_d - (a_{21}\dot{\beta} + a_{22}\dot{\gamma} + b_{21}\dot{\delta} + b_{22}\dot{M}_z) \tag{11.28}$$

將 $\dot{\beta} = a_{11}\beta + a_{12}\gamma + b_{11}\delta$ 代入式（11.28）整理得：

$$\dot{z}_2 = a_{12}a_{21}z_1 + a_{22}z_2 - b_{22}\dot{M}_z - a_{11}a_{21}$$

$$\beta - a_{21}b_{11}\delta - b_{21}\dot{\delta} - a_{12}a_{21}\gamma_d - a_{22}\dot{\gamma}_d + \ddot{\gamma}_d$$

根據上面的推導等式可以將車輛動力學模型（3.14）轉化為：

$$\dot{z} = A_\gamma z + B_\gamma u_\gamma + D \tag{11.29}$$

式中，$A_\gamma = \begin{bmatrix} 0 & 1 \\ a_{12}a_{21} & a_{22} \end{bmatrix}$；$B_\gamma = [0 \quad b_{22}]^T$；

$D = [0 \quad -a_{11}a_{21}\beta - a_{21}b_{11}\delta - b_{21}\dot{\delta} - a_{12}a_{21}\gamma_d - a_{22}\dot{\gamma}_d + \ddot{\gamma}_d]^T$；$u_\gamma = \dot{M}_z$。

定義動態滑模面的切換函數：

$$s = c_1 z_1 + c_2 z_2 + d u_\gamma \tag{11.30}$$

式中，c_1，c_2 和 d 為待定係數。當 $s = 0$ 時，$d u_\gamma = -c_1 z_1 - c_2 z_2$。為了形成負反饋可以令 $c_1 < 0$，$c_2 < 0$，則切換函數的一階導數為：

$$\dot{s} = c_1 \dot{z}_1 + c_2 \dot{z}_2 + d \dot{u}_\gamma \tag{11.31}$$

採用指數趨近率：

$$\dot{s} = -\varepsilon \,\mathrm{sgn}(s) - ks \tag{11.32}$$

式中，k 和 ε 為正數，為了克服干擾 $D(2)$，ε 的取值可以為 $\varepsilon = |c_2 D(2)|$，則由式（11.31）和式（11.32）得到控制律為：

$$\dot{u}_\gamma = \frac{1}{d}[-\eta\,\mathrm{sgn}(s) - ks - c_1\dot{z}_1 - c_2\dot{z}_2] \tag{11.33}$$

11.3.3　四輪驅動力分配策略

在直接橫擺力矩控制時，為了實現控制器輸出的橫擺力矩 M_z，需對

車輪加縱向驅動力。由於每個車輪所加的驅動力會受到路面條件、整車縱向加速度 a_x、電動機的可輸出轉矩和縱向力與側向力之間的關係等的限制，所以需要設計四輪驅動分配策略。

$$\begin{cases} F_{xfl} + F_{xfr} + F_{xrl} + F_{xrr} = ma_x \\ (F_{xfr} - F_{xfl})\dfrac{d}{2} + (F_{xrr} - F_{xrl})\dfrac{d}{2} = M_z \end{cases} \tag{11.34}$$

由於車輪輪胎滿足輪胎力摩擦圓的關係，車輪縱向力和側向力的合力不能超過路面所能提供的最大摩擦力（即 $\mu_{max}F_{zi}$，F_{zi} 為對應輪胎所受到垂直載荷），當縱向力 F_{xi} 等於 $\sqrt{(\mu_{max}F_{zi})^2 - F_{yi}^2}$ 時，F_{xi} 繼續增大將會使側向力 F_{yi} 變小，使輪胎容易產生側滑。再考慮到電機的功率問題，各個車輪驅動力 F_{xi} 的限制為：

$$|F_{xi}| \leqslant \max\left\{ \sqrt{(\mu_{max}F_{zi})^2 - F_{yi}^2}, \frac{T_{mi}}{r} \right\} \tag{11.35}$$

式中　T_{mi}——電機所能提供的最大力矩。

由於路面可提供的最大輪胎縱向力與輪胎的垂直載荷成正比關係，為了避免輪胎打滑，輪胎的縱向力按軸載比例分配模式。前後軸總的驅動力與橫擺力矩以前後軸載荷估計值比例來分配。根據動力學模型，前後軸載荷估計值為：

$$\begin{cases} F_{zf} = \dfrac{m(gl_r - a_x h_{center})}{L} \\ F_{zr} = \dfrac{m(gl_f - a_x h_{center})}{L} \end{cases} \tag{11.36}$$

各個車輪在滿足式(11.34) 的同時還應滿足如下兩個方程：

$$\begin{cases} \dfrac{F_{xfl} + F_{xfr}}{F_{zf}} = \dfrac{F_{xrl} + F_{xrr}}{F_{zr}} \\ \dfrac{F_{xfr} - F_{xfl}}{F_{zf}} = \dfrac{F_{xrr} - F_{xrl}}{F_{zr}} \end{cases} \tag{11.37}$$

根據式(11.34) 和式(11.37) 得各輪分配力矩為：

$$\begin{cases} F_{xfl} = \dfrac{F_{zf}(ma_x - 2M_z/d)}{2mg} \\ F_{xfr} = \dfrac{F_{zf}(ma_x + 2M_z/d)}{2mg} \\ F_{xrl} = \dfrac{F_{zr}(ma_x - 2M_z/d)}{2mg} \\ F_{xrr} = \dfrac{F_{zr}(ma_x + 2M_z/d)}{2mg} \end{cases} \tag{11.38}$$

11.4 仿真分析

　　本書利用 CarSim 仿真系統中成熟的車輛動力學模型、輪胎動力學模型和各種路面條件模型，來驗證本書提出的 DSM 直接橫擺力矩控制算法的有效性和可靠性，並與傳統的 PI 控制方法作對比。由於 CarSim 仿真系統中有很經典的駕駛員模型來模擬有人駕駛情形，透過雙移線閉環控制來驗證本書提出的車輛逆動力學模型得到的期望的橫擺角速率能否更好地體現駕駛員的意圖，並與一般模型做對比。DSM 的控制系統仿真實驗圖如圖 11.7 所示。CarSim 模型中採用的 CarSim 車輛模型的數據如表 11.1 所示。

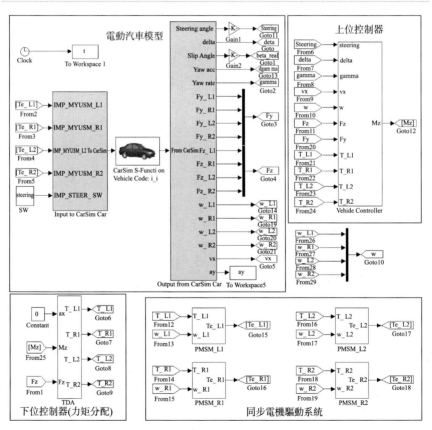

圖 11.7　DSM 的控制系統仿真實驗圖

　　在實際駕駛過程中，駕駛員在駕駛汽車轉向時，會根據車輛當前的運行狀態和駕駛員期望車輛行駛軌跡對車輛的轉向實時調整。這與駕駛員開環輸入控制車輛有很大的不同。在仿真試驗中，用單移線開環實驗為了檢驗控制量 γ 跟隨控制目標 γ_d 的性能；而為了體現真實的駕駛員駕駛過程，雙移線閉環控制實驗採用了 CarSim 中的雙移線閉環駕駛員模型，檢驗控制目標是否能很好地體現駕駛員的意圖。為了體現控制系統中對不同路面條件（特別是低附著係數路面）下的駕駛性能，本節將做兩組分別在不同路面附著係數下的試驗。

（1）單移線開環實驗

　　在 CarSim 和 Simulink 聯合仿真過程中，給方向盤一個正弦變換的轉向角 steer_SW，週期為 4s，幅值為 $90°$，如圖 11.8 所示。

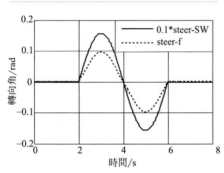

圖 11.8　方向盤轉向角變化過程

　　為了驗證實驗的控制效果，車輛以 80km/h 分別在最大摩擦係數 μ_{max} 為 1 和 0.4 的路面勻速行駛，方向盤轉向角 steer-SW 和對應的前輪轉向角 steer-f 如圖 11.8 所示。將實驗的結果與普通的控制算法所得結果做比較，仿真實驗結果如圖 11.9 和圖 11.10 所示。圖 11.9 和圖 11.10 中 DSM（Dynamic Sliding Mode）表示動態滑模控制的結果，PI 表示比例積分控制的結果，

N 表示無控制的結果。由於車輛轉向系統中方向盤的轉向角和前輪轉向角不是嚴格的比例關係（比例在 18：1 到 20：1 之間），有一定的非線性，並且受前輪輪胎力產生的力矩干擾（從圖 11.8 中可以看出），在車輛逆動力學模型中的轉向角採用方向盤的轉向角（steer_SW）體現駕駛員的意圖，而在控制系統中採用前輪的轉向角（steer_f）提高控制系統的精度。從圖 11.9 和圖 11.10 可以看出，在路面條件良好（$\mu_{max}=1$）、很大轉向角（方向盤幅值為 $90°$）的條件下和路面條件差（$\mu_{max}=0.4$）、很大轉向角（方向盤幅值為 $90°$）的條件下，汽車在動態滑模直接橫擺力矩控制、傳統 PI 直接橫擺力矩控制和無直接橫擺力矩控制的效果。從系統控制的控制目標車身橫擺角速率 γ 跟隨期望的橫擺角速率（γ_d）的效果看〔圖 11.9(a)、(b) 和圖 11.10(a)、(b)〕，動態滑模直接橫擺轉矩控制效果最好，追蹤目標最接近，同時抗干擾能力魯棒性更強。在圖 11.9(b) 中，4.2s 處 PI 控制曲線 γ 出現被干擾而產生超調的現象。產生這種現象的原因是，用 PI 控制 γ 跟

隨 γ_d 過程中，由於控制量 M_z 是由輪胎的縱向力 F_x 產生，而縱向力 F_x 與輪胎側向力 F_y 之間存在摩擦圓的關係（$\sqrt{F_x^2+F_y^2}\leqslant\mu_{max}mg$）。所以當輪胎縱向力 F_x 過大時〔圖 11.9(f) 4.2s 處〕必然會使側向力 F_y 減小，從而使由 F_y 產生的橫擺力矩減小的同時，輪胎的側偏剛度（C_f 和 C_r）會大幅變化，如圖 11.9(c) 所示。同時側偏剛度（C_f 和 C_r）會導致控制目標 γ_d 的變化，其過程為 $F_x\uparrow\Rightarrow F_y\downarrow\Rightarrow C_f,C_r\downarrow\Rightarrow\gamma_d\downarrow$。傳統的 PI 控制對系統的參數變化比較敏感，其積分作用在 γ 與 γ_d 大小關係突然變化時，由於慣性作用使控制量來不及迅速調整而產生超調現象，這種現象在低附著路面（$\mu_{max}=0.4$）時會更明顯，如圖 11.10(b) 所示，這對車輛的穩定性產生嚴重的影響。由於動態滑模控制系統，控制量計算中包含變化的參數，參數的變化能迅速反應在控制量中，同時其滑模面的控制使其對誤差能迅速調整，魯棒性強。本書採用的動態滑模控制，直接輸出控制量為 $\dot{M}_z$，經過積分後得到 M_z，這樣控制量 M_z 連續，有效地克服了滑模控制的抖振問題。同時從圖 11.9(a) 和圖 11.10(a) 中在沒有直接橫擺力矩控制（DYC）的曲線 gamma＿N 可以看出在路面條件良好（$\mu_{max}=1$）時，大角度轉向會使車輛旋轉產生過度轉向的現象失去穩定；而在路面條件差（$\mu_{max}=0.4$）時，較大的轉向角會使車輛產生側滑擺尾現象，失去穩定。

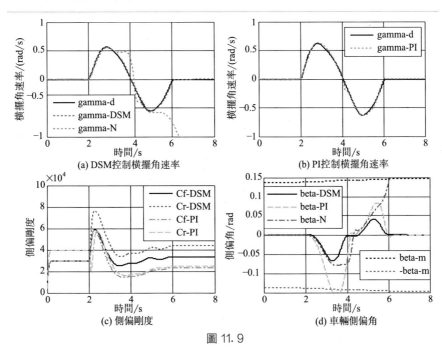

(a) DSM控制橫擺角速率

(b) PI控制橫擺角速率

(c) 側偏剛度

(d) 車輛側偏角

圖 11.9

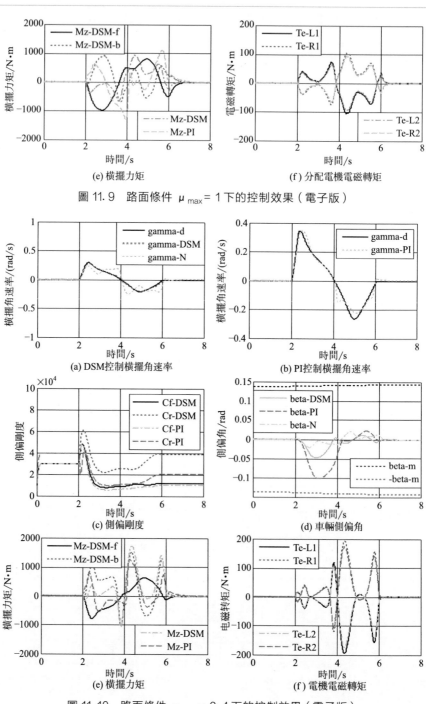

(e) 橫擺力矩

(f) 分配電機電磁轉矩

圖 11.9　路面條件 $\mu_{max} = 1$ 下的控制效果（電子版）

(a) DSM控制橫擺角速率

(b) PI控制橫擺角速率

(c) 側偏剛度

(d) 車輛側偏角

(e) 橫擺力矩

(f) 電機電磁轉矩

圖 11.10　路面條件 $\mu_{max} = 0.4$ 下的控制效果（電子版）

（2）雙移線閉環控制

為了體現真實的駕駛員駕駛過程，本節採用了 CarSim 中的閉環駕駛員模型如圖 11.11 所示。仿真實驗在轉向控制模型選用 Driver Path Follower（路徑跟隨駕駛）中 Double Lane Change（雙移線），圖 11.12 為目標路徑坐標圖。實驗的條件為：車輛的初始速度 120km/h，轉彎處路面摩擦係數 0.5。

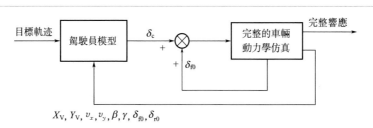

圖 11.11　Carsim 中的閉環駕駛員模型

圖 11.11 中 X_V 和 Y_V 表示車輛的坐標；v_x 和 v_y 分別為車輛的縱向和側向速度；δ_c 為駕駛員給的轉向角；δ_{f0} 和 δ_{r0} 分別為駕駛員期望控制量之外的前後輪的轉向角，這種外部轉向控制 δ_{f0} 和 δ_{r0} 是由於車輛的懸架系統或者外部模型輸入造成的。那麼此時的駕駛員模型相當於一個駕駛員根據車況和目標軌跡透過轉向系統來控制車輛。

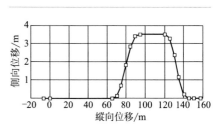

圖 11.12　雙移線控制目標路徑坐標圖

駕駛員閉環控制的雙移線仿真實驗主要是為了檢驗本書提出的根據駕駛員輸入的轉向角，透過車輛逆動力學模型得到的期望的控制目標 γ_d 是否能很好地體現駕駛員的控制意圖，使車輛的實際行駛軌跡盡可能接近目標路徑，實驗結果如圖 11.13 所示，並與一般的方法得到的期望的控制目標 γ_d 的控制效果進行比較，如圖 11.14 所示，側向位移與目標路徑側向坐標的誤差進行對比，如圖 11.15 所示。從圖 11.13 和圖 11.14 可以看出在雙移線駕駛員閉環控制的仿真中採用動態滑模控制效果會更好點，其中具體的原因在上面單移線開環仿真實驗中已經很詳細地分析了。這裡我們將本書提出的車輛逆動力學模型得到的期望的控制目標 γ_d 與一般的模型進行比較，如圖 11.15 所示。從圖 11.15(b) 可以看出我們提出的逆動力學模型得到的期望的控制目標 γ_d 使車輛追蹤目標軌跡的側向位移比一般的模型要小，更能體現和追蹤駕駛員的意圖。

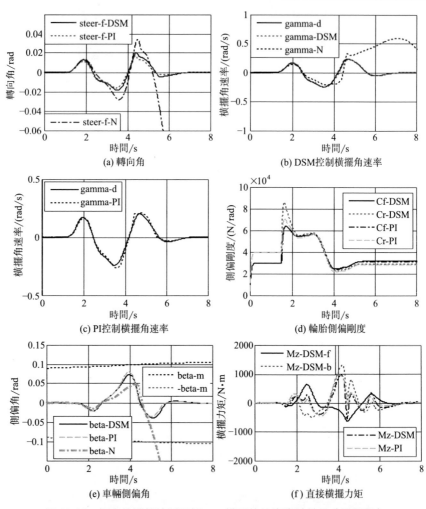

圖 11.13　提出的期望控制目標 γ_d 模型的仿真實驗結果（電子版）

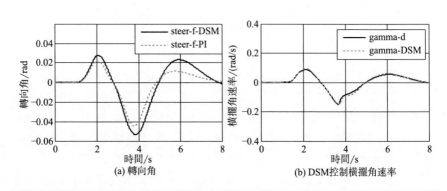

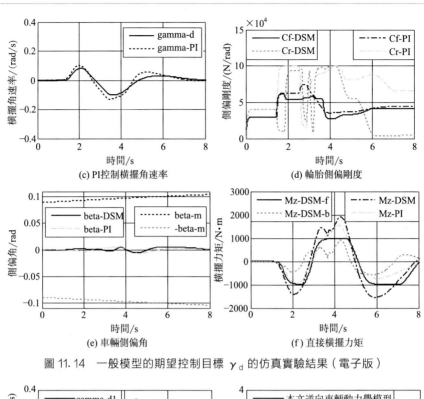

(c) PI控制橫擺角速率

(d) 輪胎側偏剛度

(e) 車輛側偏角

(f) 直接橫擺力矩

圖 11.14　一般模型的期望控制目標 γ_d 的仿真實驗結果（電子版）

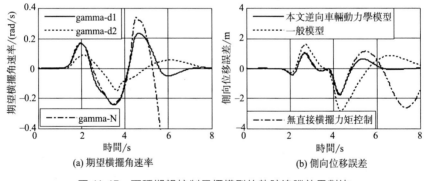

(a) 期望橫擺角速率

(b) 側向位移誤差

圖 11.15　兩種期望控制目標模型的軌跡追蹤效果對比

11.5　**本章小結**

　　本章提出了一個基於輪胎側向力傳感器和 EKF 的車輛質心側偏角的新估計方法。該方法避免採用昂貴的 GPS 設備，降低了控制成本也提高

了可靠性。同時相比於採用基於輪胎動力學的方法需辨識許多輪胎參數，本書方法受輪胎與路面的不確定因素影響小。將觀測器估計得到的側偏角作為輸入量，透過帶遺忘因子最小二乘法估計輪胎的側偏剛度。由於是透過準確側偏角計算得到，因此提高了估計的精度。車輛的狀態觀測器進行了 CarSim 與 Simulink 仿真實驗，實驗中將估計得到的側偏角和輪胎側偏剛度與 CarSim 中車輛正確值對比，證明了所提出的觀測器估計的準確性，滿足設計控制系統的要求。基於之前估計得到的車輛側偏角和輪胎側偏剛度，本章提出了一個新的側向穩定控制系統。對於車輛的側向穩定性控制，本章採用了直接橫擺力矩控制方法，為了提高系統的響應速度，採用前饋加反饋的控制策略。在控制車輛的橫擺角速率的同時限制車輛質心側偏角在穩定的範圍內，減少了控制量和控制成本。由於車輛的側偏角、輪胎側偏剛度等參數在車輛行駛過程中不斷地變化，為了提高控制系統的魯棒性，本章提出了動態滑模控制作為反饋控制器設計。同時由於動態滑模控制的控制量為被控量的導數，這樣能夠使控制量連續變化，所以能克服一般滑模控制輸出的控制量抖振問題。最後，透過 CarSim 與 Simulink 聯合仿真實驗來檢驗本章設計的控制系統，並與傳統的 PI 控制器做對比。實驗結果證明了動態滑膜控制算法能明顯改善車輛的穩定性，同時對車輛參數的變化有很好的魯棒性。

參考文獻

[1] NAM K, FUJIMOTO H, HORI Y. Lateral Stability Control of In-wheel-motor-driven Electric Vehicle Based on Sideslip Angle Estimation Using Lateral Tire Force Sensors[J]. IEEE Transactions on Vehicular Technology. 2012, 5 (61): 1972-1985.

[2] NGUYEN B M, WANG Y, FUJIMOTO H, et al. Lateral Stability Control of Electric Vehicle Based On Disturbance Accommodating Kalman Filter using the Integration of Single Antenna GPS Receiver and Yaw Rate Sensor[J]. Journal of Electrical Engineering & Technology (JEET), 2013, 8 (4): 899-910.

[3] KIM D, HWANG S, KIM H. Vehicle stability enhancement of four-wheel-drive hybrid electric vehicle using rear motor control[J]. IEEE Transactions on Vehicular Technology, 2008, 57 (2): 727-735.

[4] KIM J, PARK C, HWANG S, et al. Control algorithm for an independent motor-drive vehicle[J]. IEEE Transactions on Vehicular Technology, 2010, 59 (7): 3213-3222.

[5]　PIYABONGKARN D, RAJAMANI R, GROGG J A, et al. Development and experimental evaluation of a slip angle estimator for vehicle stability control[J]. IEEE Transactions on Control Systems Technology, 2009, 17（1）: 78-88.

[6]　GRIP H F, IMSLAND L, JOHANSEN T A, et al. Vehicle sideslip estimation[J]. IEEE, Control Systems, 2009, 29（5）: 36-52.

[7]　DOUMIATI M, VICTORINO A C, CHARARA A, et al. Onboard real-time estimation of vehicle lateral tire-road forces and sideslip angle[J]. IEEE/ASME Transactions on Mechatronics, 2011, 16（4）: 601-614.

[8]　BEVLY D M, RYU J, GERDES J C. Integrating INS sensors with GPS measurements for continuous estimation of vehicle sideslip, roll, and tire cornering stiffness[J]. IEEE Transactions on Intelligent Transportation Systems, 2006, 7（4）: 483-493.

[9]　DAILY R, BEVLY D M. The use of GPS for vehicle stability control systems[J]. IEEE Transactions on Industrial Electronics, 2004, 51（2）: 270-277.

[10]　NAM K, OH S, FUJIMOTO H, et al. Estimation of sideslip and roll angles of electric vehicles using lateral tire force sensors through RLS and Kalman filter approaches[J]. IEEE Transactions on Industrial Electronics, 2013, 60（3）: 988-1000.

[11]　YAMAGUCHI Y, MURAKAMI T. Adaptive control for virtual steering characteristics on electric vehicle using steer-by-wire system[J]. IEEE Transactions on Industrial Electronics, 2009, 56（5）: 1585-1594.

[12]　OHARA H, MURAKAMI T. A stability control by active angle control of front-wheel in a vehicle system[J]. IEEE Transactions on Industrial Electronics, 2008, 55（3）:

1277-1285.

[13]　GUVENC B A, KARAMAN S. Robust yaw stability controller design and hardware-in-the-loop testing for a road vehicle[J]. IEEE Transactions on Vehicular Technology, 2009, 58（2）: 555-571.

[14]　AHMADI J, SEDIGH A K, KABGANIAN M. Adaptive vehicle lateral-plane motion control using optimal tire friction forces with saturation limits consideration [J]. IEEE Transactions on Vehicular Technology, 2009, 58（8）: 4098-4107.

[15]　YAMAUCHI Y, FUJIMOTO H. Vehicle motion control method using yaw-moment observer and lateral force observer for electric vehicle[J]. IEEJ Transactions on Industry Applications, 2010, 130: 939-944.

[16]　NAM K, FUJIMOTO H, HORI Y. Advanced motion control of electric vehicles based on robust lateral tire force control via active front steering [J]. IEEE/ASME Transactions on Mechatronics, 2014, 19（1）: 289-299.

[17]　SHUAI Z, ZHANG H, WANG J, et al. Combined AFS and DYC control of four-wheel-independent-drive electric vehicles over CAN network with time-varying delays[J]. Vehicular Technology, IEEE Transactions on, 2014, 63（2）: 591-602.

[18]　SADO H, SAKAI S, HORI Y. Road condition estimation for traction control in electric vehicle. ISIE'99. Proceedings of the IEEE International Symposium on Industrial Electronics, July 12-16, 1999[C]. Bled, Slovenia, Slovenia: IEEE, 1999.

[19]　RAJAMANI R, PHANOMCHOENG G, PIYABONGKARN D, et al. Algorithms for real-time estimation of individual wheel tire-road friction coefficients [J]. IEEE/ASME Transactions on Mechatronics,

2012, 17（6）: 1183-1195.

[20]　IMINE H, M'SIRDI N K, DELANNE Y. Sliding-mode observers for systems with unknown inputs: application to estimating the road profile[J]. Proceedings of the Institution of Mechanical Engineers, Part D: Journal of Automobile Engineering, 2005, 219（8）: 989-997.

[21]　ZHAO Y, TIAN Y T, LIAN Y F, et al. A sliding mode observer of road condition estimation for four-wheel-independent-drive electric vehicles [C]. Intelligent Control and Automation（WCICA）, 2014 11th World Congress on. IEEE, 2014: 4390-4395.

[22]　劉金琨. 滑模變結構控制 MATLAB 仿真[M]. 北京: 清華大學出版社. 2005.

[23]　HUI S, ZAK S H. Observer design for systems with unknown inputs[J]. International Journal of Applied Mathematics and Computer Science, 2005, 15（4）: 431.

[24]　EDWARDS C, SPURGEON S K. On the development of discontinuous observers[J]. International Journal of control, 1994, 59（5）: 1211-1229.

[25]　SIERRA C, TSENG E, JAIN A, et al. Cornering stiffness estimation based on vehicle lateral dynamics[J]. Vehicle System Dynamics, 2006, 44（sup1）: 24-38.

[26]　NGUYEN B M, NAM K, FUJIMOTO H, et al. Proposal of cornering stiffness estimation without vehicle side slip angle using lateral force sensor[J]. IIC, 2011, 11: 140.

[27]　KIENCKE U. L Nielsen. Automotive Control Systems[M]. Berlin: Springer-Verlag, 2000.

[28]　熊璐, 陳晨, 馮源. 基於 Carsim/Simulink 聯合仿真的分布式驅動電動汽車建模[J]. 系統仿真學報, 2014, 26（5）: 1143-1155.

[29]　鄒廣才, 羅禹貢, 李克強. 基於全輪縱向力優化分配的 4WD 車輛直接橫擺力矩控制[J]. 農業機械學報, 2009, 40（5）: 1-6.

[30]　姜男. 輪轂電機電動汽車動力學建模與轉矩節能分配算法研究[D]. 長春: 吉林大學. 2012.

[31]　LIAN Y F, ZHAO Y, HU L L, et al. Cornering stiffness and sideslip angle estimation based on simplified lateral dynamic models for four-in-wheel-motor-driven electric vehicles with lateral tire force information [J]. International Journal of Automotive Technology, 2015, 16（4）: 669-683.

電動汽車主動安全駕駛系統

作　　者：田彥濤，廉宇峰，王曉玉

發 行 人：黃振庭

出 版 者：崧燁文化事業有限公司

發 行 者：崧燁文化事業有限公司

E-mail：sonbookservice@gmail.com

粉 絲 頁：https://www.facebook.com/
　　　　　sonbookss/

網　　址：https://sonbook.net/

地　　址：台北市中正區重慶南路一段六十一號八
　　　　　樓 815 室

Rm. 815, 8F., No.61, Sec. 1, Chongqing S. Rd.,
Zhongzheng Dist., Taipei City 100, Taiwan

電　　話：(02) 2370-3310

傳　　真：(02) 2388-1990

印　　刷：京峯彩色印刷有限公司（京峰數位）

律師顧問：廣華律師事務所 張珮琦律師

國家圖書館出版品預行編目資料

電動汽車主動安全駕駛系統 / 田彥
濤，廉宇峰，王曉玉著 . -- 第一版 .
-- 臺北市：崧燁文化事業有限公司，
2022.03
　面；　公分
POD 版
ISBN 978-626-332-116-8(平裝)
1.CST: 汽車工程 2.CST: 電動汽車
3.CST: 安全設備
447.1　　111001501

電子書購買

臉書

定　　價：450 元

發行日期：2022 年 03 月第一版

◎本書以 POD 印製